计算机科学与技术系列

# JavaWeb 程序设计

**主　编**　王　晖　谷德丽

**副主编**　马艳丽　马启元　闫启龙

　　　　张佳欣　葛云松

哈尔滨工程大学出版社
Harbin Engineering University Press

## 内 容 简 介

JavaWeb 开发技术以其开放性、灵活性、安全性赢得了市场,成为 Web 项目开发的重要技术手段之一。本书是一本实用性教材,内容涵盖了 JavaWeb 编程的基本结构,JSP 基础语法,JDBC 技术,Servlet 基础知识、过滤器、监听器等。本书内容深入浅出,注重理论与实践相结合,帮助读者快速掌握 JavaWeb 开发技能。

本书既可作为高等院校计算机专业的教学用书,也可供初、中级 Java 开发者以及希望提升 Web 开发技能的在职程序员参考使用。

**图书在版编目(CIP)数据**

JavaWeb 程序设计 / 王晖,谷德丽主编. -- 哈尔滨：哈尔滨工程大学出版社,2024. 12. -- ISBN 978-7-5661-4601-4

Ⅰ. TP312. 8

中国国家版本馆 CIP 数据核字第 20242FT234 号

JavaWeb 程序设计
JavaWeb CHENGXU SHEJI

| | |
|---|---|
| **选题策划** | 包国印 |
| **责任编辑** | 丁　伟 |
| **封面设计** | 李海波 |

| | |
|---|---|
| **出版发行** | 哈尔滨工程大学出版社 |
| **社　　址** | 哈尔滨市南岗区南通大街 145 号 |
| **邮政编码** | 150001 |
| **发行电话** | 0451-82519328 |
| **传　　真** | 0451-82519699 |
| **经　　销** | 新华书店 |
| **印　　刷** | 哈尔滨午阳印刷有限公司 |
| **开　　本** | 787 mm×1 092 mm　1/16 |
| **印　　张** | 20. 25 |
| **字　　数** | 496 千字 |
| **版　　次** | 2024 年 12 月第 1 版 |
| **印　　次** | 2024 年 12 月第 1 次印刷 |
| **书　　号** | ISBN 978-7-5661-4601-4 |
| **定　　价** | 64. 00 元 |

http://www.hrbeupress.com
E-mail:heupress@ hrbeu. edu. cn

# 前　　言

当前,我国正处在加快转变经济发展方式、推动产业转型升级的关键时期。为经济转型升级提供高层次人才,是广大高等院校最重要的历史使命和战略任务之一。高等教育要培养基础型、学术型人才,但更重要的是要加大力度培养多规格、多样化的应用型、复合型人才。

随着因特网的迅猛发展,以及"互联网+"横空出世,JavaWeb 开发语言已经成为全球最流行、使用最广泛的开发语言之一。大多数企业的系统开发、网站开发和 OA 开发等 B/S 系统都采用 JavaWeb 开发技术,Java 语言的简单性、可执行性、稳定与安全性,以及多线程性等优良特性,使其成为基于因特网应用技术和 Web 开发的首选编程语言。学习和掌握这样一种技术语言已经成为计算机相关专业学生的迫切需求。

本书以 JavaWeb 开发环境为背景,主要介绍 Web 开发的前端技术和服务器技术,在内容的编排上力争体现新的教学思想和方法,遵循"从简单到复杂""从抽象到具体"的原则。程序设计既是一门理论课,也是一门实践课。学生除了要在课堂上学习程序设计的理论方法,以及掌握编程语言的语法知识和编程技巧外,还要进行大量的课外练习和实践操作,为此本书各章都配有习题。

本书具有以下特点:

(1)符合专业人才的培养目标及课程体系的设置,注重培养学生的实际应用能力,强调知识、能力与素质的综合训练。

(2)针对多数学生的学习特点,采用通俗易懂的方法讲解知识,逻辑性强,层次分明,叙述准确而精炼,使学生可以快速掌握 JavaWeb 开发知识,并能够学以致用。

(3)汇聚一线骨干教师的课程改革和教学研究成果,融合先进的教学理念,在教学内容和方法上做出创新。

(4)注重实用性、通用性,可作为高等院校计算机专业的教学用书,也可供初、中级 Java 开发者以及希望提升 Web 开发技能的在职程序员参考使用。

在本书的编写过程中,编者借鉴和引用了一些专家学者的文献著述,在此向相关作者表示衷心的感谢!由于编者水平有限,书中难免存在不妥之处,恳请各位专家学者和广大读者提出宝贵意见,以便改版时及时修正。

编　者
2024 年 9 月

# 目　　录

# 第 1 章  JavaWeb 的基本结构

【本章学习目标】

1. 掌握 HTTP 协议；

2. 掌握 Web 知识；

3. 掌握典型 Web 应用程序的结构。

在高度信息化的今天，Web 已经成为人们日常生活中的重要部分。设想一下，假如我们离开了互联网，生活会变得怎样？伴随着 Web 技术的发展，Web 应用也蓬勃兴起。接下来让我们一起进入 Web 应用的新世界吧！

## 1.1  HTTP 协议

### 1.1.1  HTTP 简介

如同两个国家元首的会晤过程需要遵守一定的外交礼节一样，在浏览器与服务器的交互过程中，也要遵循一定的规则，这个规则就是浏览器与服务器之间交换数据的过程以及数据本身的格式。对于从事 Web 开发的人员来说，只有深入理解 HTTP，才能更好地开发、维护、管理 Web 应用。

HTTP 是 Hyper Text Transfer Protocol 的缩写，即超文本传输协议，它是一种请求/响应式的协议。客户端在与服务器建立连接后，就可以向服务器发送请求，这种请求称为 HTTP 请求。服务器接收到请求后会做出响应，这种响应称为 HTTP 响应。客户端与服务器在 HTTP 下的交互过程如图 1-1 所示。

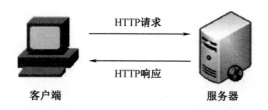

图 1-1　客户端与服务器在 HTTP 下的交互过程

从图 1-1 中可以清楚地看到客户端与服务器使用 HTTP 通信的过程,接下来总结一下 HTTP 协议的特点,具体如下。

(1)支持客户端(浏览器就是一种 Web 客户端)/服务器模式。

(2)简单快速:客户端向服务器请求服务时,只需传送请求方式和路径。常用的请求方式有 GET、POST 等,每种方式规定了客户端与服务器联系的不同类型。HTTP 协议比较简单,使得 HTTP 服务器的程序规模较小,因而通信速度很快。

(3)灵活:HTTP 允许传输任意类型的数据,正在传输的数据类型由 Content-Type 加以标记。

(4)无状态:HTTP 是无状态协议。无状态是指协议对于事务处理没有记忆能力,如果后续处理需要前面的信息,则它必须重传,这可能导致每次连接后传送的数据量增大。

#### 1.1.1.1　HTTP 1.0 和 HTTP 1.1

HTTP 自诞生以来,先后经历了很多版本,其中,最早的版本是 HTTP 0.9,它于 1990 年被提出。后来,为了进一步完善 HTTP,先后在 1996 年提出了 1.0 版本,在 1997 年提出了 1.1 版本。由于 HTTP 0.9 版本已经过时,这里不做过多讲解。接下来,只针对 HTTP 1.0 和 HTTP 1.1 版本进行详细的讲解。

1. HTTP 1.0

基于 HTTP 1.0 协议的客户端与服务器在交互过程中需要经过建立 TCP 连接、发送 HTTP 请求信息、回送 HTTP 响应信息、关闭 TCP 连接四个步骤,具体交互过程如图 1-2 所示。

图 1-2　HTTP 1.0 协议的交互过程

从图 1-2 中可以看出,客户端与服务器建立连接后,每次只能处理一个 HTTP 请求。对于内容丰富的网页来说,这样的通信方式明显有缺陷。例如下面一段 HTML 代码:

```
<html>
  <body>
  <img src="/image01.jpg"/>
  <img src="/image02.jpg"/>
  <img src="/image03.jpg"/>
  </body>
  </html>
```

上面的 HTML 文档中包含 3 个<img>标记,由于<img>标记的 src 属性指明的是图片的

URL 地址,因此,当客户端访问这些图片时,需要发送 3 次请求,并且每次请求都需要与服务器重新建立连接。如此一来,必然导致客户端与服务器交互耗时,影响网页的访问速度。

2. HTTP 1.1

为了克服上述 HTTP 1.0 版本的缺陷,HTTP 1.1 版本应运而生,它支持持久连接,即在一个 TCP 连接上可以传送多个 HTTP 请求和响应,从而减少了建立和关闭连接的消耗和延时。基于 HTTP 1.1 协议的客户端和服务器的交互过程如图 1-3 所示。

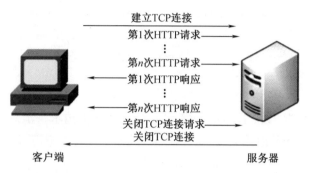

图 1-3　HTTP 1.1 协议的交互过程

从图 1-3 中可以看出,当客户端与服务器建立连接后,客户端可以向服务器发送多个请求,并且在发送下个请求时,无须等待上次请求的返回结果。但服务器必须按照接收客户端请求的先后顺序依次返回响应结果,以保证客户端能够区分出每次请求的响应内容。由此可见,HTTP 1.1 版本不仅继承了 HTTP 1.0 版本的优点,还有效解决了 HTTP 1.0 版本的性能问题,显著地缩短了浏览器与服务器交互所需要的时间。

### 1.1.1.2　HTTP 消息

当用户在浏览器中访问某个 URL 地址、单击网页的某个超链接或者提交网页上的 form 表单时,浏览器都会向服务器发送请求数据,即 HTTP 请求消息。服务器接收到请求数据后,会将处理后的数据回送给客户端,即 HTTP 响应消息。HTTP 请求消息和 HTTP 响应消息统称为 HTTP 消息。

在 HTTP 消息中,除服务器的响应实体内容(HTML 网页、图片等)以外,其他信息对用户都是不可见的,要想观察这些"隐藏"的信息,需要借助一些网络查看工具。这里使用版本为 24.0 的 Firefox 浏览器的 Firebug 插件,它是 Firefox 浏览器的一个扩展,是一个免费、开源的网页开发工具,用户可以利用它编辑、删改任何网站的 CSS、HTML、DOM 与 JavaScript 代码。Firebug 插件可以从"https://getfirebug.com"网站下载。

单击图标打开 Firebug 插件,在浏览器的下部会见到所有功能(Firebug 包含丰富的功能)。其中,浏览器和服务器通信的 HTTP 消息可以通过单击"网络"按钮进行查看。为了帮助读者更好地理解 HTTP 消息,接下来分步骤讲解如何利用 Firebug 插件查看 HTTP 消息,具体如下。

(1)在浏览器的地址栏中输入"www.baidu.com"访问百度首页,在 Firebug 的工具栏中可以看到请求的 URL 地址。

（2）单击 URL 地址左边的"+"号，在展开的默认头消息选项卡中可以看到格式化后的响应头消息和请求头消息。单击请求头消息一栏左边的原始头消息，可以看到原始的请求头消息。具体示例如下：

```
GET /HTTP/1.1
    Host:www.baidu.com
    User-Agent:Mozilla/5.0 (Windows NT 5.1; rv:25.0) Gecko/20100101 Firefox/
25.0
    Accept:text/html,application/xhtml+xml,application/xml;q=0.9,*/*;q=
0.8
    Accept-Language:zh-cn,zh;q=0.8,en-us;q=0.5,en;q=0.3
    Accept-Encoding:gzip, deflate
    Connection:keep-alive
```

在上述请求消息中，第 1 行为请求行，请求行后面的为请求头消息，空行代表请求头的结束。关于请求消息的其他相关知识，将在后面的章节进行详细讲解。

（3）单击响应头信息一栏左边的"原始头信息"，可以看到原始的响应头信息；在上面的响应消息中，第 1 行为响应状态行；响应状态行后面的为响应头消息，空行代表响应头消息的结束。

### 1.1.2　HTTP 请求消息

在 HTTP 中，一个完整的请求消息由请求行、请求头消息和实体内容三部分组成，每个部分都有各自不同的作用。下面围绕 HTTP 请求消息的每个组成部分进行详细的讲解。

#### 1.1.2.1　HTTP 请求行

HTTP 请求行位于请求消息的第 1 行，它包括请求方式、资源路径以及所使用的 HTTP 版本三个部分。具体示例如下：

```
GET /index.html HTTP/1.1
```

其中，GET 是请求方式，index.html 是请求资源路径，HTTP/1.1 是通信使用的协议版本。需要注意的是，请求行中的每个部分都需要用空格分隔，最后要以回车换行符结束。

关于请求资源和协议版本，读者都比较容易理解，而 HTTP 请求方式对于读者来说比较陌生。接下来就针对 HTTP 的请求方式进行介绍。

在 HTTP 的请求消息中，请求方式有 GET、POST、HEAD、OPTIONS、DELETE、TRACE、PUT 和 CONNECT 等八种，每种方式都指明了操作服务器中指定 URI 资源的方式。最常用的是 GET 和 POST 方式。接下来，针对这两种请求方式进行详细讲解，具体如下。

1. GET 方式

当用户在浏览器地址栏中直接输入某个 URL 地址或者单击网页上的一个超链接时，浏览器将使用 GET 方式发送请求。如果将网页上的 form 表单的 method 属性设置为"GET"或者不设置 method 属性（默认值是 GET），当用户提交表单时，浏览器也将使用 GET 方式发送请求。

如果浏览器请求的 URL 中有参数部分,在浏览器生成的请求消息中,参数部分将附加在请求行中的资源路径后面。先来看一个 URL 地址:

```
http://www.itcast.cn/javaForum? name=lee&psd=hnxy
```

在上述 URL 中,"?"后面的内容为参数信息。参数是由参数名和参数值组成的,并且中间使用等号(=)进行连接。需要注意的是,如果 URL 地址中有多个参数,参数之间需要用"&"分隔。

当浏览器向服务器发送请求消息时,上述 URL 中的参数部分会附加在要访问的 URL 资源后面。具体示例如下:

```
GET /javaForum? name=lee&psd=hnxy HTTP/1.1
```

需要注意的是,使用 GET 方式传送的数据量有限,不能超过 2 KB。

### 2. POST 方式

如果网页上 form 表单的 method 属性设置为"POST",当用户提交表单时,浏览器将使用 POST 方式提交表单内容,并把各个表单元素及数据作为 HTTP 消息的实体内容发送给服务器,而不是作为 URL 地址的参数传递。另外,在使用 POST 方式向服务器传递数据时,Content-Type 头消息会自动设置为"application/x-www-form-urlencoded",Content-Length 头消息会自动设置为实体内容的长度。具体示例如下:

```
POST /javaForum HTTP/1.1
    Host:www.itcast.cn
    Content-Type:application/x-www-form-urlencoded
    Content-Length:17
    name=lee&psd=hnxy
```

对于使用 POST 方式传递的请求信息,服务器程序会采用与获取 URL 后面参数相同的方式来获取表单各个字段的数据。

需要注意的是,在实际开发中,通常都会使用 POST 方式发送请求,其原因主要有以下两个:

(1) POST 传输数据大小无限制

由于 POST 请求方式是通过请求参数来传递数据的,可通过实体内容传递数据,因此对可以传递数据的大小没有限制。

(2) POST 比 GET 请求方式更安全

由于 GET 请求方式的参数信息都会在 URL 地址栏明文显示,而 POST 请求方式传递的参数隐藏在实体内容中,用户是看不到的,因此,POST 比 GET 请求方式更安全。

### 1.1.2.2　HTTP 请求头消息

在 HTTP 请求消息中,请求行之后便是若干请求头消息。请求头消息主要用于向服务器传递附加消息,例如,客户端可以接收的数据类型、压缩方法、语言,以及发送请求的超链接所属页面的 URL 地址等信息。具体示例如下:

```
Host:localhost:8080
    Accept:image/gif, image/x-xbitmap, *
    Referer:http://localhost:8080/itcast/
    Accept-Language:zh-cn,zh;q=0.8,en-us;q=0.5,en;q=0.3
    Accept-Encoding:gzip, deflate
    Content-Type:application/x-www-form-urlencoded
    User-Agent:Mozilla/4.0 (compatible; MSIE 7.0; Windows NT 5.1; GTB6.5; CIBA)
    Connection:Keep-Alive
    Cache-Control:no-cache
```

从上面的请求头消息中可以看出,每个请求头消息都由一个头字段名称和一个值构成,头字段名称和值用":"隔开,每个请求头消息之后使用一个回车换行符标志结束。需要注意的是,头字段名称不区分大小写,但习惯上将单词的第 1 个字母大写。

当浏览器发送请求给服务器时,根据功能需求的不同,发送的请求头消息也不相同。

接下来针对一部分请求头字段进行详细讲解,具体如下。

1. Accept

Accept 头字段用于指出客户端程序(通常是浏览器)能够处理的 MIME(multipurpose internet mail extensions,多用途互联网邮件扩展)类型。例如,如果浏览器和服务器同时支持 png 类型的图片,则浏览器可以发送包含 image/png 的 Accept 头字段,服务器在检测到 Accept 头中包含 image/png 这种 MIME 类型时,可能在网页的 img 元素中使用 png 类型的文件。MIME 类型有很多种,下面这些 MIME 类型都可以作为 Accept 头字段的值。

```
Accept:text/html,表明客户端希望接受 HTML 文本。
Accept:image/gif,表明客户端希望接受 GIF 图像格式的资源。
Accept:image/*,表明客户端可以接受所有 image 格式的子类型。
Accept:*/*,表明客户端可以接受所有格式的内容。
```

2. Accept-Encoding

Accept-Encoding 头字段用于指定客户端能够进行解码的数据编码方式,这里的编码方式通常指某种压缩方式。在 Accept-Encoding 头字段中,可以指定多个数据编码方式,它们之间以逗号分隔。具体示例如下:

```
Accept-Encoding:gzip,compress
```

在上面的头字段中,gzip 和 compress 这两种格式是最常见的数据编码方式。在传输较大的实体内容之前对其进行压缩编码,可以节省网络带宽和传输时间。服务器接收到这个请求头后,使用其中指定的一种格式对原始文档内容进行压缩编码,然后再将其作为响应消息的实体内容发送给客户端,并且在 Content-Encoding 响应头中指出实体内容所使用的压缩编码格式,浏览器在接收行反向解压缩。

需要注意的是,Accept 和 Accept-Encoding 头消息不同:Accept 请求头消息指定的 MIME 类型是指解压后的实体内容类型;Accept-Encoding 头消息指定的是实体内容压缩的方式。

### 3. Host

Host 头字段用于指定资源所在的主机名和端口号,格式与资源的完整 URL 中的主机名和端口号部分相同。具体示例如下:

```
Host:www.itcast.cn:80
```

在上述示例中,因为浏览器连接服务器时默认使用的端口号为 80,所以"www. itcast. cn"后面的端口号信息":80"可以省略。

需要注意的是,在 HTTP 1. 1 协议中,浏览器和其他客户端发送的每个请求消息中必须包含 Host 头字段,以便 Web 服务器能够根据 Host 头字段中的主机名来区分客户端所要访问的虚拟 Web 站点。当浏览器访问 Web 站点时,会根据地址栏中的 URL 地址自动生成相应的 Host 请求头。

### 4. If-Modified-Since

If-Modified-Since 请求头的作用与 If-Match 类似,只不过它的值为 GMT 格式的时间。If-Modified-Since 请求头被视作一个请求条件,只有当服务器中文档的修改时间比 If-Modified-Since 请求头指定的时间新时,服务器才会返回文档内容。否则,服务器将返回一个 304(Not Modified)状态码来表示浏览器缓存的文档内容,这时,浏览器仍然使用以前缓存的文档。通过这种方式,可以在一定程度上减少浏览器与服务器之间的通信数据量,从而提高了通信效率。

### 5. Referer

浏览器向服务器发出的请求,可能是直接在浏览器地址栏中输入 URL 地址而发出的,也可能是单击一个网页上的超链接而发出的。对于第 1 种直接在浏览器地址栏中输入 URL 地址的情况,浏览器不会发送 Referer 请求头;而对于第 2 种情况,浏览器会使用 Referer 头字段标识发出请求的超链接所在网页的 URL。例如,本地 Tomcat 服务器的 chapter 02 项目中有一个 HTML 文件 GET. html,GET. html,其中包含一个指向远程服务器的超链接,当单击这个超链接向服务器发送 GET 请求时,浏览器会在发送的请求消息中包含 Referer 头字段。具体示例如下:

```
Referer:http://localhost:8080/chapter02/GET.html
```

Referer 头字段非常有用,常被网站管理人员用来追踪网站的访问者是如何导航进入网站的。同时 Referer 头字段还可以用于网站的防盗链。

什么是盗链呢? 假设一个网站的首页中想显示一些图片信息,而在该网站的服务器中并没有这些图片资源,它通过在 HTML 文件中使用 img 标记链接到其他网站的图片资源,将其展示给浏览者,这就是盗链。盗链加重了被链接网站服务器的负担,损害了其合法利益。所以,一个网站为了保护自己的资源,可以通过 Referer 头字段检测出是从哪里链接到当前的网页或资源。一旦检测到不是通过本站的链接进行的访问,就可以阻止访问或者跳转到指定的页面。

### 6. User-Agent

User-Agent 简称 UA,中文名为用户代理,它用于指定浏览器或者其他客户端程序使用的操作系统及版本、浏览器及版本、浏览器渲染引擎、浏览器语言等,以便服务器针对不同类型的浏览器返回不同的内容。例如,服务器通过检查 User-Agent 头,如果发现客户端是一个无线手持终端,就返回一个 WML 文档;如果发现客户端是一个普通的浏览器,则通常返回 HTML 文档。例如,IE 浏览器生成的 User-Agent 请求信息如下:

```
User-Agent:Mozilla/4.0 (compatible; MSIE 8.0; Windows NT 5.1; Trident/4.0)
```

在上面的请求头中,User-Agent 头字段首先列出了 Mozilla 版本,然后列出了浏览器的版本(MSIE 8.0 表示 Microsoft IE 8.0)、操作系统的版本(Windows NT 5.1 表示 Windows XP)以及浏览器的引擎名称(Trident/4.0)。

以百度为例,百度服务器上存在 index.html 资源文件,用户在浏览器地址栏输入网址"http://www.baidu.com",实际上访问的是百度服务器上的 index.html 资源文件,继而看到了百度的首页。用户也可以输入完整的网址"http://www.baidu.com/index.html",打开百度的首页。index.html 可以省略,这是因为 index.html、index.jsp 等是 Web 服务器的默认资源文件。

事实上,更为完整的网址应该是"http://www.baidu.com:80/index.html",域名后的":80"代表百度服务器的 Web 服务器软件运行在 80 端口上。":80"可以省略,这是因为默认情况下浏览器向 Web 服务器的 80 端口发送 HTTP 请求数据。

### 1.1.3 浏览器与 Web 服务器之间的交互

浏览器与 Web 服务器之间的交互如图 1-4 所示。从图中可以看出,HTTP 是浏览器与 Web 服务器交互的核心。

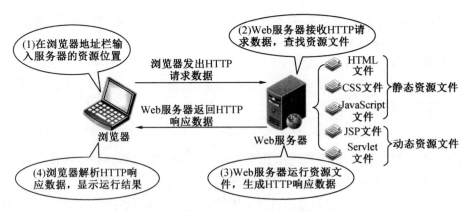

图 1-4 浏览器与 Web 服务器之间的交互

浏览器与 Web 服务器的交互过程大致如下:

(1)当用户打开浏览器,输入 URL 或者单击超链接后,实际上是浏览器请求访问 Web 服务器的某个资源文件。这个过程称为浏览器向 Web 服务器发出 HTTP 请求数据。

(2)Web 服务器接收浏览器发出的 HTTP 请求数据,分析 HTTP 请求数据中的信息(例如 URL),得出该资源文件所在的物理位置,并定位。

(3)Web 服务器运行该资源文件,将运行结果封装成 HTTP 响应数据,返回给浏览器。这个过程称为 Web 服务器向浏览器返回 HTTP 响应数据。

（4）浏览器接收 Web 服务器返回的 HTTP 响应数据,将其渲染到浏览器窗口。

总之,浏览器是一种能够发出 HTTP 请求数据、接收 HTTP 响应数据的软件;而 Web 服务器是一种负责接收 HTTP 请求数据、返回 HTTP 响应数据的软件。这两种软件就像动物世界中的两种动物,一种喜欢主动,另一种喜欢被动;一种在努力地寻找猎物,另一种在静静地等待着猎物。它们之间通过网络相连。作为浏览器,必须清楚地知道 Web 服务器上资源文件的具体位置。浏览器必须主动访问,Web 服务器必须被动等待,只有当浏览器请求访问 Web 服务器上的资源文件时,Web 服务器才会为之提供服务。

### 1.1.4　HTTP 的本质

HTTP 定义了浏览器与 Web 服务器之间交换超文本数据的协议。协议指的是一套规则。通过 HTTP,浏览器可以向服务器发送任意类型的请求数据(例如浏览器向服务器上传图片),服务器可以向浏览器发送任意类型的响应数据(例如浏览器从服务器下载视频),数据发送方在请求头或响应头中指定 Content-Type,数据接收方即可根据该 Content-Type 正确地解析接收到的数据。需要注意,HTTP 要求请求数据中的请求头以及响应数据中的响应头必须是 ASCII 文本数据。也就是说,汉字必须被编码成 ASCII 编码,才能存在于请求头或响应头中。例如,请求头中的汉字需要被 URL 编码成 ASCII 编码。

ASCII 是一种标准的单字节字符编码方案,到目前为止一共定义了 128 个字符。汉字非常多,单字节字符编码方案不足以表示所有汉字,因此汉字有必要采用多字节字符编码为常用的两种中文字符编码方案 GBK 和 UTF-8,以为将来解决中文字符乱码问题打下坚实基础。

通过 HTTP,浏览器也可以向 Web 服务器发送二进制数据(例如文件上传),服务器也可以向浏览器返回二进制数据(例如文件下载)。

### 1.1.5　HTTP 响应消息

当服务器接收到浏览器的请求后,会回送响应消息给客户端。一个完整的响应消息主要包括响应状态行、响应头消息和实体内容。其中,每个组成部分都代表了不同的含义,下面将围绕 HTTP 响应消息的每个组成部分进行详细的讲解。

#### 1.1.5.1　HTTP 响应状态行

HTTP 响应状态行位于响应消息的第 1 行,它包括 3 个部分,分别是 HTTP 版本、一个表示成功或错误的整数代码(状态码)和对状态码进行描述的文本信息。具体示例如下:

```
HTTP/1.1 200 OK
```

其中,HTTP/1.1 是通信使用的协议版本;200 是状态码;OK 是状态描述,说明客户端请求成功。需要注意的是,请求行中的每个部分需要用空格分隔,最后要以回车换行符结束。

关于协议版本和文本信息,读者都比较容易理解,而 HTTP 的状态码对读者来说则比较陌生,接下来就针对 HTTP 的状态码进行具体分析。

HTTP 响应状态码由 3 位数字组成,表示请求是否被理解或被满足。状态码的第 1 个数字定义了响应的类别,有 5 种可能的取值,后面 2 位没有具体的分类。具体介绍如下。

1××:表示临时的响应。服务器收到请求,需要请求者继续执行操作才能完成请求。

3××:表示请求已成功被服务器接收、理解并接受。

4××:表示客户端的请求有错误。

5××:表示服务器出现错误。

HTTP 的状态码数量众多,其中大部分无须记忆。

### 1.1.5.2　HTTP 响应头消息

在 HTTP 响应消息中,第 1 行为响应状态行,接着是若干响应头消息,服务器通过响应头消息向客户端传递附加信息,包括服务程序名、被请求资源需要的认证方式、客户端请求资源的最后修改时间、重定向地址等信息。具体示例如下:

```
Server:Apache-Coyote/1.1
    Content-Encoding:gzip
    Content-Length:80
    Content-Language:zh-cn
    Content-Type:text/html; charset=GB2312
    Last-Modified:Mon,18 Nov 2013 18:23:51 GMT
    Expires:-1
    Cache-Control:no-cache
```

从上面的响应头消息可以看出,它们的格式与 HTTP 请求头消息的相同。当服务器向客户端回送响应消息时,根据情况的不同,发送的响应头消息也不相同。接下来介绍一些常用的响应头消息字段。

1. Location

Location 头字段用于通知客户端获取请求文档的新地址,其值为一个使用绝对路径的 URL 地址。具体示例如下:

```
Location:http://www.itcast.org
```

Location 头字段和大多数 3××状态码配合使用,以便通知客户端自动重新连接到新的地址请求文档。由于当前响应并没有直接返回内容给客户端,所以使用 Location 头的 HTTP 消息不应该有实体内容。由此可见,在 HTTP 头消息中不能同时出现头字段。

2. Server

Server 头字段用于指定服务器软件产品的名称。具体示例如下:

```
Server:Apache-Coyote/1.1
```

3. Refresh

Refresh 头字段用于告诉浏览器自动刷新页面的时间,它的值是一个以秒为单位的时间数。具体示例如下:

```
Refresh:3
```

上面所示的 Refresh 头字段用于告诉浏览器在 3 s 后自动刷新此页面。

需要注意的是,在 Refresh 头字段的时间值后面还可以增加一个 URL 参数,时间值与 URL 之间用分号(;)分隔,用于告诉浏览器在指定的时间值后跳转到其他网页,例如告诉浏览器经过 3 s 跳转到"www. itcast. cn"网站。具体示例如下:

```
Refresh:3;url=http://www.itcast.cn
```

### 4. Content-Disposition

如果服务器希望浏览器不是直接处理响应的实体内容,而是让用户选择将响应的实体内容保存到一个文件中,则需要使用 Content-Disposition 头字段。Content-Disposition 头字段没有在 HTTP 的标准规范中定义,它是从 RFC 2183 中借鉴过来的。在 RFC 2183 中,Content-Disposition 指定了接收程序处理数据的两种标准方式:inline 表示直接处理,而 attachment 则要求用户干预并控制接收程序处理数据内容的方式。而在 HTTP 应用中,只有 attachment 是 Content-Disposition 的标准方式。attachment 后面还可以指定 filename 参数。filename 参数值是服务器建议浏览器保存实体内容的文件名称,浏览器应该忽略 filename 参数值中的目录部分,只取参数中的最后部分作为文件名。在设置 Content-Disposition 之前,一定要设置 Content-Type 头字段。具体示例如下:

```
Content-Type:application/octet-stream
Content-Disposition:attachment; filename=lee.zip
```

### 1.1.5.3　实体内容

HTTP 响应消息中的实体内容是服务器实际要传递给客户端的数据部分,它有着重要的作用,以下是关于它的详细介绍。

#### 1. 内容本质

实体内容就是服务器依据客户端的请求进行相应处理后,准备发回给客户端可供其使用或展示的数据主体。例如,当客户端向服务器请求一个网页时,服务器返回的实体内容就是这个网页对应的 HTML 文档内容;如果请求的是一张图片,那么实体内容就是该图片的二进制数据;如果请求的是一个 JSON 格式的 API 数据,那么实体内容就是符合 JSON 格式规范的具体数据文本。

#### 2. 与状态行和消息头的关联

(1)配合状态行

状态行表明请求的处理结果状态(如是成功、重定向还是出现错误等),而实体内容则是在状态码表示请求处理成功(如常见的 200 OK 状态)的情况下,真正承载着客户端所期望获取到的有效数据。例如,状态行返回 HTTP/1.1 200 OK 告知客户端请求成功了,接着实体内容就把网页、文件等相应的数据传递过来供客户端解析展示。

(2)关联消息头

响应消息头中包含了很多与实体内容相关的描述信息,像 Content-Type 消息头会指明实体内容的类型(如 text/html 表示 HTML 文档, image/jpeg 表示 JPEG 格式图片、application/json 表示 JSON 数据等),以便客户端知晓如何正确地解析、处理收到的实体内

容;Content-Length 消息头则会告知客户端实体内容的长度,让客户端能准确地接收到完整的数据。

### 1.1.6 HTTP 协议

客户端浏览器通过 HTTP 协议来向服务器发送请求,而服务器则通过 HTTP 协议向用户发送结果页面。

当在客户浏览器输入一个 URL 地址时,服务器返回一个页面给浏览器,称为一次 HTTP 操作。HTTP 操作一般分为如下 4 个部分:

(1)客户端与服务器建立连接,HTTP 开始工作。

(2)建立连接后,客户端发送一个请求给服务器,请求内容包括 URL 地址、协议版本号以及 MIME 信息。其中 MIME 信息包括请求修饰符、客户端信息等内容。

(3)服务器接收到请求,对请求进行处理后,返回响应消息,包括状态码、协议版本号以及 MIME 信息。其中 MIME 信息包括服务器信息、实体信息等内容。

(4)客户端接收到服务器响应后,在浏览器中显示结果页面,HTTP 协议断开,此时客户端将与服务器失去连接。

## 1.2 Web 开发过程

Web 在计算机网页开发设计中就是网页的意思。网页是网站中的一个页面,通常是 HTML 格式的。网页可以展示文字、图片、媒体等,需要通过浏览器阅读。

### 1.2.1 Web 基础知识

Web 一词原指蜘蛛网和网,在网络技术领域,它通常被翻译为网络、互联网和网页等。具体而言,Web 是 World Wide Web(万维网)的简称,它是互联网极为重要的组成部分,广泛采用超链接技术以及浏览器/服务器(Browser/Server,B/S)的工作模式。在这个网络体系中,通过 URL 来标识和访问网上的各种资源,从而实现信息的检索与交流,以便用户可以轻松地获取和分享信息。

Web 服务器也称为 HTTP 服务器,它是根据用户通过 Web 浏览器发送的请求来提供相应文件的一种软件。常用的 Web 服务器包括 ApacheHTTP 服务器、Netscape 的企业服务器(NES)、iPlanetWeb 服务器和微软的互联网信息服务器(Internet Information Services,IIS)等。

#### 1.2.1.1 Web 的基本概念

Web 诞生于瑞士日内瓦的欧洲粒子物理实验室(CERN),该实验室专门从事复杂物理学、工程学和信息处理工程学的研究。该实验室成员由分布在世界各地的科学家组成,为了便于研究人员之间相互联系和沟通,需要采用一种能够及时传输信息和研究资料的方法。因此,1989 年,CERN 的物理学家 Tim Berners-Lee 首次提出了链接文档的概念,并且实现了第一个基于文本的 Web 原型,为科学家们提供了一种有效的通信方法。1990 年,万维网名称被正式确定。1993 年,美国国家超级计算应用中心成功研发了世界上第一个图形界面的浏览器——Mosaic。后来,Marc Andreessen 创办了 Netscape 通信公司,成功开发了著名的 NetscapeNavigator 浏览器软件。1997 年,微软公司的网络浏览软件 Internet Explorer 4.0 问世。随后,浏览器的便利使得 Web 得到了较为广泛的应用,Web 上的资源越来越多,Web 逐步融入人们的生活,成为人们工作、生活、学习的基本工具。

#### 1.2.1.2　Web 的工作机制

Web 是通过 HTTP 传输信息的,用户上网浏览网页时,首先通过浏览器向对方的 Web 服务器发送一个请求,Web 服务器接收到该请求后就会检索相应的页面;一旦检索到目标页面,Web 服务器将会向客户端浏览器回送该页面。具体地讲,在一次通信过程中从用户发出请求到服务器响应请求,大致可以分为 9 个步骤:

(1)在浏览器的地址栏中输入请求页面的 URL(发起用户请求)。

(2)浏览器请求 DNS 域名系统,将域名解析为 IP 地址。

(3)根据解析出来的 IP 地址,浏览器与服务器建立连接。

(4)浏览器发出 HTTP 请求报文。

(5)Web 服务器响应请求,找到 software 目录下的 index. html 文件。

(6)如果 HTML 页面中嵌入了 JSP、ASP、ASP. NET 或 PHP 程序,则 Web 服务器运行这些程序,并把结果嵌入页面。如果应用程序包含对数据库的操作,则应用程序服务器把查询指令发送给数据库驱动程序,由数据库驱动程序对数据库执行查询操作,查询结果返回给数据库驱动程序,并由驱动程序返回 Web 服务器,Web 服务器将结果数据嵌入页面。

(7)Web 服务器把结果页面发送给浏览器。

(8)浏览器与服务器断开连接。

(9)浏览器解释 HTML 文档,在客户端屏幕上显示结果。

### 1.2.2　Web 应用程序的工作原理

Web 应用程序大体上可以分为两种,即静态网站和动态网站。早期的 Web 应用程序主要是静态页面的浏览,即静态网站。这些网站使用 HTML 来编写,放在 Web 服务器上,用户使用浏览器通过 HTTP 协议请求服务器上的 Web 页面,服务器上的 Web 服务器将接收到的用户请求处理后,再发送给客户端浏览器,显示给用户。

随着网络的发展,很多线下业务开始向网上发展,基于 Internet 的 Web 应用也变得越来越复杂,用户所访问的资源已不能只局限于服务器上保存的静态网页,更多的内容需要根据用户的请求动态生成页面信息,即动态网站。这些网站通常使用 HTML 和动态脚本语言(如 JSP、ASP、PHP 等)编写,并将编写后的程序部署到 Web 服务器上,由 Web 服务器对动态脚本代码进行处理,并转化为浏览器可以解析的 HTML 代码,返回给客户端浏览器,显示给用户。

初学者经常会错误地认为带有动画效果的网页就是动态网页,其实不然。动态网页是指具有交互性,内容可以自动更新,并会根据访问的时间和访问者而改变的网页。这里所说的交互性是指网页可以根据用户的要求动态地改变或响应。

由此可见,静态网站类似于过去研制的手机。这种手机只能使用出厂时设置的功能和铃声,用户自己并不能对其铃声进行添加和删除等。而动态网站则类似于现在研制的手机。用户在使用这些手机时,不再只局限于使用手机中默认的铃声,而是可以根据自己的喜好任意设置。

### 1.2.3 Web 的发展历程

自 1989 年 Tim Berners-Lee 发明 World Wide Web 以来,Web 主要经历了 3 个阶段,分别是静态文档阶段(指代 Web 1.0)、动态网页阶段(指代 Web 1.5)和 Web 2.0 阶段。下面分别对这 3 个阶段进行介绍。

#### 1.2.3.1 静态文档阶段

处理静态文档阶段的 Web,主要是用于静态 Web 页面的浏览。用户通过客户端的 Web 浏览器可以访问 Internet 上的各个 Web 站点。在每个 Web 站点上,保存着提前编写好的 HTML 格式的 Web 页,以及各 Web 页之间可以实现跳转的超文本链接。通常情况下,这些 Web 页都是通过 HTML 语言编写的。受低版本 HTML 语言和旧式浏览器的制约,Web 页面只能包括单纯的文本内容,浏览器也只能显示呆板的文字信息,不过这已经基本满足了建立 Web 站点的初衷,实现了信息资源共享。

随着互联网技术的不断发展及网上信息量呈几何级数的增加,人们逐渐发现手工编写包含所有信息和内容的页面,耗费大量的人力和物力,而且几乎变得难以实现。另外,这样的页面也无法实现各种动态的交互功能。这就促使 Web 技术发展为第二个阶段——动态网页阶段。

#### 1.2.3.2 动态网页阶段

为了克服静态页面的不足,人们将传统单机环境下的编程技术与 Web 技术相结合,从而形成新的网络编程技术。网络编程技术通过在传统的静态页面中加入各种程序和逻辑控制,实现动态和个性化的交流与互动。我们将这种使用网络编程技术创建的页面称为动态页面。动态页面的后缀通常是. jsp、. php 和. asp 等,而静态页面的后缀通常是. htm、. html 和. shtml 等。

这里说的动态网页,与网页上的各种动画、滚动字幕等视觉上的"动态效果"没有直接关系。动态网页也可以是纯文字内容的,这些只是网页具体内容的表现形式。无论网页是否具有动态效果,采用动态网络编程技术生成的网页都称为动态网页。

#### 1.2.3.3 Web 2.0 阶段

随着互联网技术的不断发展,人们又提出了一种新的互联网模式——Web 2.0。这种模式更加以用户为中心,通过网络应用( Web applications)促进网络上人与人之间的信息交换和协同合作。

Web 2.0 技术主要包括:博客( Blog)、微博( Twitter)、维基百科全书( Wiki)、网摘( Delicious)、社会网络( SNS)、对等计算( P2P)、即时信息( IM)和基于地理信息服务

（LBS）等。

### 1.2.3.4　Web 开发技术

在开发 Web 应用程序时,通常需要应用客户端和服务器两方面的技术。其中,客户端应用的技术主要用于展现信息内容,而服务器应用的技术则主要用于进行业务逻辑的处理和与数据库的交互等。

1. 客户端应用技术

进行 Web 应用开发,离不开客户端技术的支持。目前,比较常用的客户端技术包括HTML、CSS 样式和客户端脚本技术。

（1）CSS 样式

CSS 样式就是一种叫作样式表（style sheet）的技术,也有人称之为层叠样式表（cascading style sheet）。在制作网页时,采用 CSS 样式,可以对页面的布局、字体、颜色、背景和其他效果实现更加精确的控制;只要对相应的代码做一些简单修改,就可以改变整个页面的风格。CSS 大大提高了开发者对信息展现格式的控制能力,特别是在目前比较流行的 CSS+DIV 布局的网站中,CSS 的作用更加举足轻重。

在网页中使用 CSS 样式不仅可以美化页面,还可以优化网页速度。这是因为 CSS 样式表文件只是简单的文本格式,不需要安装额外的第三方插件;另外,CSS 提供了很多滤镜效果,从而避免了使用大量的图片,这样将大大缩小文件的体积,提高下载速度。

（2）客户端脚本技术

客户端脚本技术是指嵌入 Web 页面中的程序代码,这些程序代码是一种解释性的语言,浏览器可以对客户端脚本进行解释。通过脚本语言可以实现以编程的方式对页面元素进行控制,从而增加页面的灵活性。常用的客户端脚本语言有 JavaScript 和 VBScript。目前,应用最为广泛的客户端脚本语言是 JavaScript。

2. 服务器应用技术

服务器应用技术在开发动态网站时,离不开服务器技术。从技术发展的先后来看,服务器技术主要有 CGI、ASP、PHP 和 JSP。

（1）CGI

通用网关接口（common gateway interface,CGI）是一种最早用来创建动态网页的技术,它可以使浏览器与服务器之间产生互动关系。

CGI 允许使用不同的语言来编写适合的 CGI 程序,该程序被放在 Web 服务器上运行。当客户端发出请求给服务器时,服务器根据用户请求建立一个新的进程来执行指定的 CGI 程序,并将执行结果以网页的形式传输到客户端的浏览器上显示。可以说 CGI 是当前应用程序的基础技术,但这种技术编制方式比较困难且效率低下,因为每次页面被请求时,都要求服务器重新将 CGI 程序编译成可执行的代码。在 CGI 中最常使用的语言为 C/C++、Java和 Perl（practical extraction and report language,文件分析报告语言）。

（2）ASP

ASP（active server page）是一种应用广泛的开发动态网站的技术。它通过在页面代码中嵌入 VBScript 或 JavaScript 脚本语言来生成动态的内容,服务器必须在安装了适当的解释

器后,才可以通过调用此解释器来执行脚本程序,然后将执行结果与静态内容部分结合并将其传送到客户端浏览器上。对于一些复杂的操作,ASP 可以调用存在于后台的 COM 组件来完成,所以说 COM 组件无限扩充了 ASP 的能力,正因如此依赖本地的 COM 组件,使得 ASP 主要用于 Windows NT 平台中,所以 Windows 本身存在的问题都会映射到它的身上。当然该技术也存在很多优点,如简单易学,并且 ASP 是与微软的 IIS 捆绑在一起的,在安装 Windows 操作系统的同时安装上 IIS 就可以运行 ASP 应用程序了。

(3)PHP

PHP 来自 personal home page,但现在的 PHP 已经不再表示名词的缩写,而是一种开发动态网页技术的名称。PHP 语法类似于 C 语言,并且混合了 Perl、C++和 Java 的一些特性。它是一种开源的 Web 服务器脚本语言,与 ASP 一样可在页面中加入脚本代码来生成动态内容,并可将一些复杂的操作封装到函数或类中。PHP 提供了许多已经定义好的函数,例如,提供标准的数据库接口,使得数据库连接方便、扩展性强。PHP 可以被多个平台支持,但广泛应用于 Unix/Linux 平台。由于 PHP 本身的代码对外开放,又经过许多软件工程师的检测,因此到目前为止该技术具有公认的安全性能。

(4)JSP

JSP(Java server page)是以 Java 为基础开发的,所以它沿用了 Java 强大的 API 功能。JSP 页面中的 HTML 代码用来显示静态内容部分;嵌入页面中的 Java 代码与 JSP 标记用来生成动态的内容部分。JSP 允许程序员编写自己的标签库来完成应用程序的特定要求。JSP 可以被预编译,因此提高了程序的运行速度。另外,JSP 开发的应用程序经过一次编译后,便可随时随地运行。所以在绝大部分系统平台中,代码无须修改就可以在支持 JSP 的任何服务器中运行。

JSP 技术具有如下优点。

①跨平台性。

作为 Java 平台的一部分,JSP 技术拥有 Java 语言"一次编写,各处执行"的特点,能够在各种操作系统平台上运行。而且由于 Sun 公司将 Java 公开,使之成为一种开放的标准,随着越来越多的应用服务器供应商将 JSP 技术添加到他们的产品中,使用 JSP(或 J2EE)技术开发的企业应用可以在不同的应用服务器上得到相同的运行结果。因此,企业可以针对自身的需求,选择符合公司成本及规模的服务器,假若未来的需求有所变更,更换服务器平台并不会影响之前所投入的成本、人力以及所开发的应用程序。

②组件化开发。

JSP 可以依赖重复使用跨平台的组件(如 JavaBean 或 EJB 组件)来执行复杂的运算、数据处理等。因此开发人员能够共享开发完成的组件,或者增强现有组件的功能。基于利用组件进行开发的方法,可以加速整理开发过程,大大降低了公司的开发成本。

③自定义标签网页开发。

在实际网站开发中,由于网页开发人员不一定都是熟悉 Java 语言的程序员,因此,JSP 使用标签库技术将多种功能封装起来,成为一个自定义的标签。网页开发人员运用自定义的标签来完成工作需求,无须复杂的 Java 程序,就能快速开发出动态网页。第三方开发人员也可以为常用功能建立标签库,使网页开发人员能够使用熟悉的开发工具(如 Dreamweaver)来完成特定功能的工作。

④多层企业级应用架构的支持。

随着 Internet 的发展,当前的商业应用正向着更有效、弹性的分布式对象系统转变。JSP 技术是 Java 企业级版本 J2EE 的一部分,主要负责前端显示,而分布对象主要依赖企业级 JavaBeans(EJB)以及 Java 命名和目录接口(the Java naming and directory interface,JNDI),Servlet 则被用于展现一些控制逻辑。

### 1.2.4　JavaWeb 开发环境的部署

Tomcat 是一款用 Java 开发的、免费的、开源的 Web 服务器软件。在安装 Tomcat 前,须安装 JDK。

#### 1.2.4.1　JDK 的版本选择和安装

目前 JDK 的最新版本是 JDK 20,该版本仅支持 64 位操作系统,考虑到操作系统的兼容性,本书选择 JDK 8 进行介绍。JDK 8 既提供了 32 位的 JDK 8 安装程序,又提供了 64 位的 JDK 8 安装程序,读者可根据操作系统的位数,到 "https://www.oracle.com/java/technologies/downloads/? er=221886"下载对应位数的 JDK 8 安装程序。下载完成后,JDK 8 的安装非常简单,根据提示单击"下一步"按钮,选择默认方式安装即可。

默认情况下,JDK 8 安装在 C:\Program Files (x86)\Java\jdk1.8.0_221 目录下。本书将该目录简称为 JAVA_HOME 目录,启动 Tomcat 时,需要使用该目录。另外,该目录下有一个 bin 目录,启动 Eclipse,配置 Path 环境变量时,需要使用 bin 目录。

#### 1.2.4.2　Tomcat 的版本选择和安装

Tomcat 是基于 Java 开发的,下载 Tomcat 时,要确保 Tomcat 和 JDK 兼容。具体来讲,如果使用 32 位的 JDK,建议下载 32 位的 Tomcat;如果使用 64 位的 JDK,建议下载 64 位的 Tomcat。

Tomcat 的最新版本是 Tomcat 11,该版本仅支持 JDK 11。考虑到 JDK 8 的兼容性,本书选择 Tomcat 9,下载地址为 "https://tomcat.apache.org/"。Tomcat 提供了免安装和界面安装两种安装程序,本书使用免安装程序安装 Tomcat。

#### 1.2.4.3　启动和停止运行 Tomcat

步骤 1:打开 Tomcat 安装目录,找到 bin 目录,按住 Shift 键并右击 bin 目录,在此处打开 cmd 命令窗口,输入 startup.bat 命令,执行结果如图 1-5 所示,Tomcat 启动失败。

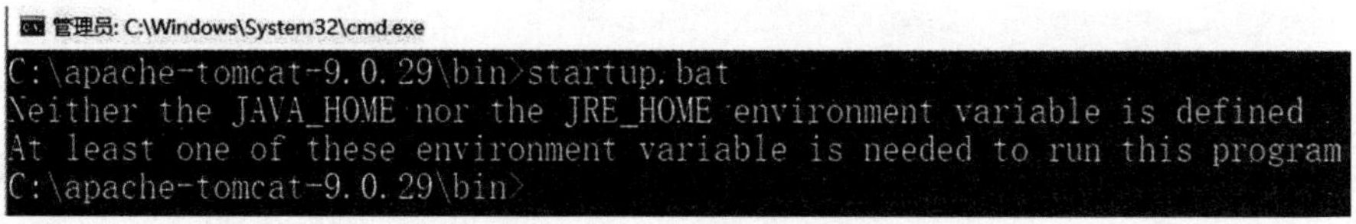

图 1-5　Tomcat 启动失败

结论:Tomcat 的启动依赖于 JAVA_HOME 环境变量或者 JRE_HOME 环境变量。

步骤 2:关闭 cmd 命令窗口。

步骤 3:配置环境变量。以配置 JAVA_HOME 环境变量为例,右击"我的电脑",在弹出的快捷菜单中单击"属性"。单击"高级系统设置",在弹出的"系统属性"对话框中,选择"高级"标签,单击"环境变量"按钮。在"系统变量"区域,单击"新建"按钮。如图 1-6 所示,在"变量名"处输入"JAVA_HOME",在"变量值"处输入"C:\Program Files(x86)\Java\jdk1.8.0_221",单击"确定"按钮,即可配置 JAVA_HOME 环境变量。

步骤 4:启动 Tomcat,若有中文字符乱码问题,在 cmd 命令窗口中,输入 shutdown. Bat,命令,停止运行 Tomcat。打开 Tomcat 安装目录,打开 conf 目录,找到 logging. properties 配置文件,右击该文件,用记事本打开该文件,将 java. util. logging. ConsoleHandler. encoding=UTF-8 中的 UTF-8 修改为 GBK,保存文件。

中文字符乱码问题的解决方法是:在 cmd 命令窗口中,输入 shutdown. bat 命令,停止运行 Tomcat。打开 Tomcat 安装目录,然后打开 conf 目录,找到 logging. properties 配置文件,右击该文件,用记事本打开该文件,将 java. util. logging. ConsoleHandler. encoding = UTF-8 中的 UTF-8 修改为 GBK,保存文件,关闭记事本。

步骤 5:重新执行步骤 1,启动 Tomcat,查看中文字符乱码问题是否解决。

图 1-6　配置环境变量

#### 1.2.4.4　本机的"左右互搏之术"

Tomcat 启动后,打开浏览器,在地址栏中输入网址"http//localhost:8080/index. jsp",按 Enter 键。

本例操作的相关说明如下:

网址中的 http:表示浏览器使用 HTTP 协议。

网址中的 localhost:由于 Web 服务器安装在本地计算机(以下简称"本机")上,因此 Web 服务器的 IP 地址可以使用 localhost 或者 127.0.0.1 代替。就像口语中使用"我"代表自己,书面语中也可使用"本人"代表自己一样。

网址中的 8080:Web 服务器上 Tomcat 服务运行时使用的端口号。读者可以将 Web 服务器看作一部"多卡多待"的手机,将 Web 服务器的每个端口看作一个"SIM 卡槽",将 Web 服务器上运行的每个服务看作一张"SIM 卡"。Tomcat 这张 SIM 卡,默认需要安装在第 8080 个 SIM 卡槽上;访问第 8080 个 SIM 卡槽如同访问 Tomcat 这张 SIM 卡。一台计算机上的端口可以有 65 536 个之多,服务器上运行的网络程序(如 QQ、百度网盘)都是通过端口来启动和通信。

在启动该服务之前,系统会检查 8080 端口是否已经被占用。如果已经被占用,服务通常无法正常启动,除非重新配置端口。

网址中的 index.jsp:对应 localhost 主机 C:\apache-tomcat-9.0.29\webapps\ROOT 目录下的 index.jsp 资源文件。

C:\apache-tomcat-9.0.29\webapps\ROOT 目录是 Tomcat 服务器的根目录。在默认情况下,Tomcat 会在 Tomcat 服务器根目录下查找资源文件。

按 Enter 键:表示浏览器向 Web 服务器发送 HTTP 请求数据,并建立浏览器与 Web 服务器之间的网络连接。

Web 服务器接收到 HTTP 请求数据:Web 服务器查找资源文件,若没有找到,向浏览器返回 404 错误,如同告知浏览器"您拨打的号码为空号"。如果找到资源文件,则分两种情况进行处理:若是静态资源文件,直接返回给浏览器;若是动态资源文件,Tomcat 的 Servlet 容器先将动态代码"翻译成"成静态代码,再将其封装成 HTTP 响应数据,返回给浏览器。

浏览器接收到 HTTP 响应数据后,解析并显示运行结果,读者最终可看到欢迎页面。本例的特殊之处在于,本机既充当了浏览器角色,又充当了 Web 服务器角色。就像练就了"左右互搏之术","左手"指浏览器,"右手"指 Web 服务器。左手向右手的资源文件发出 HTTP 请求数据;右手接收 HTTP 请求数据,寻找资源文件,运行资源文件并将资源文件的运行结果作为 HTTP 响应数据返回给左手;最后由左手显示运行结果。

让我们回顾这次"左右互搏"。浏览器向本机的 8080 端口发送 HTTP 请求数据,访问本机的 index.jsp 资源文件;而本机的 8080 端口运行着 Tomcat 服务,于是该 HTTP 请求数据触发 Tomcat 服务查找 C:\apache-tomcat-9.0.29\。

webapps\ROOT 目录下的 index.jsp 资源文件,运行 index.jsp 中的代码;Tomcat 的 Servlet 容器将动态代码"翻译成"静态代码;Tomcat 将静态代码作为 HTTP 响应数据返回给浏览器;浏览器收到 HTTP 响应数据后,解析并显示运行结果,最终完成了浏览器与 Web 服务器之间的一次"请求与响应"。

### 1.2.4.5　Tomcat 端口占用问题

需要注意的是,一个端口在同一时刻只能运行一个服务,如同一个卡槽在同一时刻只能安装一张 SIM 卡。也就是说,如果第 8 080 个卡槽已经插了一张 SIM 卡,新 SIM 卡将不能

插入第 8080 个卡槽。除非选择下列任意一种方法：

（1）拔掉旧 SIM 卡。拔掉旧 SIM 卡的意思就是停止旧 SIM 卡对应的服务，以便释放 8080 端口，供新 SIM 卡使用。在 cmd 命令窗口中输入 netstat-aon 命令，查找占用 8080 端口的进程标识符（process identification，PID），例如 3748，然后输入 tskill 3748 命令，即可拔掉旧 SIM 卡。

（2）选择一个未用的卡槽，修改新 SIM 卡的默认端口号。默认情况下，Tomcat 安装目录下的 conf 文件夹中的 server.xml 配置文件存在如下配置选项：

```
<Connector port ="8080" protocol ="HTTP/1.1"        connectionTimeout ="20000"
redirectPort ="8443"/>
```

这就意味着，修改 8080（例如改为 8443），重启 Tomcat，Tomcat 服务将占用新端口对外提供服务。

如果浏览器地址栏中不指定 Web 服务器的端口号，浏览器默认会向 Web 服务器的 80 端口发出 HTTP 请求。也就是说，如果将 Tomcat 服务的端口号修改为 80，那么浏览器地址栏中的网址可以省略":80"。

# 1.3　典型 Web 应用程序的结构

Java 提供的 JSP 和 Servlet 是开发 Web 应用的两项引人注目的技术，同时其开源项目也是层出不穷的，如 Web 框架 Struts、Struts 2 等，持久层框架 Hibernate、iBATIS 等，J2EE 框架 Spring，模板引擎 Velocity、FreeMarker 等。

## 1.3.1　Java 语言简介

Java 是一种跨平台的面向对象的编程语言，由 Sun 公司于 1995 年推出。Java 语言自问世以来，受到越来越多开发者的喜爱。在 Java 语言出现以前，很难想象在 Windows 环境下编写的程序可以不加修改就能在 Linux 系统中运行，因为计算机硬件只识别机器指令，而不同操作系统中的机器指令是有所不同的，所以要把一种平台上的程序迁移到另一种平台上，就必须针对目标平台进行修改。如果想让程序运行在不同的操作系统上，就要求程序设计语言能够跨平台，可以跨越不同的硬件、软件环境，而 Java 语言就能够满足这种要求。

Java 是一种优秀的面向对象编程语言。Java 语言有着健壮的安全设计，它的结构是中立的，可以移植到不同的系统平台。优秀的多线程设计也是 Java 语言的一大特色。目前，Java 语言最大的用途是 Web 应用的开发。使用 Java 语言不用考虑系统平台的差异，在一种系统下开发的应用系统，可以不做任何修改就能运行在另一种不同的系统中。例如，开发人员在 Windows 平台下开发的 Web 应用程序，可以直接部署在 Linux 或 Unix 服务器系统中。Java 语言如此受欢迎，是由其自身的优点决定的。以下简要介绍 Java 语言的特性。

1. 平台无关性

在 Java 语言中，并不是直接把源文件编译成硬件可以识别的机器指令。Java 语言的编译器把 Java 源代码编译为字节码文件,这种字节码文件就是编译 Java 源程序时得到的 class 类文件,执行这种类文件的是 Java 虚拟机。Java 虚拟机是软件模拟出的计算机,可以执行编译 Java 源文件得到的中间码文件,而各种平台的差异就是由 Java 虚拟机来处理的,从而实现了在各种平台上运行 Java 程序。

2. 安全性

Java 语言放弃了 C/C++中的指针操作。在 Java 语言中,没有显式提供指针操作,不提供对存储器空间直接访问的方法,这样就可以保证系统的地址空间不会被有意或无意地破坏。而且经过这样的处理,也可以避免系统资源的泄漏。例如在 C/C++中,如果指针不及时释放,就会占用系统内存空间,而 Java 语言提供了一套有效的资源回收策略,会自动回收不再使用的系统资源,从而保证了系统的安全性和稳定性。

3. 面向对象

面向对象是现代软件开发中的主流技术,Java 语言继承了 C++面向对象的理论,并简化了这种面向对象的技术,去掉了一些复杂的技术,例如多继承、运算符的重载等功能。在 Java 语言中,所有操作都是在对象的基础上实现的,为了实现模块化和信息的隐藏,Java 语言采用了将功能代码封装的处理方法,其对继承性的实现使功能代码可以重复利用。用户可以把具体的功能代码封装成自定义的类,从而实现对代码的重用。

4. 异常处理

Java 语言中的异常处理可以帮助用户定位处理各种错误,从而大大缩短了 Java 应用程序的开发周期。而且这种异常策略可以捕捉到程序中的所有异常,针对不同的异常,用户可以采取具体的处理方法,从而保证了应用程序在用户的控制下运行,进而保证了程序的稳定和健壮。

5. 稳健性

Java 是一种强类型语言,它允许扩展编译时检查潜在类型不匹配问题的功能。Java 语言要求显式的方法声明,不支持 C 风格的隐式声明。这些严格的要求保证编译程序能捕捉调用错误,确保程序可靠。

## 1.3.2　Java 语言的发展

Java 语言和 Java 平台的发展是一段漫长而富于传奇的历史。从 20 世纪 90 年代中期被发明开始,Java 语言已经经历了许多变化,也有许多关于它的争论。在早期,Java 被称为 Java 开发工具包或 JDK,是一门与平台(由一组必需的应用程序编程接口 API 组成)紧密耦合的语言。针对不同的开发市场,Sun 公司将 Java 划分为三个技术平台,即 Java SE、Java EE 和 Java ME。

Java SE(Java platform standard edition,Java 标准版),是为开发普通桌面和商务应用程序提供的解决方案。Java SE 是三个技术平台中最核心的部分,Java EE 和 Java ME 都是在其基础上发展而来的,Java SE 平台中包括了 Java 最核心的类库,如集合、IO、数据库连接以及网络编程等。

Java EE(Java platform enterprise edition,Java 企业版),是为开发企业级应用程序提供的解决方案。Java EE 可以被看作一个技术平台,该平台用于开发、装配以及部署企业级应用

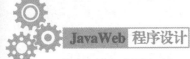

程序,其中主要包括 Servlet、JSP、JavaBean、JDBC、EJB、WebService 等技术。

Java ME(Java platformm micro edition,Java 小型版),是为开发电子消费产品和嵌入式设备提供的解决方案。Java ME 主要用于小型数字电子设备上软件程序的开发,例如,为手机增加新的游戏和通讯录管理功能。此外,Java ME 提供了 HTTP 等高级 Internet 协议,使移动电话能以 C/S 模式直接访问 Internet 的全部信息,提供最高效率的无线交流。

Sun 公司提供了一套 Java 开发环境(JDK),它是整个 Java 语言的核心,其中包括 Java 编译器、Java 运行工具、Java 文档生成工具、Java 打包工具等。为了满足用户日新月异的需求,JDK 的版本也在不断升级。

Sun 公司除了提供 JDK 外,还提供一种 JRE(Java runtime environment)工具,它是提供给普通用户使用的 Java 运行环境。由于用户只需要运行事先编写好的程序,不需要自己动手编写程序,因此 JRE 工具中只包含 Java 运行工具,不包含 Java 编译工具。值得一提的是,为了方便使用,Sun 公司在其 JDK 工具中自带了一个 JRE 工具,也就是说,开发环境中包含运行环境。这样一来,开发人员只需要在计算机上安装 JDK 即可。

### 1.3.3　企业级 Java 的诞生

随着 Internet 的发展和 Web 应用程序的流行,Sun 公司开始意识到应用程序开发对高级开发工具的需求。1998 年,在 J2SE 1.2 发布之前,Sun 宣布正在开发一个称为 Java 专业版本或 JPE 的产品。同时 Sun 还研发了一种称为 Servlet 的技术,这是一个能够处理 HTTP 请求的小型应用程序。

在 Servlet 和 JPE 经历过几次内部迭代过程之后,Sun 于 1999 年 12 月 12 日发布了 Java 2 平台的企业版(Java2 enterprise edition,J2EE),版本为 1.2。J2EE 包含 J2SE 中的类,还包含用于开发企业级应用的类,如 EJB、Servlet、JSP、XML、事务控制等。在随后发布的版本中,J2EE 迅速成为 J2SE 的补充,并且随着多年的发展,一些组件已经被认为必须从 J2EE 迁移到 J2SE 中。随着版本的不断升级,从 JDK5.0 开始,J2SE 和 J2EE 改名为 Java SE 和 Java EE,因为那个"2"已经失去了其本应该有的意义。

### 1.3.4　Java 语言的发展前景

虽然 Java 语言并不是为网络环境设计的,但是其目前还是主要被用于网络环境中,尤其是在服务器的程序设计中,其地位是其他动态语言所无法替代的。尤其是在 B/S 开发模式盛行的今天,其地位更是举足轻重。Java EE 提供了优秀的 B/S 应用程序的解决方案,再加上 Java 语言具有跨平台、简单易用等特性,用户自然会选择 Java 语言进行开发。随着网络技术的急速发展,Java 语言必然会取得更大的发展,在这个复杂的网络环境中,Java 语言有着广阔的发展前景。

### 1.3.5　JavaWeb 应用的核心技术

JavaWeb 应用的核心技术包括以下几个方面。

1. JSP

JSP 是进行输入和输出的基本手段。JSP 以脚本文件的形式存在,主要由 HTML 代码、客户端脚本(JavaScript 等)、JSP 的标签和指令、自定义标签库构成。图 1-7 是一个典型的

JSP 示例。

**2. JavaBean**

JavaBean 用于完成功能的处理。JavaBean 就是 Java 语言中普通的 Java 类,所以没有特殊的地方。JavaWeb 技术中提供了多个与 JavaBean 操作相关的标签。

**3. Servlet**

Servlet 对应用的流程进行控制。Servlet 以 Java 文件的形式存在,所以 Servlet 也是 Java 类,是一种特殊的 Java 类,其在 JavaWeb 技术中主要完成控制功能,负责协调 JSP 页面和完成功能的 JavaBean 之间的关系。

**4. JDBC**

JDBC 是一种与数据库进行交互不可缺少的技术。严格来讲,JDBC 不属于 JavaWeb 技术,但是在 JavaWeb 中不可避免地要使用 JDBC,所以 JDBC 也算是 JavaWeb 开发中比较重要的技术之一。

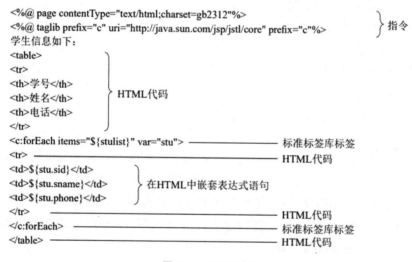

图 1-7　JSP 示例

**5. JSTL 和表达式语言(expression language,EL)**

JSTL 和表达式语言用于完成对 JSP 页面中各种信息的控制和输出。JSTL 和表达式语言是在 JSP 2.0 中引入的,主要是为了方便用户在 JSP 页面中使用常用功能。其典型应用是信息的输出,因为 JSP 界面的主要功能就是展示信息,使用表达式语言使得信息的显示非常简单。例如,图 1-7 所示 JSP 代码中的${stu. sid},完成的功能就是从请求中获取 stu 对象的 sid 属性。如果使用 Java 代码,就没有这么简单了。另外,JSTL 中提供了大量常用的功能,例如选择结构和循环结构,在图 1-7 所示 JSP 代码中就使用了<c:forEach>标签来完成循环控制。

# 习　题　一

1. 自行演练 JDK、Tomcat、MyEclipse 的安装及相关配置。

# 第 2 章　HTML 基础

【本章学习目标】

1. 掌握 HTML 概述；
2. 掌握 HTML 基本元素知识；
3. 掌握 HTML 文字与图片设置；
4. 掌握表格与表单知识；
5. 掌握 CSS 知识；
6. 掌握 CSS 样式表引入方法；
7. 掌握 CSS 语法知识；
8. 掌握 DIV+CSS 布局知识。

HTML 是构成 Web 世界的一砖一瓦。它定义了网页内容的含义和结构。除 HTML 以外的其他技术则通常用来描述一个网页的表现与展示效果（如 CSS），或功能与行为（如 JavaScript）。超文本（Hyper Text）是指连接单个网站内或多个网站间的网页的链接。链接是网络的一个基本方面。用户只要将内容上传到互联网，并将其与他人创建的页面相链接，就可成为万维网的积极参与者。

## 2.1　HTML 概述

HTML 是 Hyper Text Markup Language 的缩写，译为"超文本标记语言"，其主要作用是通过 HTML 标记对网页中的文本、图片、声音等内容进行描述。HTML 网页就是一个后缀名为".html"或".htm"的文件，它可以用记事本打开，所以简单的 HTML 代码可以在记事本中编写。编写完后，将文件后缀名修改为".html"即可生成一个 HTML 网页。在实际开发中，项目的静态页面通常由网页制作人员设计和制作，开发人员只需了解并能够使用和修改页面中的元素，在项目运行时能够展示出相应的后台数据即可。网页制作人员通常会使用一些专业软件来创建 HTML 页面，由于本书中 HTML 技术只作为 JavaWeb 学习的辅助技术，所以这里不会详细介绍如何使用专业工具制作网页，读者只需要了解页面元素的构成，会调试基本的页面效果即可。

接下来通过一个基本的 HTML 文档来介绍其内部构成：

```
1 <!DOCTYPE html PUBLIC "-//W3C//DTD HTML 4.01 Transitional//EN"
2  "http://www.w3.org/TR/html4/loose.dtd">
3 <html>
4 <head>
5 <title>Insert title here</title>
6 </head>
7 <body>
8 </body>
9 </html>
```

上面所述文档中，主要包括<!DOCTYPE>文档类型声明、<html>根标记、<head>头部标记和<body>主体标记。在 HTML 页面中，带有"＜＞"符号的元素被称为 HTML 标记，如文档中的<html>、<head>、<body>。标记就是放在"＜＞"标记符中表示 HTML 标签或 HTML 元素，本书统一称作 HTML 标记。文档中各个标记的具体介绍如下。

1. <!DOCTYPE>标记

<!DOCTYPE>标记位于文档的最前面，用于向浏览器说明当前文档使用哪种 HTML 标准规范，如上面文档中使用的是 HTML 4.01 Transitional 版本。网页必须在开头处使用<!DOCTYPE>标记为所有的 HTML 文档指定 HTML 版本和类型，只有这样浏览器才能将该网页作为有效的 HTML 文档，并按指定的文档类型进行解析。<!DOCTYPE>标记与浏览器的兼容性相关，删除<!DOCTYPE>后，会把如何展示 HTML 页面的权利交给浏览器，这时，有多少种浏览器，页面就可能有多少种显示效果，在实际开发中，这是不被允许的。

2. <html>标记

<html>标记位于<!DOCTYPE>标记之后，也称为根标记，用于告知浏览器其自身是一个 HTML 文档，<html>标记标志着 HTML 文档的开始，</html>标记标志着 HTML 文档的结束，在它们之间的是文档的头部和主体内容。

3. <head>标记

<head>标记用于定义 HTML 文档的头部信息，也称为头部标记，紧跟在<html>标记之后，主要用来封装其他位于文档头部的标记，例如<title>、<meta>、<link>及<style>等。其中<title>标记用来描述文档的标题；<meta>标记可提供有关页面的元信息；<link>标记常见的用途是链接样式表；<style>标记用于为 HTML 文档定义样式信息。一个 HTML 文档只能含有一对<head>标记，绝大多数文档头部包含的数据都不会真正作为内容显示在页面中。

4. <body>标记

<body>标记用于定义 HTML 文档所要显示的内容，也称为主体标记。浏览器中显示的所有文本、图像、音频和视频等信息都必须位于<body>标记内，<body>标记中的信息才是最终展示给用户看的。一个 HTML 文档只能含有一对<body>标记，且<body>标记必须在<html>标记内，位于<head>头部标记之后，与<head>标记是并列关系。

# 2.2 HTML 基本元素

## 2.2.1 头部元素 head

### 2.2.1.1 title

1. 定义了浏览器工具栏的标题；
2. 当网页添加到收藏夹时, 显示在收藏夹中的标题；
3. 显示在搜索引擎结果页面的标题。

例如：

```
<h1>这是一个标题</h1>
<h2>这是一个标题</h2>
<h3>这是一个标题</h3>
<hr> //水平线
```

### 2.2.1.2 base

<base>标签描述了基本的链接地址/链接目标, 该标签作为 HTML 文档中所有的链接标签的默认链接。例如：

```
<base href="http://www.runoob.com/images/" target="_blank">
```

### 2.2.1.3 link

<link>标签定义了文档与外部资源之间的关系, 通常用于链接到样式表。例如：

```
<link rel="stylesheet" type="text/css" href="mystyle.css">
```

### 2.2.1.4 style

<style> 标签定义了 HTML 文档的样式文件引用地址。例如：

```
<style type="text/css">
body {background-color:yellow}
p {color:blue}
</style>
```

### 2.2.1.5 meta

<meta>标签为搜索引擎定义关键词。例如：

```
<meta name="keywords" content="HTML, CSS, XML, XHTML, JavaScript">
//为网页定义描述内容
```

```
<meta name="description" content="免费 Web & 编程 教程">
//定义网页作者
<meta name="author" content="Runoob">
//每 30 秒钟刷新当前页面
<meta http-equiv="refresh" content="30">
```

### 2.2.2　段落

段落格式如下：

```
<p>这是一个段落。</p>
<p>这是另外一个段落。</p>
<p>这个<br>段落<br>演示了分行的效果</p> //<br/>插入单个折行(换行)
```

### 2.2.3　文本格式化

文本格式化见表 2-1。

表 2-1　文本格式化

| 标签 | 描述 |
| --- | --- |
| <b> | 定义粗体文本 |
| <em> | 定义着重文字 |
| <i> | 定义斜体字 |
| <small> | 定义小号字 |
| <strong> | 定义加重语气 |
| <sub> | 定义下标字 |
| <sup> | 定义上标字 |
| <ins> | 定义插入字 |
| <del> | 定义删除字 |

### 2.2.4　链接

链接格式如下：

```
<a href="http://www.runoob.com">这是一个链接</a>
//使用 target 属性,你可以定义被链接的文档在何处显示。下面的这行会在新窗口打开文档：
<a href="http://www.runoob.com/" target="_blank">访问菜鸟教程! </a>
```

### 2.2.5 图像

图像格式如下:

```
img
<img src="/images/logo.png" width="258" height="39"  alt="Big Boat"/>
map/area
<map name="planetmap">
  <area shape="rect" coords="0,0,82,126" href="sun.htm" alt="Sun">
  <area shape="circle" coords="90,58,3" href="mercur.htm" alt="Mercury">
  <area shape="circle" coords="124,58,8" href="venus.htm" alt="Venus">
</map>
```

### 2.2.6 表格

表格由 `<table>` 标签来定义。每个表格均有若干行(由 `<tr>` 标签定义),每行被分割为若干单元格(由 `<td>` 标签定义)。字母 td 指表格数据(table data),即数据单元格的内容。数据单元格可以包含文本、图片、列表、段落、表单、水平线、表格等。表格的表头使用 `<th>` 标签进行定义。大多数浏览器会把表头显示为粗体居中的文本。

表格格式如下:

```
<table border="1">
    <tr>
        <th>Header 1</th>
        <th>Header 2</th>
    </tr>
    <tr>
        <td>row 1, cell 1</td>
        <td>row 1, cell 2</td>
    </tr>
    <tr>
        <td>row 2, cell 1</td>
        <td>row 2, cell 2</td>
    </tr>
</table>
```

### 2.2.7 列表

#### 2.2.7.1 有序列表

有序列表是一列项目,列表项目使用数字进行标记。有序列表始于标签,每个列表项也始于标签。

列表项使用数字来标记。

示例如下：

```
<ol>
  <li>Coffee</li>
  <li>Tea</li>
  <li>Milk</li>
</ol>
<ol start ="50">
  <li>Coffee</li>
  <li>Tea</li>
  <li>Milk</li>
</ol>
```

### 2.2.7.2　无序列表

无序列表是一个项目的列表,此列项目使用粗体圆点(典型的小黑圆圈)进行标记。
示例如下：

```
<h4>无序列表:</h4>
<ul>
  <li>Coffee</li>
  <li>Tea</li>
  <li>Milk</li>
</ul>
```

### 2.2.7.3　自定义列表

自定义列表不仅仅是一列项目,而是项目及其注释的组合。
自定义列表由标签开始。每个自定义列表项以 <dt> 开始,其定义以 <dd> 开始。
示例如下：

```
<dl>
   <dt>Coffee</dt>
   <dd>- black hot drink</dd>
   <dt>Milk</dt>
   <dd>- white cold drink</dd>
</dl>
```

## 2.2.8　区块元素

### 2.2.8.1　div

HTML <div> 元素是块级元素,可用作组合其他 HTML 元素的容器。
<div> 元素没有特定的含义。除此之外,由于它属于块级元素,浏览器会在其前后显示折行。

如果与 CSS 一同使用，<div> 元素可用于对大的内容块设置样式属性。

<div> 元素的另一种常见的用途是文档布局。它取代了使用表格定义布局的老式方法。使用 <table> 元素进行文档布局不是表格的正确用法。<table> 元素的作用是显示表格化的数据。

### 2.2.8.2 span

HTML <span> 元素是内联元素，可用作文本的容器。

<span> 元素也没有特定的含义。当与 CSS 一同使用时，<span> 元素可用于为部分文本设置样式属性。

### 2.2.8.3 表单 form

表单格式如下：

```
<form>
input 元素
</ form>
```

### 2.2.8.4 input

input 格式如下：

```
type:
text
password
radio
checkbox
submit
button
```

### 2.2.9 框架

框架格式如下：

```
< iframe src ="demo _ iframe.htm" width ="200" height ="200" frameborder ="0">
</iframe>
```

### 2.2.10 注释

注释格式如下：

```
<!----> //html 注释
```

# 2.3　HTML 文字与图片设置

## 2.3.1　文字标签属性

文字是网页设计最基础的部分,对页面传达信息起着关键性的作用。为了得到不同的页面效果和更好的信息传达,常常需要对页面文字进行有效的控制。

文字标签主要用于设置网页中的所有有关文字方面的内容,具体包括普通文字、特殊字符、标题字、换行以及段落等。

### 2.3.1.1　文字内容的输入

根据文字内容输入方式的不同以及是否显示在页面中,我们可以将网页文字分成以下几类:普通文字、空格、特殊文字和注释语句。

1. 普通文字的输入

普通文字包括英文和汉字等字符,这些字符可直接通过键盘输入或从其他地方拷贝到 <body></body> 标签对之间的指定位置。

2. 空格的输入

通常情况下,我们在制作网页时,通过空格键输入的多个空格,在浏览器浏览时将只保留一个空格,其余空格都被自动截掉了。为了在网页中增加空格,可以在网页源代码中使用空格对应的一个字符代码,如下所示。

基本语法:

```
 
```

语法说明:一个  表示一个半角空格,多个空格时需要连续输入多个  。在  中"nbsp"表示空格对应的实体名称,而"&"和";"则是用于表示引用字符实体的前缀和后缀符号。

3. 特殊文字的输入

有些字符在 HTML 里有特殊的含义,如小于号"<"表示<HTML>标签的开始;另外,还有一些字符无法通过键盘输入。这些字符对于网页来说都属于特殊字符。要在网页中显示这些特殊字符,可以使用输入空格的形式,即使用它们对应的字符实体。

基本语法:

```
& 实体名称;
```

语法说明:使用特殊字符对应的实体名称。

4. 注释语句

为了提高代码的维护性和可读性,常常在源代码中添加注释语句,用于对代码进行说明。浏览器解析页面时会忽略注释,因而注释语句不会显示在浏览器中,但查看源代码时可以看到。

基本语法：

```
<!--
注释内容        -->
```

语法说明：注释内容可以是多条语句。

【例 2-1】在网页中输入文字内容。

```
<!DOCTYPE html>
<html>  <head>
<meta charset ="utf-8"/>
<title>文字内容标签示例</title>
</head>  <body>
<!-- 普通文字直接在光标处输入即可 -->
对于页面中的普通文字直接<!-- 使用一个  输入一个半角空格 -->
<p>    此句首缩进了 4 个空格。</p>
<!-- 特殊字符使用对应的字符实体输入 -->
<p>这是一本教材是一本专业 &amp;详尽的有关 &quot;HTML&quot;标签的书籍,其中介绍了常
用标签如 &lt;body&gt;、&lt;form&gt;等标签。&reg;</p>
<p>&copy;广州大学华软软件学院版权所有 2013</p>
</body>  </html>
```

上述示例演示了普通文字、空格、特殊字符(<、>、&、注册符号、版权符号、双引号)及注释语句的输入方式。

三条注释语句的内容没有显示在浏览器窗口中。另外上述示例中的<p></p>是段落标签对,这个标签主要用于产生一个段落,将在本章中稍后介绍。

### 2.3.1.2　标题字设置

标题字就是以某几种固定的字号去显示文字,一般用于强调段落要表现的内容或作为文章的标题,具有加粗显示并与下文产生一空行的间隔特性。其根据字号的大小分为六级,分别用标签 h1~h6 表示,字号的大小随数字增大而递减。

基本语法：

```
<hn>标题字</hn>
```

语法说明：hn 中的"n"表示标题字级别,取值 1~6。

默认情况下,标题字居左对齐。如果要改变标题字的对齐方式,可以使用标题字的属性 align 进行设置。

基本语法：

```
<hn align="水平对齐方式">标题字</hn>
```

语法说明：hn 中的"n"表示标题字级别。水平对齐方式可分别取 left、center 和 right 三种值。

【例 2-2】设置标题字及其对齐方式,如图 2-1 所示。

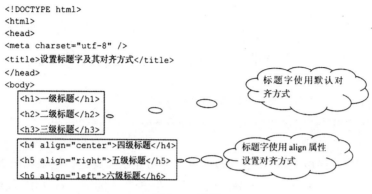

图 2-1　示样

```
</body> </html>
```

上述代码在 IE11 浏览器中的运行结果如图 2-2 所示。

图 2-2　标题字及其对齐方式设置

图 2-2 中的页面显示了 6 个级别的标题字,它们的字号从一级到六级依次减小。其中前三级标题字使用默认对齐方式,即左对齐;后三级标题字使用 align 属性显式设置对齐方式,分别是居中、居右和居左。

### 2.3.1.3　使用<strong>标签设置强调并加强文字

<strong>通过语气的加重来强调文本,是一个具有强调语义的标签,除了样式上要显示加粗效果外,还通过语气上进行特别的加重来强调文本。而且使用<strong>修饰的文本会更容易吸引搜索引擎。另外,盲人朋友在使用阅读设备阅读网页时,<strong>标签内的文字会着重朗读。

基本语法:

```
<strong>文本</strong>
```

语法说明:需要修饰的文本直接放到标签对之间即可。

【例2-3】\<strong>标签的使用。

```
<html>
    <head>  <meta charset ="utf-8"/>
    <title>strong 标签的使用</title>
    </head>  <body>
    <p>你中了 500 万(没有使用任何格式化标签)</p>
    <p><strong>你中了 500 万(使用 strong 标签加强语气)</strong></p>
    </body>  </html>
```

上述代码创建了两段文本,最后一段文本会加粗显示。其运行结果如图2-3所示。

"中了500万"是一件多么让人激动的事啊!但图2-3的第一行文本,仅仅平铺直叙地表达了中奖这一件事,让我们无法体会到陈述者激动的心情;而第二行文本不仅可以在视觉效果上引起我们的注意,还能通过陈述者加强的语气来体现其此刻激昂的情绪,在使用阅读设备阅读该文本时,也会大声地着重阅读。

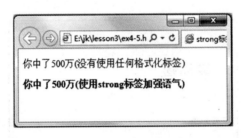

图2-3  \<strong>标签的设置效果

### 2.3.2  文字布局

#### 2.3.2.1  元素居中对齐

要水平居中对齐一个元素(如 \<div>),可以使用 margin:auto;。设置到元素的宽度将防止它溢出容器的边缘。元素通过指定宽度,将两边的空外边距平均分配。

div 基本语法:

```
div 元素是居中的
```

例如:

```
.center {
    margin:auto;
    width:50% ;
    border:3px solid green;
    padding:10px;
}
```

**注意**:如果没有设置 width 属性(或者设置 100%),居中对齐将不起作用。

### 2.3.2.2　文本居中对齐

如果仅仅是为了使文本在元素内居中对齐,可以使用 text-align:center;。
基本语法:

文本居中对齐

例如:

```
.center {
    text-align:center;
    border:3px solid green;
}
```

### 2.3.2.3　图片居中对齐

要让图片居中对齐, 可以使用 margin:auto;,并将它放到块元素中。例如:

```
img {
    display:block;
    margin:auto;
    width:40%;
}
```

### 2.3.2.4　左右对齐——使用定位方式

我们可以使用 position:absolute;属性来对齐元素。例如:

```
.right {
    position:absolute;
    right:0px; width:300px;
    border:3px solid #73AD21;
    padding:10px;
}
```

注释:绝对定位元素会被从正常流中删除,并且能够交叠元素。

提示:当使用 position 来对齐元素时,通常<body>元素会设置 margin 和 padding。这样可以避免在不同的浏览器中出现可见的差异。

当使用 position 属性时,IE8 以及更早的版本存在一个问题:如果容器元素(在我们的案例中是 <div class="container">)设置了指定的宽度,并且省略了 !DOCTYPE 声明,那么 IE8 以及更早的版本会在右侧增加 17px 的外边距。这似乎是为滚动条预留的空间。当使用 position 属性时,请始终设置 !DOCTYPE 声明。例如:

```
body {
margin:0;
padding:0;
}
```

```
.container {
    position:relative;
    width:100%;
}

.right {
    position:absolute;
    right:0px;
    width:300px;
    background-color:
    #b0e0e6;
}
```

### 2.3.2.5 左右对齐——使用 float 方式

我们也可以使用 float 属性来对齐元素。例如：

```
.right {
    float:right;
    width:300px;
    border:3px solid #73AD21;
    padding:10px;
}
```

当像这样对齐元素时，对 <body> 元素的外边距和内边距进行预定义是一个好主意。这样可以避免在不同的浏览器中出现可见的差异。

**注意**：如果子元素的高度大于父元素，且子元素设置了浮动，那么子元素将溢出，这时可以使用 clearfix（清除浮动）来解决该问题。

我们可以在父元素上添加 overflow:auto; 来解决子元素溢出的问题。例如：

```
.clearfix {
    overflow:auto;
}
```

当使用 float 属性时，IE8 以及更早的版本存在一个问题：如果省略 !DOCTYPE 声明，那么 IE8 以及更早的版本会在右侧增加 17px 的外边距。这似乎是为滚动条预留的空间。当使用 float 属性时，请始终设置 !DOCTYPE 声明。例如：

```
body {
    margin:0;
    padding:0;
}
.right {
    float:right;
    width:300px;
```

```
background-color:#b0e0e6;
}
```

### 2.3.2.6　垂直居中对齐——使用 padding

CSS 中有很多方式可以实现垂直居中对齐。一种简单的方式就是顶部使用 padding。例如：

```
.center {
    padding:70px 0;
    border:3px solid green;
}
```

如果要水平和垂直都居中，可以使用 padding 和 text-align:center。例如：

```
.center {
padding:70px 0;
border:3px solid green;
text-align:center;
}
```

垂直居中可以使用 line-height。例如：

```
.center {
    line-height:200px;
    height:200px;
    border:3px solid green;
    text-align:center;
}
/* 如果文本有多行,添加以下代码: */
.center p {
    line-height:1.5;
    display:inline-block;
    vertical-align:middle;
}
```

垂直居中也可以使用 position 和 transform。

除了使用 padding 和 line-height 属性外,我们还可以使用 transform 属性来设置垂直居中。例如：

```
.center {
    height:200px;
    position:relative;
    border:3px solid green;
}
.center p {
```

```
margin:0;
position:absolute;
top:50%;
left:50%;
transform:translate(-50%,-50%);
}
```

### 2.3.3　HTML 注释

注释标签<!--与-->用于在 HTML 中插入注释。注释对于 HTML 纠错大有帮助,可以一次注释一行 HTML 代码,以搜索错误。例如:

```
<!--此刻不显示图片:
    <img border="0" src="/i/tulip_ballade.jpg" alt="Tulip">-->
```

在网页制作过程中,为了兼容 IE 浏览器,可以使用条件注释(条件注释只能在 IE 下使用,因此我们可以通过条件注释来为 IE 添加特别的指令)。条件注释的基本格式如下:

```
<!--[if IE]>
    这里是正常的 html 代码
<![endif]-->
```

条件注释的基本结构与 HTML 的注释(<!--与-->)是一样的。因此 IE 以外的浏览器会把它们看作普通的注释而完全忽略它们;IE 会根据 if 条件来判断是否如解析普通页面内容一样解析条件注释里的内容。

例如,下面的代码可以检测当前 IE 浏览器的版本。(**注意**:在非 IE 浏览器中看不到效果)

```
<!--[if IE]>
    <h1>您正在使用 IE 浏览器</h1>
    <!--[if IE 6]>
    <h2>版本 6</h2>
    <![endif]-->
    <!--[if IE 7]>
    <h2>版本 7</h2>
    <![endif]-->
    <!--[if IE 8]><h2>版本 8</h2>
    <![endif]-->
    <!--[if IE 9]>
    <h2>版本 9</h2>
    <![endif]-->
    <!--[if IE11]>
    <h2>版本 11</h2>
    <![endif]-->
    <![endif]-->
```

### 2.3.4　文字的对齐方式

#### 2.3.4.1　左对齐文本

左对齐是默认的文本对齐方式,所有的文本都会在其容器的左侧对齐。在 HTML 中,可以通过 CSS 样式来进一步控制左对齐的效果。例如:

```
<!DOCTYPE html>
<html lang="en">
<head>
  <meta charset="UTF-8">
  <meta name="viewport" content="width=device-width, initial-scale=1.0">
  <title>左对齐文本</title>
  <style>
.left-align {



    text-align:left;
  }
  </style>
</head>
<body>
  <div class="left-align">
    <p>This is a left-aligned text.</p>
    <p>Another left-aligned paragraph.</p>
  </div>
</body>
</html>
```

在上述示例中,通过为包含文本的 div 元素添加名为 left-align 的 CSS 类,使用 text-align:left;样式来实现左对齐。

#### 2.3.4.2　右对齐文本

右对齐文本是将文本在其容器的右侧对齐。通过使用 CSS 样式,可以轻松实现右对齐效果。例如:

```
<!DOCTYPE html>
<html lang="en">
<head>
  <meta charset="UTF-8">
  <meta name="viewport" content="width=device-width, initial-scale=1.0">
  <title>右对齐文本</title>
```

```
  <style>
    .right-align |


    text-align:right;
    |
  </style>
</head>
<body>
  <div class="right-align">
    <p>This is a right-aligned text.</p>
    <p>Another right-aligned paragraph.</p>
  </div>
</body>
</html>
```

在上述示例中,通过为包含文本的 div 元素添加名为 right-align 的 CSS 类,使用 text-align:right;样式来实现右对齐。

### 2.3.4.3　居中对齐文本

居中对齐文本是将文本在其容器中水平居中对齐。同样,通过使用 CSS 样式,可以实现文本的居中对齐。例如:

```
<!DOCTYPE html>
<html lang="en">
<head>
  <meta charset="UTF-8">
  <meta name="viewport" content="width=device-width, initial-scale=1.0">
  <title>居中对齐文本</title>
  <style>
    .center-align |


    text-align:center;
    |
  </style>
</head>
<body>
  <div class="center-align">
    <p>This is a center-aligned text.</p>
    <p>Another center-aligned paragraph.</p>
  </div>
```

```
  </body>
    </html>
```

在上述示例中,通过为包含文本的 div 元素添加名为 center-align 的 CSS 类,使用 text-align:center;样式来实现文本的居中对齐。

### 2.3.4.4　使用 text-align 属性进一步控制对齐

text-align 属性不仅用于控制水平对齐,还用于控制垂直对齐。以下是一些常见的 text-align 属性值。

left:左对齐文本。

right:右对齐文本。

center:居中对齐文本。

justify:两端对齐文本,使文本在每行的开始和结束时都完全对齐。

例如:

```
<!DOCTYPE html>
<html lang="en">
<head>
  <meta charset="UTF-8">
  <meta name="viewport" content="width=device-width, initial-scale=1.0">
  <title>高级对齐控制</title>
  <style>
    .justify-align |


      text-align:justify;
    |
  </style>
</head>
<body>
  <div class="justify-align">
    <p>This is a justified text. This is a justified text. This is a justified
text. This is a justified text.</p>
    <p>Another paragraph. Another paragraph. Another paragraph. Another
paragraph.</p>
  </div>
</body>
</html>
```

在上述示例中,通过使用 text-align:justify;样式,实现了文本的两端对齐效果。

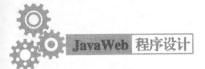

### 2.3.4.5 响应式设计中的对齐

在响应式设计中,对齐方式可能需要根据设备的屏幕宽度和布局进行调整。可以使用媒体查询(media queries)来根据不同的屏幕尺寸应用不同的对齐样式。例如:

```css
@ media only screen and (max-width:600px) {



    /* 在屏幕宽度小于等于 600px 时,将文本左对齐 */
    .responsive-align {


      text-align:left;
    }
}


@ media only screen and (min-width:601px) and (max-width:900px) {

    /* 在屏幕宽度为 601px 到 900px 之间时,将文本居中对齐 */
    .responsive-align {


      text-align:center;
    }
}


@ media only screen and (min-width:901px) {



    /* 在屏幕宽度大于等于 901px 时,将文本右对齐 */
    .responsive-align {


      text-align:right;
    }
}
```

上述示例演示了如何通过媒体查询在不同的屏幕尺寸下应用不同的文本对齐样式。

### 2.3.4.6 最佳实践与注意事项

#### 1.使用语义化的 HTML
在控制文本对齐时,应该注意使用语义化的 HTML。选择适当的 HTML 元素,如<p>、

<h1>等,以确保文本对齐样式应用在语义正确的位置。例如:

```
<!DOCTYPE html>
<html lang="en">
<head>
  <meta charset="UTF-8">
  <meta name="viewport" content="width=device-width, initial-scale=1.0">
  <title>语义化对齐</title>
  <style>
    /* 不推荐:将样式直接应用到通用的元素 */
    p {



      text-align:center;
    }


    /* 推荐:使用类名或 ID 选择器,将样式应用到具体的语义元素 */
    .center-align {


      text-align:center;
    }
  </style>
</head>
<body>
  <!--不推荐 -->
  <p>This is a centered paragraph.</p>

  <!--推荐 -->
  <div class="center-align">
    <p>This is a centered paragraph with semantic styling.</p>
  </div>
</body>
</html>
```

**2. 结合 CSS Flexbox 和 Grid 进行更为复杂的布局**

对于复杂的页面布局,可以结合使用 CSS Flexbox 和 Grid 布局来实现更为灵活的文本对齐效果。这种方式允许开发者更精细地控制文本在页面中的位置。例如:

```
<!DOCTYPE html>
<html lang="en">
<head>
  <meta charset="UTF-8">
```

```
    <meta name="viewport" content="width=device-width, initial-scale=1.0">
    <title>Flexbox 与 Grid 对齐</title>
    <style>
      /* 使用 Flexbox 进行水平居中对齐 */
      .flex-align {

        display:flex;
        justify-content:center;
      }

      /* 使用 Grid 进行垂直居中对齐 */
      .grid-align {

        display:grid;
        place-items:center;
      }
    </style>
  </head>
<body>
  <div class="flex-align">
    <p>This is horizontally centered text using Flexbox.</p>
  </div>

  <div class="grid-align">
    <p>This is vertically centered text using Grid.</p>
  </div>
</body>
</html>
```

3. 考虑文字方向

在处理文本对齐时,还应该考虑文本的方向。对于从右到左的语言,可能需要调整对齐方式,以确保良好的可读性。例如:

```
<!DOCTYPE html>
<html lang="ar">
<head>
  <meta charset="UTF-8">
  <meta name="viewport" content="width=device-width, initial-scale=1.0">
  <title>从右到左文本对齐</title>
  <style>
```

```
    /*  在从右到左的语言中右对齐文本  */
    .right-to-left {


    direction:rtl;
    text-align:right;
    }
  </style>
</head>
<body>
  <div class="right-to-left">
    <p>xxxxCSS.</p>
  </div>
</body>
</html>
```

## 2.3.5　HTML 段落与分行控制

所谓段落就是一段格式上统一的文本。在 Dreamweaver 设计视图中按 Enter 键后,将自动生成一个段落。

### 2.3.5.1　段落标签<p>

在 HTML 中,创建段落的标签是<p>。
基本语法:

```
<p>段落内容</p>
```

语法说明:段落从<p>开始创建,到</p>结束。使用<p>和</p>标签对创建的段落与上下文各有一空行的间隔。

与标题字一样,段落标签也具有对齐属性,可以设置段落相对于浏览器窗口在水平方向上的居左、居中和居右对齐方式。段落的水平对齐方式同样使用属性 align 进行设置。
基本语法:

```
<palign="对齐方式">段落内容</p>
<palign="对齐方式">段落内容
```

语法说明:对齐方式可分别取 left、center 和 right 三种值。默认情况下,段落居左对齐。当段落是左对齐时,对齐方式可以省略不设置。

【例 2-4】创建并设置段落。

```
<!DOCTYPE html>  <html>  <head>
<meta charset="utf-8"/> </head>  <body>
这是第一行文本,没有使用任何标签进行设置
```

```
<p>这是第二行文本,被设置为一个段落</p>
这是第三行文本,没有使用任何标签进行设置
</body>  </html>
```

设置为段落的第二行文本与第一行和第三行之间有一空行的间隔。

#### 2.3.5.2  换行标签<br>

段落之间是隔行换行的,文字的行间距比较大,当希望换行后文字显示比较紧凑时,可以使用标签<br>来实现。<br>是一个单标签,在 XHTML 中直接在<br>中加一个反斜线表示结束。

基本语法:

```
<br />
```

语法说明:一个换行使用一个<br/>,多个换行可以连续使用多个<br/>,连续使用两个<br/>等效使用一个<p>单标签。

【例 2-5】换行设置。

```
<html><head>
<meta charset ="utf-8"/>
<title>换行设置</title>
</head>  <body>
一本好书并非一定要帮助你出人头地,<br />而是应能教会你了解这个世界以及你自己。
<p>一本好书并非一定要帮助你出人头地,</p>而是应能教会你了解这个世界以及你自己。
</body>  </html>
```

从上述代码在 IE11 浏览器中的运行结果可以看出,换行标签使文字紧凑显示。

### 2.3.6  超链接

#### 2.3.6.1  超链接的概念

超链接是网页页面中最重要的元素之一。一个网站是由多个页面组成的,页面之间依据链接确定相互的导航关系。链接能使浏览者从一个页面跳转到另一个页面,实现文档互联、网站互联。

超文本链接(hyper text link)通常简称为超链接(hyper link),或者简称为链接(link)。链接是指文档中的文字或者图像与另一个文档、文档的一部分或者一幅图像链接在一起,其是 HTML 的一个最强大和最有价值的功能。

#### 2.3.6.2  绝对路径

绝对路径就是主页上的文件或目录在硬盘上的真正路径。使用绝对路径定位链接目标文件比较清晰,但是有两个缺点:一是需要输入更多的内容;二是如果该文件被移动了,就需要重新设置所有的相关链接。例如,在本地测试网页时链接全部可用,但是到了网站上就不可用了。这就是路径设置的问题。再如,设置路径为 D:\mr\5\5-1. html,在本地可以找到该路径下的文件,但是到了网站上该文件便不一定在该路径下了,所以就会出问题。

### 2.3.6.3　相对路径

相对路径是最适合网站内部链接的。只要是属于同一网站之下的链接,即使不在同一个目录下,相对路径也非常适合。文件相对地址是书写内部链接的理想形式。只要处于站点文件夹之内,相对地址就可以自由地在文件之间构建链接。这种地址形式利用的是构建链接的两个文件之间的相对关系,不受站点文件夹所处服务器位置的影响,因此这种书写形式省略了绝对地址中的相同部分。这样做的优点是:站点文件夹所在服务器地址发生改变时,文件夹的所有内部链接都不会出问题。

相对路径的使用方法如下:

- 如果要链接到同一目录下,则只需输入要链接文档的名称,如 5-1. html;
- 如果要链接到下一级目录中的文件,只需先输入目录名,然后加“/”,再输入文件名,如 mr/5-2. html;
- 如果要链接到上一级目录中的文件,则先输入“.../”,再输入目录名、文件名,如.../.../mr/5-2. html。

除绝对路径和相对路径之外,还有一种称为根目录。根目录常常在大规模站点需要放置在几个服务器上,或者在一个服务器上同时放置多个站点时使用。其书写形式很简单,只需以“/”开始,表示根目录,之后是文件所在的目录名和文件名,如/mr/5-1. html。

### 2.3.6.4　超链接的建立

1. 超链接标记的基本语法

超链接的语法根据其链接对象的不同而有所变化,但都是基于<A>标记的。

在基本语法中,链接元素可以是文字,也可以是图片或其他页面元素。其中 href 是 Hyper Text Reference 的缩写。通过超链接的方式可以使各个网页之间连接起来,使网站中众多的页面构成一个有机整体,使访问者能够在各个页面之间跳转。超链接可以是一段文本、一幅图像或其他网页元素,当在浏览器中单击这些对象时,浏览器可以根据指示载入一个新的页面或者转到页面的其他位置。

2. 超链接的创建方法

(1)建立文本超链接

在网页中,文本超链接是最常见的一种。它通过网页中的文件与其他文件进行链接。

(2)内部链接

所谓内部链接,是指在同一个网站内部,不同的 HTML 页面之间的链接关系。在建立网站内部链接时,要考虑到使链接具有清晰的导航结构,使用户方便找到所需要内容的 HTML 文件。

### 2.3.7　文字和段落处理

文档和文字是网页技术中的核心内容之一。网页通过文档和图片等元素向用户展示站点的信息。在下面的内容中,将简要介绍页面文字和段落处理的基本知识。

### 2.3.7.1　设置标题文字

网页设计中的标题是指页面中文本的标题,而不是 HTML 中的<title>标题。标题在浏览器的正文中显示,而不是在浏览器的标题栏中显示。

在 Web 页面中,标题是一段文字内容的概览和核心,所以通常使用特殊效果显示。现实网页中的信息不但可以进行主、次分类,而且可以通过设置不同大小的标题,使文章更有条理。

基本语法:

```
<hn align=对齐方式 > 标题文字 </hn>
```

其中,"hn"中的 n 可以是 1~6 的整数值。取 1 时文字的字号最大,取 6 时最小。align是标题文字中的常用属性,其功能是设置标题在页面中的对齐方式。align 属性值的具体说明如表 2-2 所示。

表 2-2　align 属性值列表

| 属性值 | 描述 |
| --- | --- |
| left | 设置文字居左对齐 |
| center | 设置文字居中对齐 |
| right | 设置文字居右对齐 |

### 2.3.7.2　设置文本文字

HTML 标记语言不但可以给文本标题设置大小,而且可以给页面内的其他文本设置显示样式,如字号、颜色和字体类型等。在下面的内容中,将分别介绍设置各种文本类型的方法。

1. 文本标记:<font>

在网页中为了增强页面的层次,针对其中的文本可以用<font>标记以不同的字号、字体、字型和颜色显示。

基本语法:

```
<font size=数字 face=字体名 color=颜色>被设置的文本</font >
```

其中,size 的功能是设置文本字号的大小,取值为数字;face 的功能是设置文本所使用的字体,如宋体、幼圆等;color 的功能是设置文本字体的颜色。

2. 字型设置

网页中的字型是指页面文字的风格,如文字加粗、斜体、带下划线、上标和下标等。现实中常用字型标记的具体说明如表 2-3 所示。

表 2-3　常用字型标记列表

| 字型标记 | 描述 |
|---|---|
| <B></B> | 设置文本加粗显示 |
| <I></I> | 设置文本倾斜显示 |
| <U></U> | 设置文本加下划线显示 |
| <TT></TT> | 设置文本以标准打印字体显示 |
| <SUB></SUB> | 设置文本下标 |
| <SUP></SUP> | 设置文本上标 |
| <BIG></BIG> | 设置文本以大字号显示 |
| <SMALL></SMALL> | 设置文本以小字号显示 |

### 2.3.7.3　设置段落标记

段落标记<p>的功能是定义一个新段落的开始。标记<p>不但能使后面的文字换到下一行,还可以使两段之间多一个空行。由于一段的结束意味着另一段的开始,所以使用<p>时也可省略结束标记。

使用段落标记<p>的语法格式如下:

```
<palign = 对齐方式>
```

其中,属性 align 的功能是设置段落文本的对齐方式,如表 2-2 所示。

【例 2-6】演示设置文字和段落处理的方法。

源文件路径:daima\2\2-2。

实例文件 wenben.html 的主要代码如下:

```
<html xmlns ="http://www.w3.org/1999/xhtml">
<head>
<meta http-equiv="Content-Type" content ="text/html; charset=utf-8"/>
<title>无标题文档</title>
</head>
<body>
<p>　<!--段落标记-->
<font size ="40" color ="#CCCCCC" face ="黑体">第一行文本</font>
</p>　　<!--设置大小和颜色-->
<palign="center"> <!--设置段落居中-->
<font size ="5" color ="#000000" face ="宋体"><em>第二行文本</em></font>
<!--设置大小和颜色--></p>
</body> </html>
```

上述代码执行后,将按设置样式显示正文内容,显示效果如图 2-4 所示。第一行文本没有设置对齐方式,则默认显示为左对齐,设置第二行文本居中对齐。

| 第一行文本 |
| 第二行文本 |

图 2-4　显示效果

#### 2.3.7.4　超链接的处理

超链接是指从一个网页指向另一个目的端的转换标记,是从文本、图片、图形或图像映射到全球文域网上网页或文件的指针。在当今万维网上,超链接是网页之间和 Web 站点之间主要的导航方法。在下面的内容中,将对超链接的基本知识进行简要介绍。

1. 建立页面链接

网页中的超链接功能是由<a>标记实现的。标记<a>可以在网页上建立超文本链接,通过单击一个词、句或图片可以从此处转到目标资源,并且这个目标资源有唯一的 URL 地址。

使用标记<a>的语法格式如下:

> < a href =地址 name =字符串 target =打开窗口方式> 热点 </a >

上述各属性的具体说明如下:

(1)href:超文本引用,取值为一个 URL,是目标资源的有效地址。在书写 URL 时需要**注意**:如果资源放在自己的服务器上,可以写相对路径;否则应写绝对路径,并且 href 不能与 name 同时使用。

(2)name:指定当前文档内的一个字符串作为链接时可以使用的有效目标资源地址。

(3)target:设定目标资源所要显示的窗口。其主要取值的具体说明如表 2-4 所示。

表 2-4　target 属性值列表

| 取值 | 描述 |
|---|---|
| target ="_blank"或 target ="new" | 将链接的画面内容显示在新的浏览器窗口 |
| target ="_parent" | 将链接的画面内容直接显示在父框架窗口中 |
| target ="_self" | 默认值,将链接的画面内容显示在当前窗口中 |
| target ="_top" | 将框架中链接的画面内容显示在没有框架的窗口中 |
| target ="框架名称" | 只应用于框架中,若被设定,则链接结果将显示在该框架名称指定的框架窗口中,框架名称事先由框架标记所命名 |

根据目标文件的不同,链接可以分为内部链接和外部链接。内部链接是指链接到当前文档内的一个锚链上;外部链接是指链接目标文件为第三方服务器文件或 Internet 上的资源。

2. 其他形式的链接

除了上面介绍的内部链接和外部链接外,在网站中还经常会用到其他形式的链接。在下面的内容中,将对其他链接方式进行简要介绍。

（1）Telnet 链接

Telnet 允许用户登录远程计算机,通过一个到远程计算机的 Telnet 链接,来访问远程计算机的内容。在本节的内容中,将向读者讲解 Telnet 链接的创建方法。创建一个到远程站点的 Telnet 链接需要对锚链的引用元素进行修改,用户要将"http:"修改为"Telnet:",并且将锚链的 URL 引用修改为主机名。

使用 Telnet 链接的语法格式如下:

```
<a href="Telnet:地址">热点</a>
```

其中,"地址"是指目标计算机的地址。

（2）E-mail 链接

E-mail 是互联网上应用最广泛的服务之一。通过 E-mail,可以帮助各地不同用户实现跨地域性的信息交流,并且不受时间和环境的影响。

创建一个 E-mail 链接与建立一个普通的页面链接类似,区别仅在于锚链元素的引用。

创建一个典型 E-mail 链接的语法格式如下:

```
<a href="mailto:邮件地址">热点</a>
```

其中,"邮件地址"是指邮件接收者的地址。

（3）FTP 链接

FTP 即文件传输协议,它可以让用户将一台计算机上的文件复制到自己的计算机上,就像通过网上邻居访问一样。建立一个到 FTP 站点的链接,允许用户从一个特定地点获得一个特定的文件,这种方法在公司或软件发布者进行信息发布时特别有用。

用户可以像建立普通链接一样来建立 FTP 链接,区别仅在于锚链元素的引用。

创建一个典型 FTP 链接的语法格式如下:

```
<a href="FTP:目标地址">热点</a>
```

其中,"目标地址"是指建立链接的主机地址。

（4）新闻组链接

新闻组链接即通常所说的 UseNet 链接。UseNet 是新闻自由的象征,它允许任何人发表自己的看法。任何人在 Net 上的任何地方都可以畅所欲言。UseNet 新闻组提供给用户一个信息发布的平台,实现个人信息的免费发布。

创建一个 UseNet 链接的方法十分简单,其与创建普通的链接方式类似,只是在锚链引用的写法上不同。

创建一个典型 UseNet 链接的语法格式如下:

```
<a href="news:目标地址">热点 </a>
```

其中,"目标地址"是指建立链接的新闻组地址。

（5）WAIS 链接

WAIS 是 wide area information system 的缩写,意思是可以搜索的很多大数据库。WAIS 是通过搜索引擎访问的,并且可以通过链接来实现其功能。创建 WAIS 链接的方法十分简单,其与创建普通的链接方式类似,只是在锚链引用的写法上不同。

创建一个典型 WAIS 链接的语法格式如下:

```
<a href ="WAIS:目标地址">热点 </a>
```

其中,"目标地址"是指建立链接的 WAIS 地址。

【例 2-7】设置超级链接。

源文件路径:daima\2\2-3。

实例文件 lianjie. html 的主要代码如下:

```
<html xmlns ="http://www.w3.org/1999/html">  <head>
<meta http-equiv ="Content-Type" content ="text/html; charset =utf-8"/>
<title>无标题文档</title></head>
<body bgcolor ="CCCCCC">
<p>页面链接</p>  <!--页面链接-->
<p><a href ="Telnet:202.112.137.7">relnet 链接</a ></p> <!--Telnet 链接-->
<p><a href ="mailto:birzny1238126.com">E-mail 链接</a ></p> <!--E-mail 链接-->
<p>FTP 链接</p>  <!--FTP 链接-->
</body>  </html>
```

在上述代码中,分别为页面文本设置了 4 种链接方式。显示效果如图 2-5 所示。

```
页面链接
Telnet 链接
E-mail 链接
FTP 链接
```

图 2-5  显示效果

### 2.3.8  图片设置

最初,Web 上仅有文字,非常乏味。幸运的是,不久之后,我们就能在网页中嵌入图片和其他有趣的内容了。尽管有多种多媒体类型需要考虑,但是从在网页中嵌入简单图片的<img>元素开始更加合理。

#### 2.3.8.1  在网页中嵌入图片

要想在网页中放置简单的图像,我们需要使用<img>元素。这个元素是空元素(即无法包含任何子内容和结束标签),它需要两个属性才能起作用:src 和 alt。src 属性包含一个 URL,该 URL 指向要嵌入页面的图像。src 属性可以是相对 URL 或绝对 URL,这与<a>元素的 href 属性类似。如果没有 src 属性,img 元素就没有图像可加载。

为了更容易理解下面的内容,我们先来复习一下相对和绝对 URL 的概念。

如果图像名为 dinosaur. jpg,并且它位于与 HTML 页面相同的目录中,那么可以这样嵌入图像:

```
HTMLCopy to Clipboard
<img src ="dinosaur.jpg" alt ="恐龙"/>
```

如果图像在名为 images 的子目录中，并且该子目录位于与 HTML 页面相同的目录中，那么可以这样嵌入图像：

```
HTMLCopy to Clipboard
<img src="images/dinosaur.jpg" alt="恐龙"/>
```

以此类推。

备注：搜索引擎还会读取图像文件名并将其计入搜索引擎优化（SEO）。因此，应该为图像起一个描述性的文件名，dinosaur. jpg 比 mg835. png 更好。

也可以使用图像的绝对 URL 进行嵌入，例如：

```
HTMLCopy to Clipboard
<img src="https://www.example.com/images/dinosaur.jpg" alt="恐龙"/>
```

然而，不建议使用绝对 URL 进行链接。若需要托管想要在网站上使用的图像，在比较简单的情况下，可以把网站的图像保存在与 HTML 相同的服务器上。此外，从维护的角度来说，使用相对 URL 比使用绝对 URL 更有效率（当将网站迁移到不同的域名时，不需要更新所有 URL，使其包含新域名）。在更高级的设置中，可能会使用内容分发网络（CDN）来传递图像。

如果这些图像并非由用户本人创建，则应该查看它们发布的许可证条款，确保自己有使用它们的权限。

未经许可，绝不要将 src 属性指向其他网站上的图像。这种操作称为"热链接"（hotlinking），大多数人认为这是不道德的，因为这会导致每当有人访问您的页面，都会有另外一些不知情的人为图像交付带宽费用。这也会导致您无法掌控图像，图像有可能在您不知情的情况下被删除或替换为尴尬的内容。

### 2.3.8.2　备选文本

我们接下来要看的属性是 alt。它的值应该是图片的文本描述，用于图片无法显示或者因为网速慢而加载缓慢的情况。例如，我们可以把上面的代码进行修改：

```
HTMLCopy to Clipboard
<img
  src="images/dinosaur.jpg"
  alt="The head and torso of a dinosaur skeleton;
       it has a large head with long sharp teeth"/>
```

测试 alt 文本的最简单方法是故意拼错文件名。如果我们把图片名拼成 dinosooooor. jpg，浏览器就不会显示图片，而会显示 alt 文本。

那么，我们为什么需要备选文本呢？它可以派上用场的地方有很多：

（1）辅助视力障碍用户理解：有视力障碍的用户会依赖屏幕阅读器来浏览网页内容。alt 文本可以帮助其理解图片内容。

（2）图片路径错误时提供图片描述：有时，由于图片路径或文件名错误，浏览器无法显示图片。alt 文本在这种情况下提供了图片的描述。

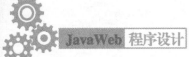

（3）增强浏览器兼容性：某些浏览器可能不支持特定图片类型，或者用户可能在使用纯文本浏览器，如 Lynx，这类浏览器会将图片显示为备选文本。

（4）优化搜索引擎：alt 文本能够被搜索引擎索引，有助于提升网页的搜索排名，因为它可能会与用户的搜索条件相匹配。

（5）节省数据使用：用户有时会关闭图片显示以减少数据传输，这在手机用户中尤为常见，尤其是在带宽有限且昂贵的地区。

利用备选文本，即使图片无法被看见，也能提供可用的体验，这确保了所有人都不会错失某部分内容。尝试在浏览器中使图片不可见，然后看看网页变成了什么样子，你会很快意识到在图片无法显示时备选文本能帮上多大忙。

如需了解更多信息，请参阅我们的备选文本指南。

### 2.3.8.3　宽度和高度

用户可以用 width 和 height 属性来指定其图片的宽度和高度。它们的值是整数，默认像素为单位，表示图像的宽度和高度。

用户可以用多种方式了解图片的宽度和高度。例如在 Mac 上，可以用 Cmd+I 来得到显示的图片文件的信息。回到我们的例子，你可以这样做：

```
HTMLCopy to Clipboard
<img
  src="images/dinosaur.jpg"
  alt="The head and torso of a dinosaur skeleton;
       it has a large head with long sharp teeth"
  width="400"
  height="341"/>
```

这样做有一个好处。页面的 HTML 和图片是分开的资源，由浏览器用相互独立的 HTTP(S) 请求来获取。一旦浏览器接收到 HTML，它就会开始将其显示给用户。如果图片尚未接收到（通常会是这种情况，因为图片文件通常比 HTML 文件大得多），那么浏览器将只渲染 HTML，并在接收到图片后立即更新页面。

例如，假设在图片之后有一些文本：

```
HTMLCopy to Clipboard
<h1>Images in HTML</h1>

<img
  src="dinosaur.jpg"
  alt="The head and torso of a dinosaur skeleton; it has a large head with long
sharp teeth"
  title="A T-Rex on display in the Manchester University Museum"/>
<blockquote>
  <p>
    But down there it would be dark now, and not the lovely lighted aquarium she
```

```
    imagined it to be during the daylight hours, eddying with schools of tiny,
    delicate animals floating and dancing slowly to their own serene currents
    and creating the look of a living painting. That was wrong, in any case. The
    ocean was different from an aquarium, which was an artificial environment.
    The ocean was a world. And a world is not art. Dorothy thought about the
    living things that moved in that world:large, ruthless and hungry. Like us
    up here.
  </p>
  <footer> Rachel Ingalls, <cite>Mrs. Caliban</cite></footer>
</blockquote>
```

一旦浏览器下载了 HTML,它就开始显示页面。

当图片加载完成时,浏览器会将图片添加到页面中。由于图片占据空间,浏览器必须将文本向下移动,以适应图片的位置。这样移动文本对用户来说非常分散注意力,尤其是在他们已经开始阅读文本的情况下。

如果在 HTML 中使用 width 和 height 属性来指定图片的实际大小,那么在下载图片之前,浏览器就知道需要为其留出多少空间。这样的话,当图片下载完成时,浏览器不需要移动图片周围的内容。

**注意**:虽然使用 HTML 属性来指定图片的实际大小是一个好的实践,但不应该使用它们来调整图片的大小。因为图片若设置得过小或过大,那么看起来会粗糙、模糊,不仅浪费带宽,图片还不符合用户需求。如果长宽比不正确,图片也可能会变形。在将图片嵌入网页中之前,应使用图像编辑器将其设置为正确的大小。

如果确实需要更改图片的大小,应该使用 CSS 来实现。

### 2.3.8.4  图像标题

类似于超链接,用户可以通过给图片增加 title 属性来提供更多的信息。在我们的例子中,可以这样做:

```
HTMLCopy to Clipboard
<img
  src="images/dinosaur.jpg"
  alt="The head and torso of a dinosaur skeleton;
       it has a large head with long sharp teeth"
  width="400"
  height="341"
  title="A T-Rex on display in the Manchester University Museum"/>
```

这会给我们一个鼠标悬停提示,与链接标题一样。

然而,我们并不推荐它,因为 title 有很多无障碍问题,这些问题主要是基于这样一个事实,即屏幕阅读器的支持并不完善,除此之外大多数浏览器都不会显示它,除非你将鼠标悬停在上面(例如无法使用键盘的用户)。如果您对更多的信息感兴趣,请阅读 Scott O'Hara 所著的《title 属性的考验与磨难》。

## 2.4 HTML 表格与表单

### 2.4.1 表格

表格是将文本和图像按一定的行、列规则进行排列,是显示长信息的一种优秀元素。

HTML 使用<table>标签定义表格,每个表格均有若干行(由<tr>标签定义),每行被分割为若干单元格(由<td>标签定义)。td 指表格数据(table data),即数据单元格的内容。数据单元格可以包含文本、图片、列表、段落、表单、水平线、表格等。表 2-5 列出了表格相关标签,其中<caption>是表格的标题说明;<th>定义了表格中的表头,大多数浏览器会把表头显示为粗体、居中的文本;<tr>定义了表格中的一行,<tr>…</tr>中间的内容显示在一行中;<td>定义了表格中每个单元格的具体内容。在日常应用中,经常会遇到单元格内容为空的情况,可以使用<td> </td>进行标记,其中   代表空格。

表 2-5 表格相关标签

| 序号 | 标签 | 描述 |
| --- | --- | --- |
| 1 | <table> | 定义表格 |
| 2 | <caption> | 定义表格的标题 |
| 3 | <th> | 定义表格的表头 |
| 4 | <tr> | 定义表格的行 |
| 5 | <td> | 定义表格的单元格 |
| 6 | <thead> | 定义表格的页眉 |
| 7 | <tbody> | 定义表格的主体 |
| 8 | <tfoot> | 定义表格的页脚 |
| 9 | <col> | 定义表格列的属性 |
| 10 | <colgroup> | 定义表格列的组 |

如果不定义边框属性,表格在显示时将不显示边框,为了使边框可见,可以使用 border 属性指明边框的宽度。若要指明表格的背景,可以使用 bgcolor 属性。进一步地,可以使用 background 属性指明表格的背景图像。当然,这些属性也可应用于<td>标签,以设置单元格的背景颜色和背景图像。同设置文本一样,表格也可以设置排列方式,用户可以通过 align 属性排列单元格内容,以便创建一个美观的表格。

下面通过一个例子演示表格的相关标签。新建 html_fifth. html 文档,代码如下:

```
1 <html>
2  <body>
```

```
3    <h4>学生基本信息</h4>
4    <table border="2" bgcolor="red">
5    <caption>表 1 学生基本信息
6    <tr>
7      <th>序号</th>
8      <th>姓名</th>
9      <th>年龄</th>
10     <th>居住城市</th>
11    </tr>
12    <tr>
13      <td bgcolor="blue">1 </td>
14      <td>张三</td>
15      <td>18</td>
16      <td>北京</td>
17    </tr>
18    <tr>
19      <td>2</td>
20      <td>王曼</td>
21      <td>20</td>
22      <td>广州</td>
23    </tr>
24    </table>
25    <table border="2" bgcolor="green">
26    <caption>表 2 学生成绩信息</caption>
27    <tr>
28      <th align="center">序号</th>
29      <th align="center">姓名</th>
30      <th align="center">课程</th>
31      <th align="center">分数</th>
32    </tr>
33    <tr>
34      <td align="left" >1</td>
35      <td align="center">张三</td>
36      <td align="right">JavaWeb</td>
37      <td align="right">90</td>
38    </tr>
39    <tr>
40      <td align="left" >2</td>
41      <td align="center">王曼</td>
42      <td align="right">English</td>
43      <td align="right">96</td>
```

```
44    </tr>
45    <tr>
46      <td align ="left" >2</td>
47      <td align ="center">王曼</td>
48      <td align ="right">思想道德修养</td>
49      <td align ="right"> </td>
50    </tr>
51    </table>
52    </body>
```

使用浏览器方式打开 html_fifth. html 文件,页面效果如图 2-6 所示。

图 2-6　html_fifth 页面效果

### 2.4.2　表单

HTML 表单用于搜集不同类型的用户输入,当用户填好表单所需信息并将表单提交后,服务器就可以得到表单中的信息并进行处理。HTML 表单通过<form>元素进行定义。

HTML 表单可以包含多种表单元素,如输入框、复选框、单选按钮、提交按钮等。其中,<input>元素是表单中最重要的元素,用来定义表单中的各类输入域,供用户输入信息。该元素有很多属性,常见的有 name 属性、type 属性、value 属性、readonly 属性、disabled 属性、size 属性、maxlength 属性等。

(1)name 属性定义了<input>元素的名称,该属性用于对提交到服务器的表单数据进行标识。只有设置了 name 属性的表单元素才能在提交表单数据时传递它们的值。

(2)type 属性描述了<input>元素的输入类型,常见的 type 属性取值有以下几种。

<input type ="text">:定义单行文本输入字段,当用户要在表单中输入字母、数字等内容时,就会用到文本域。以下代码定义了 firstname 和 lastname 两个单行文本输入框供用户输入。

```
1 <form>
2   First name:<input type="text" name="firstname"><br>
3   Last name:<input type="text" name="lastname">
4 </form>
```

<input type ="password">:定义密码字段,该字段字符不会明文显示,而是以星号或圆点代替。以下代码在网页中定义了密码输入字段,以星号或圆点显示。

```
1 <form>
2   Password:<input type="password" name="pwd">
3 </form>
```

<input type ="radio">:定义单选框表单控件,允许用户在多个选项中选择其中一个。以下代码声明了一组单选框表单控件,名称为"radio1"。这组单选框有 3 个选项,名称分别为"选项 1""选项 2""选项 3",对应的值分别为"value1""value2""value3"。

也就是说,通过统一单选框表单的名字,可以实现选项的互斥。

```
1   <input type="radio" name="radio1" value="value1"/>选项 1
2   <input type="radio" name="radio1" value="value2"/>选项 2
3   <input type="radio" name="radio1" value="value3"/>选项 3
```

<input type ="checkbox">:定义复选框,允许用户从多个选项中选择多个。以下代码声明了一组复选框,名称为"vehicle",允许用户在"I have a bike"和"I have a car"两个选项中进行选择。

```
1 <form>
2   <input type="checkbox" name="vehicle" value="Bike">I have a bike<br>
3   <input type="checkbox" name="vehicle" value="Car">I have a car
4 </form>
```

<input type ="submit">:提交按钮。当用户单击提交按钮时,表单的内容会被传送到另一个文件中。表单的动作属性定义了目的文件的文件名,该目的文件通常会对接收到的输入数据进行相关处理。在以下代码中,当用户单击 Submit 按钮时,表单中用户输入的 username 会以 get 方式提交到"html_form_action. php"文件中进行处理。

```
1 <form name="input" action="html_form_action.php" method="get">
2   Username:<input type="text" name="user">
3 <input type="submit" value="Submit">
4 </form>
```

(3)value 属性规定输入字段的初始值。

(4)readonly 属性规定输入字段为只读(不能修改),该属性不需要赋值,等同于 readonly ="readonly"。

(5)disabled 属性规定输入字段是禁用的,被禁用的元素是不可用和不可单击的,且被禁用的元素不会被提交。此外,该属性与 readonly 属性一样,不需要赋值,等同于 disabled ="disabled"。

(6)size 属性定义了输入域分配的显示空间大小,它以字符为单位。

（7）maxlength 属性限定了用户能够输入的字符数。

&lt;select&gt;元素定义了下拉列"cars"，并定义了 4 个选项。

```
1 <form action="">
2 <select name="cars">
3   <option value="volvo">Volvo</option>
4   <option value="saab">Saab</option>
5 <option value="fiat">Fiat</option>
6   <option value="audi">Audi</option>
7 </select>
8 </form>
```

&lt;textarea&gt;元素定义了多行文本输入域，允许用户通过 rows 和 cols 属性指定文本输入域的行数和列数。以下代码定义了一个 10 行 30 列的文本输入域，供用户输入大量文字。

```
1 <textarea rows="10" cols="30">
2 我是一个文本框。
3 </textarea>
```

下面通过一个例子来演示表单的综合应用。新建文本文档，将其命名为 html_sixth.html，代码如下：

```
1  <html>
2  <head>
3    <title>学生基本信息</title>
4  </head>
5  <body>
6    <h2>学生基本信息录入</h2>
7    <form>
8      账   号:<input type="text" name="username" size=20>10
9      </br>
10     密   码:<input type="password" name="password" size=20>
11     </br>
12     性   别：
13     <input type="radio" name="sex" value="male">男
14     <input type="radio" name="sex" value="female">女
15     </br>
16     兴   趣：
17     <input type="checkbox" name="interest" value="ball">打球
18     <input type="checkbox" name="interest" value="drawing">画画
19     <input type="checkbox" name="interest" value="learning">学习
20     </br>
21     学   历：
22     <select>
23     <option value="1">高中</option>
```

```
24    <option value="2">大专</option>
25    <option value="3">本科</option>
26    <option value="4">研究生</option>
27    </select>
28    </br>
29    <p>简介:</p>
30    <textarea rows="10" cols="30">
31    </textarea>
32    </br>
33    <p>照片上传:</p>
34    <input type="file">
35    </br>
36    </br>
37    <input type="submit" value="确定"/>
38    <input type="reset" value="重置"/>
39    </form>
40    </body>
41    </html>
```

使用浏览器方式打开 html_sixth. html 文件。对应于账号输入框的是 username 输入域,类型为 text;对应于密码输入框的是 password 输入域,类型为 password;性别输入域的类型为 radio,名称为 sex;兴趣输入域的类型为 checkbox,名称为 interest;学历通过下拉列表进行控制;简介是一个 10 行 30 列的输入域;照片上传文件输入域的类型为 file。

### 2.4.3　网页中的框架

#### 2.4.3.1　框架集标签 <frameset>

<frameset>元素中的 cols、row 属性用于划分页面。

cols 属性:定义框架集中的列数目和尺寸。

rows 属性:定义框架集中的行数目和尺寸。

而<frameset>元素中的 border 和 bordercolor 属性则分别用于设置框架宽度和框架边框颜色。

border 属性:设置框架边框的宽度。

bordercolor 属性:设定框架边框的颜色。

其中,cols、rows 属性的取值单位可以是像素(绝对大小),可以是百分比(相对大小),也可以是 *(表示除已划分部分尺寸以外的剩余尺寸)。

【例 2-8】用代码建立一个简单框架。

```
<!DOCTYPE html>
<html>
    <head>
```

```
        <meta charset ="utf-8">
        <title></title>
    </head>
    <frameset rows ="300,*" border ="20" bordercolor ="blue">
        <noframes>
            <body>你的浏览器不支持显示框架</body>
        </noframes>
        <frame src ="a.html"/>
        <frameset cols ="40% ,*" border ="10" bordercolor ="green">
            <frame src ="b.html"/>
            <frame src ="c.html"/>
        </frameset>
    </frameset>
</html>
```

**注意**:使用 <frameset> 标签时不能写在 <body> 标签内,否则容易无效。

上面的<noframes> 标签为那些不支持框架的浏览器显示替代文本。即当浏览器不能处理框架时,就会显示该元素中的文本,这些文本包含在<body>元素中。

### 2.4.3.2　框架标签 <frame>

语法格式如下:

```
<frame name ="f1" src ="a.html" scrolling ="auto" noresize ="noresize"/>
```

框架标签<frame>的若干属性如下 :

src:设置框架中要显示的网页的 URL 地址。

name:设置框架名称来唯一标识框架。

scrolling:设置框架是否显示滚动条,属性值可为 yes、no、auto。

noresize:设置是否可以调整窗口大小,属性值只可取 noresize。

使用超链接中的 target 属性来控制框架跳转显示。超链接<a>元素中的 target 属性可以设置在何处打开链接页面,有以下 5 个取值:

_blank:在新窗口中打开目标文档。

_self:在当前框架或窗口中打开目标文档。

_parent:在父框架集中显示被打开的目标文档。

_top:跳出所有框架集,在整个窗口中打开目标文档。

框架名称:在指定框架中打开目标文档。

### 2.4.3.3　浮动框架标签 <iframe>

<iframe>是一种可以嵌在网页中任意部分的框架形式,也称为浮动框架。

语法格式如下:

```
<iframe src ="aa.html" id ="iframe1" width ="100" height ="100" frameborder ="1"
scrolling ="auto"></iframe>
```

属性值说明：

src：设置框架中要显示的网页的 URL 地址。

id：用于唯一标识 iframe 框架。

width：设置浮动框架的宽度。

height：设置浮动框架的高度。

frameborder：设置是否显示边框，0 为不显示，1 为显示。

scrolling：设置是否显示滚动条，属性值可为 yes、no、auto。

**注意**：<iframe>标签一般写在<body>标签内，而不是写在框架集标签中。

此外，可以在 iframe 起始和结束标签中加入替代文本，当浏览器不支持 iframe 元素时，显示这些替代文本并给出说明。

iframe 的使用说明如下：

```
<!DOCTYPE html>
<html>
    <head>
        <meta charset="utf-8"/>
        <title></title>
    </head>
    <body>
```

【例 2-9】frameset、frame 的使用。

```
<!DOCTYPE html>
<html>
    <head>
        <meta charset="utf-8">
        <title></title>
    </head>
    <frameset rows="10%,*" border="10" bordercolor="#5555ff">
        <frame name="fa" src="a.html" scrolling="no"/>
        <frameset cols="10%,*">
            <frame name="fb" src="b.html"/>
            <frame name="fc"/>
        </frameset>
    </frameset>
</html>
```

### 2.4.4　会移动的文字

#### 2.4.4.1　从右向左移动

语法格式如下：

```
<marquee direction=left>需要移动的文字</marquee>
```

**2.4.4.2 从左向右移动**

**基本格式如下：**

```
<marquee direction=right>需要移动的文字</marquee>
```

**2.4.4.3 一圈一圈绕着移动**

**基本格式如下：**

```
<marquee direction=scroll>需要移动的文字</marquee>
```

**2.4.4.4 只移动三次就停止了**

**基本格式如下：**

```
<marquee loop=3 behavior=slide>需要移动的文字</marquee>
```

**2.4.4.5 移一步,停一停**

**基本格式如下：**

```
<marquee scrolldelay=500 scrollamount=100>需要移动的文字</marquee>
```

**2.4.4.6 左右来回移动**

**基本格式如下：**

```
<marquee behavior=alternate>需要移动的文字</marquee>
```

**2.4.4.7 忽隐忽现移动**

**基本格式如下：**

```
<marquee behavior="alternate"><marquee width="150" direction=right>需要移动
的文字</marquee>
<marquee behavior="alternate"><marquee width="150" direction=right>需要移动
的文字</marquee>
```

**2.4.4.8 从下向上移动**

**基本格式如下：**

```
<marquee direction=up><div align="center">需要移动的文字
<marquee direction=up><div align="center">需要移动的文字</div></marquee>
```

**2.4.4.9 从上向下移动**

**基本格式如下：**

```
<marquee direction=down><div align="center">需要移动的文字</div></marquee>
```

### 2.4.4.10　垂直往复移动

```
<marquee direction=up behavior=alternate><div align="center">需要移动的文字
</div></marquee>
```

### 2.4.4.11　从左上向右下移动

**基本格式如下：**

```
<marquee direction=right><marquee width=216 direction=down>需要移动的文
字</marquee>
<marquee direction=right><marquee width=216 direction=down>需要移动的文字
</marquee>
```

各主要参数的含义如下：

align：用于设定活动对象（图片或文字）的位置。

direction：用于设定活动对象的移动方向。

behavior="scroll"：表示由一端移动到另一端。

behavior="slide"：表示由一端移动到另一端，且不再重复。

behavior="alternate"：表示在两端之间来回移动。

height：用于设定移动对象的高度。

width：用于设定移动对象的宽度。

hspace：用于设定移动对象的左右边框宽度。

vspace：用于设定上下边框的宽度。

scrollamount：用于设定移动对象的移动距离，数值越大，移动越快。

scrolldelay：用于设定移动两次之间的延迟时间，数值越大，越有跳跃感。

loop：用于设定移动对象的移动次数，不设置该值则为无限循环。

style="font-size："：用于设定文字的大小。

wline-htight：用于设定文字的行间距。

font-family：用于设定字体。

<marquee>标记的默认情况是向左移动无限次；字幕高度是文本高度；移动范围：水平移动的宽度是当前位置的宽度，垂直移动的高度是当前位置的高度。

### 2.4.5　多媒体文字

在网页中，只有文字和图片是完全不够的，还要有动画、声音、列表等的加入，这样整个页面才能更加吸引人。在 HTML 中提供了插入各种多媒体元素、滚动字幕和列表的功能。

### 2.4.5.1　多媒体元素

Web 的最大魅力就是可以将图片、声音、动画和视频等文件插入网页中，这些图片、声音、动画和视频统称为多媒体元素。

### 2.4.5.2　插入多媒体元素

在 HTML 中添加多媒体元素的标记是<EMBED>,这里的多媒体元素包括声音和动画两种。也就是说,除了设置背景音乐外,还可以为页面添加声音和动画文件,使页面动感十足。在页面中添加多媒体文件,同样要设置源文件,SRC 属性是必不可少的。另外,由于多媒体文件在播放器中需要一定的空间,因此要为其设置大小。可以说,要在页面添加多媒体元素,仅使用<EMBED>标记是不够的。

语法格式如下:

<EMBED SRC="源文件地址" width="多媒体显示的宽度" height="多媒体显示的高度"></EMBED>

一般情况下,不在标记<EMBED>与</EMBED>之间添加其他的内容。

### 2.4.5.3　循环播放

默认情况下,多媒体文件播放一次以后就会自动停止。如果希望该文件循环播放,则需要使用 LOOP 属性来进行设置。

语法格式如下:

<EMBED SRC="源文件地址"width="多媒体显示的宽度"height="多媒体显示的高度" LOOP="循环播放"></EMBED>

设置循环播放属性时,一般需要将 AUTOSTART 设置为 TRUE。

### 2.4.5.4　自动播放

<EMBED>元素中的 AUTOSTART 属性可以用来设置打开网页时背景音乐是否自动播放。

语法格式如下:

< EMBED SRC ="源文件地址"width ="多媒体显示的宽度"height ="多媒体显示的高度"AUTOSTART =是否自动播放></EMBED>

其中,AUTOSTART 属性可以设置为 TRUE 或 FALSE,设置为 TRUE 表示自动播放,而设置为 FALSE 则表示需要手动播放。

### 2.4.5.5　隐藏多媒体元素

有时候我们希望在网页中只听到多媒体文件的播放声音,而看不见多媒体文件。这时可以使用<EMBED>元素中的 HIDDEN 属性来隐藏多媒体的面板,这样在播放时只能听到声音,而看不到画面。

语法格式如下:

<EMBED SRC="源文件地址"width="多媒体显示的宽度"height="多媒体显示的高度"AUTOSTART=TRUE HIDDEN=隐藏值>

其中,HIDDEN 的值可以设置为 TRUE 或 FALSE,设置为 TRUE 表示隐藏面板,而设置为 FALSE 则表示显示面板。如果将 HIDDEN 的值设置为 TRUE,则就要将 AUTOSTART 的

值设置为 TRUE,否则用户无法播放多媒体文件,也就失去了添加该多媒体文件的意义。

### 2.4.5.6　插入背景音乐

除了添加视频外,还可以通过<BGSOUND>元素为网页添加背景音乐。与图像标记一样,<BGSOUNG>元素的源文件地址属性 SRC 是必需的。一般情况下,背景音乐要添加在页面主体的开始位置。

语法格式如下:

```
<BGSOUND SRC="源文件地址">
```

其中,作为背景音乐的可以是 MP3 音乐文件,也可以是其他声音文件,而在网络中应用最广泛的是 MIDI 声音文件。

### 2.4.5.7　滚动字幕

滚动字幕也可以称为一种多媒体元素,只不过这种类型的多媒体比较简单,实现的效果也比较单一。在一些时尚感要求较低的站点中,可以使用动态文字来增加页面的动感。

### 2.4.5.8　添加滚动字幕

滚动字幕,是指在网页中会上下或左右活动的字幕,可以是文字,也可以是图片,一般通过<MARQUEE>标记来设置。

语法格式如下:

```
<MARQUEE>
要进行滚动的文字
</MARQUEE>
```

其中,标记在<MARQUEE>与</MARQUEE>之间的文字在页面中会滚动显示,默认情况下是从右向左滚动。

滚动文字可以是一行文字,还可以包括换行符<br>以及段落标记<p>等,甚至可以包括标题文字<h>。

### 2.4.5.9　滚动方向

滚动方向是指文字从哪个方向开始滚动。默认情况下文字是从右向左滚动的,使用 DIRECTION 属性可以调整文字的滚动方向。

语法格式如下:

```
<MARQUEE DIRECTION="up/down/left/right">
要进行滚动的文字
</MARQUEE>
```

DIRECTION 属性有四个值:left、right、up、down,分别用来设置字幕从右向左滚动、从左向右滚动、从下向上滚动和从上向下滚动。默认情况下为 DIRECTION="left",即从右向左滚动。

**2.4.5.10　滚动方式**

文字的滚动方式主要包括循环滚动、来回滚动以及只滚动一次就停止。设置文字的滚动方式需要使用 BEHAVIOR 属性。

语法格式如下：

```
<MARQUEE BEHAVIOR="滚动方式">
要进行滚动的文字
</MARQUEE>
```

**2.4.5.11　滚动字幕背景颜色**

在页面中为了突出滚动文字，可以使用<MARRQUEE>元素中的 BGCOLOR 属性为其添加背景颜色。

语法格式如下：

```
<MARQUEE BGCOLOR="颜色值">
要进行滚动的文字
</MARQUEE>
```

**2.4.5.12　滚动速度**

在 HTML 中，可以通过<MARRQUEE>元素中的 SCROLLAMOUNT 属性调整文字的滚动速度。滚动速度也可以看成滚动距离，即每滚动一下文字向前移动的像素数。

语法格式如下：

```
<MARQUEE SCROLLAMOUNT="滚动速度">
要进行滚动的文字
</MARQUEE>
```

**2.4.5.13　滚动延迟**

滚动延迟是指在每一次滚动之间设置一定的时间间隔，即滚动一次后就停止一段时间再进行下一次滚动。

语法格式如下：

```
<MARQUEE SCROLLDELAY="延迟时间">
要进行滚动的文字
</MARQUEE>
```

**2.4.5.14　滚动次数**

除了可以通过 BEHAVIOR 设置文字的滚动方式外，还可以通过 LOOP 属性设置文字具体的滚动循环次数。

语法格式如下：

```
<MARQUEE LOOP=循环次数>
要进行滚动的文字
</MARQUEE>
```

在这里 LOOP 表示循环次数,如果设置为 10,就表示文字在屏幕中滚动 10 个循环后结束滚动。

### 2.4.5.15　滚动字幕空白空间

滚动字幕空白空间是指在滚动文字区域周围的空间,默认情况下滚动区域是沿着页面边缘滚动的。如果没有使用段落标记等将其分隔,则其与页面其他元素是紧紧相连的。通过 HSPACE 和 VSPACE 属性可以设置文字区域的水平和垂直空间。

语法格式如下:

```
<MARQUEE HSPACE="水平空间" VSPACE="垂直空间">
要进行滚动的文字
</MARQUEE>
```

### 2.4.5.16　设置鼠标经过效果

ONMOUSEOVER 属性用来控制鼠标滑过滚动字幕时停止滚动的效果,ONMOUSEOUT 属性用来控制鼠标移出滚动字幕区域时字幕开始滚动的效果。这两个属性必须同时进行定义。

语法格式如下:

```
<MARQUEE QNMOUSEOUT="this.start()" ONMOUSEOVER="this.stop()">
要进行滚动的文字
</MARQUEE>
```

其中,ONMOUSEOUT="this. start()"用来设置鼠标移出该区域时继续滚动,ONMOUSEOVER="this. stop()"用来设置鼠标移入该区域时停止滚动。只有同时使用这两个属性,才可以使鼠标滑过滚动字幕时停止滚动,而当鼠标移开滚动字幕时又开始滚动。

## 2.5　CSS 概述

### 2.5.1　简介

CSS 是 cascading style sheet 的缩写,译作"层叠样式表单",是用于(增强)控制网页样式并允许将样式信息与网页内容分离的一种标记性语言。在实际开发中,CSS 主要用于设置 HTML 页面中的文本内容(字体、字号、对齐方式等)、图片的外形(宽高、边框样式、边距等)以及版面的布局等外观显示样式。

CSS 定义的具体规则如下:

> 选择器{属性1:属性值1; 属性2:属性值2; 属性3:属性值3;}

在上述样式规则中,选择器用于指定 CSS 样式作用的 HTML 对象,花括号内的属性是对该对象设置的具体样式。其中,属性和属性值以"键值对"的形式出现,例如字体、字号、文本颜色等。属性与属性值之间用":"连接,多个"键值对"之间用";"分隔。

接下来通过 CSS 样式对<div>标记进行设置,具体示例如下:

> div{ border:1px solid red; width:600px; height:400px;}

上面的代码就是一个完整的 CSS 样式。div 为选择器,表示 CSS 样式作用的 HTML 对象。border、width 和 height 为 CSS 属性,分别表示边框、宽度和高度。其中,border 属性有3个值"1px solid red;"分别表示该边框为1像素、实心边框线、红色。

在 CSS 中,通常使用像素单位 px 作为计量文本、边框等元素的标准量。px 是相对于显示器屏幕分辨率而言的。而百分比(%)是相对于父对象而言的,例如一个元素呈现的宽度是400px,子元素设置为50%,那么子元素所呈现的宽度就为200px。

在 CSS 中颜色的取值方式有以下3种:

- 预定义的颜色值:如 red、green、blue 等。
- 十六进制定义的颜色值:如#FF6600、#29D794 等。实际工作中,十六进制是最常用的定义颜色的方式。
- RGB 代码:如红色可以用 rgb(255,0,0)或 rgb(100%,0%,0%)来表示。如果使用 RGB 代码百分比方式取颜色值,即使其值为0,也不能省略百分号,必须写为0%。

### 2.5.2  CSS 样式的引用方式

要想使用 CSS 修饰网页,就需要在 HTML 文档中引入 CSS。引入 CSS 的方式有4种,分别为链入式、行内式(也称为内联样式)、内嵌式和导入式。下面对开发中常用的内嵌式和链入式这两种引入方式进行讲解,具体如下。

#### 2.5.2.1  内嵌式

内嵌式是将 CSS 代码集中写在 HTML 文档的<head>头部标记中,并用<style>标记定义。

语法格式如下:

```
<head>
    <style type="text/cSS">
        选择器 {属性1:属性值1; 属性2:属性值2; 属性3:属性值3;}
    </style>
</head>
```

在上述语法中,<style>标记一般位于<head>标记中的<title>标记之后,因为浏览器是从上到下解析代码的,把 CSS 代码放在头部便于提前被加载和解析,以避免网页内容加载后没有样式修饰带来的问题。这样浏览器才知道<style>标记包含的是 CSS 代码。接下来通过一个案例来学习如何在 HTML 文件中使用内嵌式加入 CSS。

在 chapter01 文件夹中创建一个 HTML 文件 cssDemo01。其关键代码如下：

```
1   <head>
2   <title>使用 CSS 内嵌式</title>
3   <style type="text/css">
4      /*定义标题标记居中对齐*/
5      h2{ text-align:center;}
6      /*定义 div 标记样式*/
7      div{ border:1px solid red; width:300px;height:80px; color:blue;}
8   </style>
9   </head>
10  <body>
11     <h2>内嵌式 CSS 样式</h2>
12     <div>
13     使用 style 标记可定义内嵌式 CSS 样式表,style 标记一般位于 head 头部标记中,
14     title 标记之后。
15     </div>
16  </body>
```

HTML 文档的头部使用<style>标记定义内嵌式 CSS 样式,第 5 行使用了标题标记<h2>来设置标题,第 7 行定义了<div>标记的样式。

内嵌式引入 CSS 只对其所在的 HTML 页面有效。因此,仅设计一个页面时,采用内嵌式是个不错的选择。但如果是一个网站,不建议采用这种方式,因为它不能充分发挥 CSS 代码的重用优势。

### 2.5.2.2　链入式

链入式是将所有的样式放在一个或多个以.css 为扩展名的外部样式表文件中,通过<link/>标记将外部样式表文件链接到 HTML 文件中。

语法格式如下：

```
<head>
    <link href="CSS 文件的路径" type="text/css" rel="stylesheet"/>
    </head>
```

上述语法中,<link/>标记需要放在<head>头部标记中,并且必须指定<link/>标记的 3 个属性,具体如下：

- href:定义所链接外部样式表文件的地址,可以是相对路径,也可以是绝对路径。
- type:定义所链接文档的类型,这里需要指定为"text/css",表示链接的外部文件为 CSS。
- rel:定义当前文档与被链接文档之间的关系,这里需要指定为"stylesheet",表示被链接文档是一个样式表文件。

### 2.5.3 CSS 选择器和常用属性

要想将 CSS 样式应用于特定的 HTML 元素,首先需要找到该目标元素。在 CSS 中,执行这一样式任务的部分称为选择器。本小节将对 CSS 基础选择器进行介绍。

#### 2.5.3.1 标记选择器

标记选择器是指用 HTML 标记名称作为选择器,按标记名称分类,为页面中某一类标记指定统一的样式。

语法格式如下:

```
标记名{属性 1:属性值 1; 属性 2:属性值 2; 属性 3:属性值 3; }
```

上述语法中,所有的 HTML 标记都可以作为标记选择器的标记名,例如<body>标记、<h1>标记、<p>标记等。用标记选择器定义的样式对页面中该类型的所有标记都有效,这是它的优点,但同时也是其缺点,因为这样不能设计差异化样式。

#### 2.5.3.2 类选择器

类选择器使用"."(英文点号)进行标识,后面紧跟类名。其基本语法格式如下:

```
.类名{属性 1:属性值 1; 属性 2:属性值 2; 属性 3:属性值 3; }
```

上述语法中,类名即为 HTML 页面中元素的 class 属性值,大多数 HTML 元素都可以定义 class 属性。类选择器最大的优势是可以为元素对象定义单独或相同的样式。

#### 2.5.3.3 id 选择器

id 选择器使用"#"进行标识,后面紧跟 id 名。

语法格式如下:

```
#id 名{属性 1:属性值 1;属性 2:属性值 2; 属性 3:属性值 3;}
```

上述语法中,id 名即为 HTML 页面中元素的 id 属性值,大多数 HTML 元素都可以定义 id 属性,元素的 id 值是唯一的,只能对应于文档中某一个具体的元素。

#### 2.5.3.4 通配符选择器

通配符选择器用"＊"号表示,其在所有选择器中作用范围最广,能匹配页面中所有的元素。

语法格式如下:

```
＊{属性 1:属性值 1; 属性 2:属性值 2; 属性 3:属性值 3; }
```

例如,下面使用通配符选择器定义的样式。该样式能够清除所有 HTML 标记的默认边距,如下所示:

```
＊{
    margin:0;  /* 定义外边距 */
    padding:0;  /* 定义内边距 */
}
```

在实际网页开发中,不建议使用通配符选择器,因为它设置的样式对所有的 HTML 标记都生效,这是其优点也是其缺点,因为这样不能设计差异化样式。

在了解了几种选择器的语法结构后,接下来通过一个案例来学习这几种选择器的使用。在 chapter01 文件夹中创建一个名为 cssDemo03 的 HTML 文件,其主要代码如下:

```
1  <html>
2  <head>
3  <title>选择器</title>
4  <style type="text/css">
5  /* 1.类选择器的定义 */
6  .red {
7      color:red;
8  }
9  .green {
10     color:green;
11 }
12 .font18 {
13     font-size:18px;
14 }
15 /* 2.id 选择器的定义 */
16 #bold {
17     font-weight:bold;
18 }
19 #font24 {
20     font-size:24px;
21 }
22 </style>
23 </head>
24 <body>
25     <!--类选择器的使用-->一:class="red",设置文字为红色。</h1>
27     <p class="green font18">
28       段落一: class="green font18",设置文字为绿色,字号为 18px。
29     </p>
30     <p class="red font18">
31       段落二: class="red font18",设置文字为红色,字号为 18px。
32     </p>
33     <!--id 选择器的使用-->
34     <p id="bold">段落 1:id="bold",设置粗体文字。</p>
35     <p id="font24">段落 2:id="font24",设置字号为 24px。</p>
36     <p id="font24">段落 3:id="font24",设置字号为 24px。</p>
37     <p id="bold font24">段落 4:id="bold font24",同时设置粗体和字号 24px。</p>
```

```
38 </body>
39 </html>
```

在<style>标记内分别定义了类选择器和 id 选择器。在类选择器中,". red"选择器用于将页面中 class 属性值为 red 的文字颜色设置为红色;". green"选择器用于将页面中 class 属性值为 green 的文字颜色设置为绿色;". font18"选择器用于将页面中 class 属性值为 fond 18 的 HTML 元素应用相应的样式;"#bold"选择器用于将页面中 id 属性值为 bold 的文本字体变为粗体文字;"#font24"用于将页面中 id 属性值为 font24 的文本字号设置为 24px。

CSS 的主要功能是定义网页的外观,例如字体大小、字体颜色、网页背景颜色等显示样式。CSS 可以与 JavaScript 等浏览器端脚本语言结合使用,从而实现美观大方的显示效果。

### 2.5.3.5　CSS 技术介绍

当需要在 JavaWeb 网页中以指定样式显示内容时,我们可以通过 CSS 技术来实现。在网页中有如下两种使用 CSS 的方式:

(1)页面内直接设置 CSS,即在当前使用页面直接指定样式;

(2)第三方页面设置,即在别的网页中单独设置 CSS,然后通过调用这个 CSS 文件来实现指定的显示效果。

网页设计中常用的 CSS 属性如表 2-6 所示。

表 2-6　常用 CSS 属性列表

| 取值 | 描述 |
|---|---|
| color | 设置文字或元素的颜色 |
| background-color | 设置背景颜色 |
| background-image | 设置背景图像 |
| font-family | 设置字体 |
| font-size | 设置文字的大小 |
| list | 设置列表的样式 |
| cursor | 设置鼠标的样式 |
| border | 设置边框的样式 |
| padding | 设置元素的内补白 |
| margin | 设置元素的外边距 |

CSS 可以用任何书写文本的工具进行开发,例如,常用的文本工具和 Dreamweaver 等。CSS 也是一种语言,这种语言要与 HTML 或 XHTML 语言结合后才起作用。简单来说,CSS 是用来美化网页的,其可以控制网页的外观表现。

#### 2.5.3.6　CSS 的特点和意义

作为一种网页样式显示技术,CSS 主要有如下几个特点:

(1)CSS 是一种标记语言,它不需要编译,可以直接由浏览器执行;

(2)在标准网页设计中,CSS 负责网页内容的表现;

(3)CSS 文件也可以说是一个文本文件,它包含一些 CSS 标记,CSS 文件必须使用. css 作为文件名的后缀;

(4)可以通过简单地更改 CSS 文件来改变网页的整体表现形式,从而减少工作量,因此学习 CSS 是每一个网页设计人员的必修课;

(5)CSS 是由 W3C 的 CSS 工作组产生和维护的。

CSS 技术给 Web 技术的发展带来了巨大的冲击,给 Web 的整体发展带来了革新,并且为网页设计者提供了更为强大的支持。将 CSS 引入网页制作领域主要具有如下意义:

(1)实现了网页内容与表现的分离;

(2)网页的表现统一,后期容易修改;

(3)CSS 可以支持多种设备,比如手机、掌上电脑、打印机、电视机、游戏机等;

(4)使用 CSS 可以减少网页的代码量,提高网页的浏览速度,减少硬盘的占用空间。

#### 2.5.3.7　CSS 的语法结构

因为在现实应用中,最常用的 CSS 元素是选择符、属性和值,所以在 CSS 的应用语法中,涉及的应用格式也主要是上述 3 种元素。在本节的内容中,将详细讲解 CSS 的基本语法结构知识。

在 JavaWeb 程序中,使用 CSS 的语法格式如下:

```
<style type="text/css"> <!-- .选择符{属性:值} --> </style>
```

其中,CSS 选择符的种类有很多,并且命名机制也不相同。

下面示例将说明 CSS 在网页中的使用过程。

源文件路径:daima\3\3-1。

实例文件 css. html 的主要实现代码如下:

```
<html> <style type="text/css"> <!-- .p
font-family:"Times New Roman", Times, serif;        /*设置字体*/
font-size:36px;                                      /*设置字体大小*/
font-style:italic;                                   /*设置斜体*/
font-weight:bolder;                                  /*设置字体加粗*/
color:#666666;                                       /*设置字体颜色*/
text-decoration:underline;                           /*设置字体下划线*/
</style> </head> <body>
<p>欢迎使用CSS</p> <p>CSS有很多好处</p></body> </html>
```

在上述代码中,设置了页面内<p>标记元素中文本的样式。

## 2.6　CSS 样式表的引入方法

要想在浏览器中显示出样式表的效果,就要让浏览器识别并调用样式表。当浏览器读取样式表时,要依照文本格式来读。下面介绍在页面中引入 CSS 样式表的几种方法:定义内部样式表和链接外部样式表。

### 2.6.1　定义行内样式

行内样式是引用 CSS 样式表的各种方法中最直接的一种。定义行内样式就是通过直接设置各个元素的 style 属性,达到设置样式的目的。这样的设置方式,使得各个元素都有自己的独立样式,但同时也会使整个页面变得更加"臃肿"。即便两个元素的样式是一模一样的,用户也需要写两遍。

定义行内样式可以很简单地对某个标签单独定义样式表。这种样式表只对所定义的标签起作用,并不对整个页面起作用。行内样式在 style 属性中定义,style 属性值可以包含任何 CSS 样式声明。

需要说明的是,由于行内样式将表现与内容混在一起,不符合 Web 标准,因此应慎用这种方法。当样式仅需要在一个元素上应用一次时,可以使用行内样式。

### 2.6.2　定义内部样式表

内部样式表是指样式表的定义处于 HTML 文件的一个单独区域,与 HTML 的具体标签分离开来,从而实现对整个页面范围内容的显示进行统一的控制与管理。与定义行内样式只能对所在标签进行样式设置不同,内部样式表处于页面的\<style\>与\</style\>标签对之间。

语法格式如下:

\<style\>…\</style\>标签用来说明所要定义的样式,type 属性指定使用 CSS 的语法来定义,当然也可以指定使用像 JavaScript 之类的语法来定义。属性与属性值之间用冒号":"隔开,各属性之间用分号";"隔开。

\<!-------\>的作用是应对旧版本浏览器不支持 CSS 的情况,把\<style\>…\</style\>的内容以注释的形式表示,这样不支持 CSS 的浏览器会自动略过此段内容。

样式名可以使用\<HTML\>标签的名称,所有\<HTML\>标签都可以作为 CSS 样式名使用。

### 2.6.3　链接外部样式表

外部样式表通过在某个 HTML 页面中添加链接的方式生效。同一个外部样式表可以被多个网页甚至整个网站的所有网页所采用,这就是它最大的优点。外部样式表在总体上定义了一个网站的显示方式。

外部样式表把声明的样式放在样式文件中,当页面需要使用样式时,通过\<link\>标签链接外部样式表文件。使用外部样式表,只需改变一个样式文件就能改变整个站点的外观。

1. 用<link>标签链接外部样式表文件

<link>标签必须放到页面的<head>…</head>标签对内。

语法格式如下：

```
<head>
  <!--- 其他头部信息 -->
  <link rel="stylesheet" type="text/css" href="styles.css">
  <!--- … -->
</head>
```

其中，<link>标签表示浏览器从"外部样式表文件名. css"文件中以文档格式读出定义的样式表；rel="stylesheet"属性用于定义在网页中使用外部的样式表；type="text/css"属性用于定义文件的类型为样式表文件；href 属性用于定义 CSS 文件的 URL 地址。

2. 样式表文件的格式

样式表文件可以用任何文本编辑器(如记事本)打开并编辑，一般样式表文件的扩展名为. css。样式表文件的内容是定义的样式表，不包含<HTML>标签。

一个外部样式表文件可以应用于多个页面。在修改外部样式表时，引用它的所有外部页面也会自动更新。设计者在制作含大量相同样式页面的网站时，外部样式表文件非常有用，不但减少了重复的工作量，而且有利于以后的修改，浏览时也减少了重复。

# 2.7　CSS 语法

## 2.7.1　CSS 语法基础

前面介绍了如何在网页中定义和引用 CSS 样式表，接下来要讲解 CSS 是如何定义网页外观的。其定义的网页外观由样式规则和选择符的类型决定。

## 2.7.2　CSS 样式规则

CSS 为样式化网页内容提供了一条捷径，即样式规则。每一条样式规则都是单独的语句。

### 2.7.2.1　样式规则

样式表的每条规则都有两个主要部分：选择符( selector )和声明( declaration )。选择符决定哪些因素会受到影响。声明由一个或多个属性及其属性值组成。

选择符表示要进行格式化的元素；在选择器后大括号"{}"中的即为声明部分；用"属性:属性值"描述要应用的格式化操作。

选择符:h1 代表 CSS 样式的名字。

声明:包含在一对大括号"{}"内，用于告诉浏览器如何渲染页面中与选择符相匹配的对象。声明内部由属性及其属性值组成，并用" :"隔开，以" ;"结束。声明可以是一个或者多个属性及其属性值的组合。

属性:用于定义的具体样式(如颜色、字体等)。

属性值:放置在属性名和冒号后面,具体内容随属性的类别不同而呈现不同形式,一般包括数值、单位及关键字。

例如,将 HTML 中<body>和</body>标签内的所有文字设置为"华文中宋"、文字大小为12px、黑色文字、白色背景,则只需要在样式中定义如下:

```
body {
    font-family:"华文中宋";           //* 设置字体为华文中宋 */
    font-size:12px;                //* 设置文字大小为 12px */
    color:black;                   /* 设置文字颜色为黑色 */
    background-color:white;        /* 设置背景颜色为白色 */
}
```

从上述代码片段可以看出,这样的 CSS 代码结构十分清晰,为方便以后编辑,还可以在每行后面添加注释说明。但是,这种写法虽然使得阅读 CSS 变得方便,却无形中增加了很多字节,对于有一定基础的 Web 设计人员来说,可以将上述代码改写为如下格式:

```
body{font-family:"华文中宋";font-size:12px;color:#000;background-color:#fff}
```

#### 2.7.2.2 选择符的类型

选择符决定了格式化将应用于哪些元素。CSS 选择符包括基本选择符、复合选择符、通配符选择符和特殊选择符。

1. 基本选择符

**CSS 的选择器-1**

基本选择符包括标签选择符、class 类选择符和 id 选择符。

(1)标签选择符

标签选择符是指以文档对象模型(DOM)作为选择符,即选择某个<HTML>标签为对象,设置其样式规则。一个 HTML 页面由许多不同的标签组成,而标签选择符就是声明哪些标签采用哪种 CSS 样式。因此,每种<HTML>标签的名称都可以作为相应的标签选择符的名称。标签选择符使用元素名称。

(2)class 类选择符

class 类选择符用于定义 HTML 页面中需要特殊表现的样式,使用元素的 class 属性值为一组元素指定样式。class 类选择符的名称可以由用户自定义,属性和属性值与<HTML>标签选择符一样,必须符合 CSS 规范。

(3)id 选择符

id 选择符用于对某个单一元素定义单独的样式。id 选择符只能在 HTML 页面中使用一次,针对性更强。定义 id 选择符时要在 id 名称前加上一个"#"号。

"#id 名"是定义的 id 选择符名称。该选择符名称在一个文档中是唯一的,只对页面中的唯一元素进行样式定义。这个样式定义在页面中只能出现一次,其适用范围为整个 HTML 文档中所有由 id 选择符所引用的设置。

2. 复合选择符

复合选择符包括"交集"选择符、"并集"选择符和"后代"选择符。

（1）"交集"选择符

"交集"选择符由两个选择符直接连接构成，其结果是选中二者各自元素范围的交集。其中，第一个选择符必须是标签选择符，第二个选择符必须是 class 类选择符或 id 选择符。这两个选择符之间不能有空格，必须连续书写。

（2）"并集"选择符

与"交集"选择符相对应的还有一种"并集"选择符，或者称为"集体声明"。它的结果是同时选中各个基本选择符所选择的范围。任何形式的基本选择符都可以作为"并集"选择符的一部分。

"并集"选择符集合中分别是<h1>、<h2>和<h3>标签选择符，将为多个标签设置同一样式。

（3）"后代"选择符

在 CSS 选择符中，还可以通过嵌套的方式，对选择符或者<HTML>标签进行声明。当标签发生嵌套时，内层的标签就成为外层标签的"后代"。"后代"选择符在样式中会经常用到，因布局中常常用到容器的外层和内层，使用"后代"选择符就可以控制某个容器层的子层，使其他同"后代"选择符能够简化代码，实现大范围的样式控制。例如，当用户对<h1>标签下面的<span>标签进行样式设置时，就可以使用"后代"选择符进行相应的控制。"后代"选择符的写法是把外层的标签写在前面，内层的标签写在后面，之间用空格隔开。

3. 通配符选择符

通配符选择符是一种特殊的选择符，用"＊"表示，与 Windows 通配符"＊"具有相似的功能，可以定义所有元素的样式。

```
<! DOCTYPEhtml>
<htmllang="en">
<head>
<metacharset="UTF-8">
<title>示例页面
<style>
/＊通配符选择符设置所有元素文字颜色为黑色 ＊/
＊{
color:black;
}
/＊单独设置 <p> 标签文字颜色为蓝色 ＊/
p{
color:blue;
}
/＊设置 <p> 标签内所有子元素文字颜色为红色 ＊/
p ＊{
```

```
color:red;
    }
```

从代码的执行结果可以看出,由于通配符选择符定义了所有文字的颜色为黑色,因此<h2>和<div>标签中文字的颜色呈现为黑色;接着又定义了<p>标签中的文字颜色为蓝色,所以<p>标签中文字的颜色呈现为蓝色;最后定义了<p>标签中所有子元素的文字颜色为红色,所以<p>和</p>标签之间的文字颜色呈现为红色。

4. 特殊选择符

**CSS 的选择器-2**

除前面讲解的选择符之外,还有两个比较特殊的针对属性操作的选择符——伪类选择符和伪元素。

(1)伪类选择符

伪类选择符可看作一种特殊的类选择符,是能被支持 CSS 的浏览器,可以对链接在不同状态下的内容定义不同的样式效果。之所以名字中有"伪"字,是因为它所指定的对象在文档中并不存在,它指定的是一个与其相关的选择符的状态。伪类选择符和类选择符不同,它不能像类选择符那样随意用别的名字。

伪类选择符可以让用户在使用页面的过程中增加更多的交互效果,例如应用最为广泛的锚点标签<a>的几种状态(未访问超链接状态、已访问超链接状态、鼠标指针悬停在超链接上的状态、被激活的超链接状态)。

需要注意的是,要把 active 样式写到 hover 样式后面,否则 active 样式是不生效的。因为当浏览者按下鼠标按键未松手(active)的时候,其实也是获取焦点(hover)的时候,所以如果把 hover 样式写到 active 样式后面,就把样式重写了。

(2)伪元素

与伪类选择符类似,伪元素用于对文档中的虚构元素进行操作,从而实现一些特殊的效果。CSS 的核心功能是给 HTML 元素添加样式,但在某些情况下,直接通过 HTML 添加必要的元素可能是不现实的或多余的。CSS 的一个特性是允许开发者添加这样的额外元素,而不会打乱文档本身的布局,这些通过 CSS 添加的元素称为"伪元素"。它们使得开发者能够对文档的某些部分进行精细控制,创造出更加丰富和动态的用户界面效果。

# 2.8　DIV+CSS 布局

## 2.8.1　设计布局

在开始设计一个网站时,首先要对网页进行布局,一个好的布局不仅使界面好看,容易被用户接受,还可以加快开发进度。DIV+CSS 布局是网页 HTML 通过<div>标签以及 CSS 样式表代码开发制作的(HTML)网页的统称。使用 DIV+CSS 布局的网页相较于表格、框架有以下几点优势:

1. 页面加载速度更快

使用表格布局的网页必须将整个表格加载完后才能显示出网页的内容；使用 DIV+CSS 布局的网页则因 DIV 是一个松散的盒子，而使其可以边加载边显示网页内容。

2. 修改设计时更有效率，且费用更低

使用 DIV+CSS 布局时，网页外观结构与内容是分离的，当需要进行网页外观修改时，只需要修改 CSS 文件即可，完全不用修改网页内容部分的代码。

3. 更有利于搜索引擎的搜索

使用 DIV+CSS 布局时，网页外观结构与内容是分离的，当搜索引擎进行检索时，可以不用考虑外观结构，而只专注内容，因此更易于检索。

4. 节约成本，降低宽带带来的费用

使用 Web 标准的 DIV+CSS 布局时，去掉了不必要的因素，大大减少了网页的内容，因此加载速度更快，从而降低了宽带带来的费用。

5. 使整个站点保持视觉的一致性

使用 DIV+CSS 外观的控制时，由于 CSS 可以一处定义多处使用，因此除了减少工作量外，也起到了统一整站视觉的作用。

6. 使站点更容易被其他设备访问

使用 DIV+CSS 布局时，可使站点更容易被各种浏览器和用户访问，如手机等。进行布局时，首先要对网页框架进行分析，如怎样划分模块、怎样选择好的网页图片等。举例来说，现在需要完成一个上（上面分为两块）、中（包括左中右）、下布局框架，如图 2-7 所示。

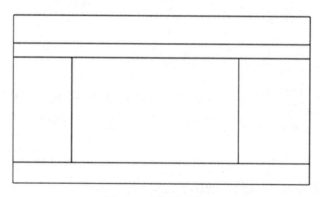

图 2-7　网页布局框架

首先在网站根目录下新建 HTML 页面，命名为 index.html；在 CSS 目录下建立一个 CSS 文件，命名为 main.css。然后在 index.html 中导入 CSS 文件，再在 CSS 模板的基础上添加 CSS。

（1）main.css 文件内容如下：

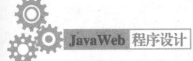

```
body {          background-color:white;font-size:10pt;font-family:Arial;
    margin:0;padding:0;color:#333333;      }      #wrapper {          width:
960px; margin:0; padding:0; background-color:#09460F;      }      #header {
clear:both; width:960px; height:130px; padding-top:5px;      }      #logo {
  width:960px;height:100px;padding-left:25px;background-color:#4DC5D6;      }
 #topmenu {          float:left;width:960px; height:30px; padding-left:25px;
background-color:#F9630D;      }      #content {          clear:both; width:960px;
height:500px; background-color:#F7AE16;      }      #leftmenu {          float:
left;width:200px;height:500px; line-height:14pt;
    padding-bottom:10px;
    background-color:#CCCCCC;      }      #centercontent {
    float:left;width:600px; line-height:14pt; height:500px;          padding-
bottom:10px;background-color:#C59A6F;      }      #rightsider {          float:
left;width:160px;line-height:14pt;height:500px;          padding-bottom:10px;
background-color:#FAF93C;      }      #footer {          clear:both;width:960px;
line-height:14pt;          background-color:#EE88CD;      }
```

（2）HTML 文件内容如下：

```html
<! DOCTYPE html>
<html lang="en">
<head>
    <meta charset="UTF-8">
    <title>网站标题</title>
    <link rel="stylesheet" type="text/css" href="css/main.css">
</head>
<body>
    <div id="wapper">
      <div id="header">
        <div id="logo"></div>
        <div id="topmenu"></div>
      </div>
      <div id="content">
        <div id="leftmenu"></div>
        <div id="centercontent"></div>
        <div id="rightsider"></div>
      </div>
      <div id="footer"></div>
    </div>
  </body>
</html>
```

注意两个重要的 CSS 元素：float 与 clear。

网页文档采用流布局,一般是自上而下的,但有时需要改变流方向,如左对齐等,这时需要 float。基于浮动的布局利用了 float(浮动)属性来并排定位元素。可以利用这个属性来创建一个环绕在周围的效果,例如环绕在照片周围。但是,当你把它应用到一个<div>标签上时,浮动就变成了一个强大的网页布局工具。float 属性把一个网页元素(div)移动到网页其他块(div)的某一边。任何显示在浮动元素下方的 HTML 都在网页中上移,并环绕在浮动元素周围。

float 的属性有以下 3 种:

- left:移至父元素中的左侧。
- right:移至父元素中的右侧。
- none:默认。会显示于它在文档中出现的位置。

在 CSS 样式表中 clear:both;可以终结出现在它之前的浮动。使用 clear 属性可以让元素边上不出现其他浮动元素。

clear 的属性有以下 4 种:

- left:不允许元素左侧有浮动的元素。
- right:不允许元素右侧有浮动的元素。
- both:元素两侧都不允许有浮动的元素。
- none:允许元素两侧都有浮动的元素。

【例 2-10】float 与 clear 用法示例。

```
<html>        <head>          <style type="text/css">            div{
    width:300px;            border:1px solid red            }
img{
    float:left;            width:100px;            height:100px;
    }            p.f1{float:none;width :100px;}            p.f2{float:right;
width :400px;}        </style>    </head>    <body>    <div>        < img
src="images/cart.jpg"/>
```

示例代码行演示了如何使用 CSS 中的 float 属性来控制布局,并通过 clear 属性来清除浮动的影响。其中:

- <div>样式定义了一个宽度为 300px、边框为红色的容器;
- <img>样式将图片设置为宽度 100px、高度 100px,并使其浮动到左侧,允许文本等元素围绕图片排列;
- <p.f1>样式定义了一个宽度为 100px 的段落,且不进行浮动,即它将按照常规文档流进行排列;
- <p.f2>样式定义了一个宽度为 400px 的段落,并将其浮动到右侧。

在<body>标签中,一个<div>标签包含了一个<img>标签,图片由于设置了 float:left;,将会浮动到左边。接下来,如果有其他元素(如段落),它们会围绕着图片排列。下面给出 HTML 的主体部分代码,代码中包含了一个<div>标签,里面有一个浮动的 img,随后是两个段落<p>,最后是一个没有类名的段落<p>标签。HTML 的主体部分代码如下:

</div>　　　<hr/>　　　<p class="f1">这个是第 1 项</p>　　　<p class="f2">这个是第 2 项 </p>　<p>另起一行</p>

以上示例代码说明了在没有使用 clear 属性的情况下,第三个段落会与前面的浮动段落重叠,当属性设置 float(浮动)时,它所在的物理位置已经脱离文档流了,但是大多时候我们希望文档流能识别 float,或者是希望 float 后面的元素不被 float 所影响,这个时候我们就需要用 clear:both;来清除,使得第三个段落能够另起一行。

正确代码如下:

```html
<html>
  <head>
    <style type="text/css">
      div {
        width:300px;
        border:1px solid red;
      }
      img {
        float:left;
        width:100px;
        height:100px;
      }
      p.f1 {
        float:none;
        width:100px;
      }
      p.f2 {
        float:right;
        width:400px;
      }
    </style>
  </head>
  <body>
    <div>
      <img src="images/cart.jpg"/>
    </div>
    </hr>
    <p class="f1">这个是第 1 项</p>
    <p class="f2">这个是第 2 项</p>
    <p style="clear:both;">另起一行</p>
  </body>
</html>
```

如果不用清除 float,那么第一个<p>的文字就会与第一、二行在一起,所以我们在第三个<p>处加一个清除 float。

结合代码中的文字部分可以很好地理解 float 和 clear 元素的基本用法。由于<img>标记使用了 CSS 设计样式,其 float 属性设置为 left,所以图片和文字产生了环绕的效果。由于"这个是第 2 项"部分在 CSS 中设置 float 为 right,所以这部分内容向右浮动,从而"另起一行"部分被递补上来填充了"这个是第 2 项"部分的位置。最后一部分,由于"另起一行"部分的 CSS 样式 float 属性设置为 clear:both,它的前、后、左、右不再出现浮动元素,所以它依然在原来应该在的位置上。

### 2.8.2　Div+CSS 布局技术简介

使用 Div+CSS 布局页面是当前制作网站流行的技术。网页设计师必须按照设计要求,首先搭建一个可视的排版框架,这个框架有自己在页面结构框架中填充排版的细节,这就是 Div+CSS 布局页面的基本理念。

#### 2.8.2.1　使用嵌套的 Div 实现页面排版

使用 Div+CSS 布局页面完全有别于传统的网页布局习惯,它首先将页面在整体上进行 Div 元素的分块,然后对各个块进行 CSS 定位,最后在各个块中添加相应的内容。

Div 元素是可以被嵌套的,这种嵌套的 Div 主要用于实现更为复杂的页面排版。下面以两个示例说明嵌套的 Div 之间的关系。

#### 2.8.2.2　典型的 Div+CSS 整体页面布局

以前网站采用的表格布局,现在已经不再适用。Web 标准提出将网页的内容与表现分离,同时要求 HTML 文件具有良好的结构,所以现在采用的是符合 Web 标准的 Div+CSS 布局方式。CSS 布局就是 HTML 网页通过 Div 元素+CSS 样式表代码设计制作的 HTML 网页的统称。使用 Div+CSS 布局的优点是便于维护、有利于搜索引擎优化(search engine optimization,SEO)、网页打开速度快、符合 Web 标准等。

网页设计的第一步是设计版面布局,就像传统的报刊编辑一样,将网页看作一张报纸或一本期刊来进行排版布局。本节先介绍 CSS 布局类型,然后介绍常用的 CSS 布局样式。

#### 2.8.2.3　CSS 布局类型

基本的 CSS 布局类型主要有固定布局和弹性伸缩布局两大类。弹性伸缩布局又分为宽度自适应布局、自适应式布局、响应式布局。

1. 固定布局(fixed layout)

固定布局指的是将页面宽度设定为固定的数值,通常使用 px 或其他绝对长度单位[如点(pt)、毫米(mm)、厘米(cm)、英寸(in)]来定义。在这种布局中,页面元素的位置是固定的,这意味着不管访问者的屏幕分辨率大小或浏览器窗口的尺寸如何变化,页面的布局和宽度都保持不变,呈现给用户的网页外观与最初设计时一致。传统的 PC 端网站通常会采用固定布局,当屏幕宽度设定为固定宽度时,会出现滚动条以便用户浏览全部内容;而当屏幕宽度大于固定宽度时,内容通常会居中显示,周围则可能添加背景图像或颜色。固定布

局也常被称为静态布局。在这种布局中,外部包裹层或容器通常具有一个固定的宽度,而内部各个部分的宽度则可以使用百分比或固定宽度来设定。最为关键的是,无论访问者的浏览器分辨率如何变化,外部包裹层的宽度始终保持不变,从而确保所有用户看到的网页宽度一致。

2. 宽度自适应布局

宽度自适应布局(也称液态布局)是指在不同分辨率或浏览器宽度下依然保持满屏,不会出现滚动条,就像液体一样充满了屏幕。宽度自适应布局的宽度以百分比形式指定,文字使用 em。如果访问者调整浏览器窗口的宽度,则网页的列宽也跟着调整。

3. 自适应布局

自适应布局是指设计网页以使其能够在不同大小的终端设备上显示得当。自适应布局方法通常涉及开发多套界面,这些界面根据检测到的视口分辨率来提供适合特定设备的页面。例如,对于 PC 端,页面可能设计为在分辨率大于 1024px 时呈现最佳效果,而对于手机端,则可能优化显示在小于 768px 的屏幕上。自适应布局的屏幕适配是在特定的分辨率范围内进行的,以确保用户在不同设备上获得良好的浏览体验。

4. 响应式布局

响应式布局是一种网页设计方法,旨在使同一页面能够在各种屏幕尺寸的终端设备上(包括 PC、手机、平板电脑、智能手表等带有 Web 浏览器的设备)呈现出不同的布局。响应式布局通过开发一套界面,并利用媒体查询等技术检测视口分辨率,从而在客户端进行代码处理,以展现适合该设备的布局和内容。响应式布局已成为评价优秀网页布局标准的一个重要方面,因为它能够提供一个无缝的用户体验,而不论用户使用哪种设备访问网页。

# 习 题 二

1. 请简单描述 Web 标准的 3 个组成部分。

2. 请简单描述网站设计与开发的全过程大致可以分为哪几个阶段。

3. 填空题

(1)要在某行文字中添加两个半角空格可以使用_____得到。

(2)使用_____标签时可创建一个段落,该标签对创建的段落与上下文存在一个_____间隔,只能实现换行显示的标签是_____。

(3)标题字标签的级别通过标签后面的数字来标识,可取的数值为字号_____,默认情况下,最大字号的标题字是_____。

# 第 3 章　JavaWeb 编程环境安装配置及使用

【本章学习目标】

1. 掌握 JavaWeb 工作原理;
2. 掌握 Tomcat 知识;
3. 掌握 Tomcat 对 JDBC 的支持;
4. 掌握配制 Tomcat 知识;
5. 掌握创建 Web 工程知识;
6. 掌握发布 Web 工程知识;
7. 掌握 Tomcat 其他常用设置;
8. 掌握 Servlet 知识。

## 3.1　JavaWeb 工作原理

### 3.1.1　B/S 和 C/S 体系结构

目前,国内外信息化建设已经进入以 Web 应用为核心的阶段。与此同时,Java 语言也在不断完善优化,变得更适合开发 Web 应用。为此,越来越多的程序员或是编程爱好者走上了 JavaWeb 应用开发之路。

随着网络技术的不断发展,单机的软件程序难以满足网络计算的需要,各种各样的网络程序开发体系结构应运而生。其中,运用最多的网络应用程序开发体系结构可以分为两种:一种是基于浏览器/服务器的 B/S 结构;另一种是基于客户端/服务器的 C/S 结构。下面进行详细介绍。

#### 3.1.1.1　C/S 体系结构介绍

C/S(Client/Server)即客户端/服务器结构。在这种结构中,服务器通常采用高性能的 PC 或工作站,并采用大型数据库系统(如 Oracle 或 SQL Server),客户端则需要安装专用的客户端软件,如图 3-1 所示。这种结构可以充分利用两端硬件环境的优势,将任务合理分配到客户端和服务器,从而降低了系统的通信开销。在 2000 年以前,C/S 结构为网络程序开发领域的主流。

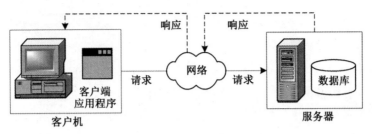

图 3-1　C/S 体系结构

图 3-1 右侧所示结构是随着 Internet 技术的兴起,对 C/S 结构的一种变化或者改进。

在这种结构下,用户工作界面通过浏览器来实现,极少部分事务逻辑在浏览器实现,主要事务逻辑在服务器实现。

B/S 体系结构是针对 C/S 体系结构缺点的改进结构,具有以下三个优点:

(1)多数业务逻辑存在于服务器,减轻了客户端的负荷,属于一种"瘦"客户端;

(2)客户端无须安装专门软件,更新维护均在服务器;

(3)适于移动、分布式处理。

### 3.1.1.2　B/S 体系结构介绍

B/S 即浏览器/服务器(Browser/Server)结构。在这种结构中,客户端不需要开发任何用户界面,而统一采用 IE 和火狐等浏览器,通过 Web 浏览器向 Web 服务器发送请求,由 Web 服务器进行处理,并将处理结果逐级传回客户端,如图 3-2 所示。这种结构利用不断成熟和普及的浏览器技术实现原来需要复杂专用软件才能实现的强大功能,从而节约了开发成本,是一种全新的软件体系结构。这种体系结构已经成为当今应用软件的首选体系结构。

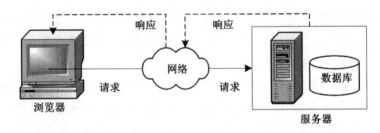

图 3-2　B/S 体系结构

### 3.1.1.3　两种体系结构的比较

C/S 体系结构和 B/S 体系结构是当今世界网络程序开发体系结构的两大主流。目前,这两种结构都有自己的市场份额和客户群。但是,这两种体系结构又有其各自的优缺点,下面将从以下三个方面进行比较说明。

1.开发和维护成本方面

C/S 体系结构的开发和维护成本都比 B/S 的高。采用 C/S 体系结构时,对于不同客户端要开发不同的程序,而且软件的安装、调试和升级均需要在所有的客户机上进行。例如,如果一个企业共有 10 个客户站点使用一套 C/S 体系结构的软件,则这 10 个客户站点都需要安装客户端程序。当这套软件进行了哪怕很微小的改动后,系统维护员都必须将客户端原有的软件卸载,再安装新的版本并进行配置,客户端的维护工作必须不折不扣地进行 10 次。若某个客户端忘记进行这样的更新,则该客户端将会因软件版本不一致而无法工作。而 B/S 体系结构的软件则不必在客户端进行安装及维护。如果我们将前面企业的 C/S 体系结构的软件换成 B/S 体系结构的,那么在软件升级后,系统维护员只需要将服务器的软件升级到最新版本;对于其他客户端,只要重新登录系统即可使用最新版本的软件。

2. 客户端负载方面

C/S 的客户端不仅负责与用户的交互,收集用户信息,还需要完成通过网络向服务器请求对数据库、电子表格或文档等信息的处理工作。由此可见,应用程序的功能越复杂,客户端程序也就越庞大,这也给软件的维护工作带来了很大的困难。而 B/S 体系结构的客户端把部分事务处理逻辑交给了服务器,由服务器进行处理,客户端只需要进行显示,但这将使应用程序服务器的运行数据负荷较重,一旦发生服务器"崩溃"等问题,后果不堪设想,因此许多单位都备有数据库存储服务器。

3. 安全性方面

C/S 体系结构适用于专人使用的系统,可以通过严格的管理派发软件,达到保证系统安全的目的,这样的软件相对来说安全性比较高。而对于 B/S 体系结构的软件,由于使用的人数较多且不固定,相对来说安全性就会低些。

由此可见,B/S 体系结构相对于 C/S 体系结构具有更多的优势,现今大量的应用程序开始转移到应用 B/S 体系结构,许多软件公司也争相开发 B/S 版的软件,也就是 Web 应用程序。随着 Internet 的发展,基于 HTTP 协议和 HTML 标准的 Web 应用呈几何数量级增长,而这些 Web 应用又是由各种 Web 技术所开发的。

## 3.1.2　URL

URL 的英文全称为 uniform resource locator,译为"统一资源定位符",即我们常说的网址。与每个人都拥有自己独一无二的身份证号码一样,网页也需要有自己的"身份证号码",而这个"身份证号码"就是 URL。正是有了这样一个唯一标识,我们在访问新浪网时不会进入腾讯的网站。

与身份证号码一样,URL 地址也有自己的基本格式。URL 由三部分组成,分别为协议类型、主机名和路径及文件名。

其一般格式如下:

```
protocol://hostname[:port]/path/[;parameters][? query]#fragment
```

(1)protocol,用来指定协议类型,常用的协议有 file、ftp、http 和 https。

(2)hostname,用来指定主机名,可以是服务器的域名或者 IP 地址。

(3)port,用来指定端口号,各种传输协议都有默认的端口号,比如 http 的默认端口为80。如果输入时省略,则使用默认的端口号。

（4）path，用来指定路径或者文件名，由零或多个"/"符号分隔的字符串组成。

（5）parameters，用来指定特殊参数，也可以不指定。

（6）query，用来指定查询参数，给一些动态网页传递参数。参数由参数名和参数值两部分组成，之间使用"＝"分隔，如"page＝1"。当有多个参数时，可以使用"&"进行分隔，如"list＝1 & page＝2"。

（7）fragment，用来指定描点，查找网页中某一个位置。

### 3.1.3 Tomcat 的启动与关闭

#### 3.1.3.1 在服务器中启动与关闭 Tomcat

步骤1：Tomcat 安装完成后，打开 Tomcat 安装路径下的 bin 文件夹，找到 startup. bat 文件双击运行，出现信息提示，则说明 Tomcat 服务器已经启动成功。

步骤2：打开任意浏览器，并在浏览器地址栏中输入"http：//localhost：8080/地址"（8080是 Tomcat 默认端口号），若出现界面，则说明 Tomcat 服务器运行成功。

步骤3：关闭 Tomcat 服务。双击运行安装路径下 bin 目录中的 shutdown. bat 文件，即可关闭 Tomcat 服务。

#### 3.1.3.2 在 IDE 中启动与关闭 Tomcat

IDE 就是像 Eclipse 这样的编译器，在此以 Eclipse 为例介绍 Tomcat 的启动与关闭。

步骤1：启动 Eclipse Oxygen 程序，在主界面靠下窗口中单击<Servers> 标签，出现界面。

步骤2：单击页面中的链接，添加一个 Tomcat 服务，在打开的 New Server 对话框中找到 Apache 文件夹并打开，选择安装的 Tomcat 版本，然后单击 Next 按钮。

步骤3：在添加 Tomcat 服务窗口中，单击 Browse 按钮，选择 Tomcat 的安装路径，单击 Finish 按钮。

步骤4：服务添加成功后，单击<Servers> 标签，便会出现刚才添加的服务，单击这个服务，在窗口右侧就会出现"启动"和"关闭"按钮。单击"启动"或"关闭"按钮，即可启动或关闭 Tomcat 服务。

步骤5：单击"启动"按钮，启动成功。

若启动不成功，大多数情况下是因为在外部已经启动了，可能使用了3.1.3.1中介绍的方法启动了但没有关闭，这时 Eclipse 会报错。

出现这种情况，可打开 Tomcat 安装目录下的 bin 文件夹，找到目录中的 shutdown. bat 文件，双击关闭 Tomcat 服务，再到 Eclipse 中启动即可。

### 3.1.4 Weblogic 的启动与关闭

（1）使用 Xmanager Enterprise 或 ssh 等工具登录，在 Linux 或 Unix 桌面上找到 weblogic 安装目录，如：/bea/user_projects/domains/自己建的域名。

（2）进入目录，执行命令 weblocgic #nohup ./startWebLogic. sh >out. log 2>&1 &，后台启动。

该命令后台启动 weblogic,把运行日志放到当前目录 out. log 文件中,并且返回一个进程号。

(3)停止后台 weblocgic 进程。

在上述 domain 目录里执行命令 weblogic # ./stopWebLogic 停止。

用 ps -ef|grep java 查看进程看是否停掉。

一般情况下很难关闭,需要杀掉后台进程,查看后台 weblogic 进程或者利用上面启动时返回的进程号#ps -ef|grep java,如:

root 1234562346546

root 134646464646464

杀后台进程:#kill-91346464(返回的进程号)

有的操作系统用线程模拟进程,在部分 Linux 操作系统下面,wenlogic 进程表现为多线程,这样的话需用脚本杀死 weblogic 多线程:

```
#ps -ef |grep java |awk '|printf "kill -9 " $2|' >killjava
#sh killjava
```

即可杀死 weblogic 的 java 进程,但是执行时要注意该机器是否还有其他 java 进程运行,注意不要错杀,否则会造成其他应用宕机。

# 3.2　Tomcat 的安装

如果需要进行 JavaWeb 开发,还需要安装 Web 服务器,这里选择 Tomcat 服务器。Tomcat 服务器是由 Apache 开源组织开发并维护的,能够支持 JSP 和 Servlet。Tomcat 服务器是免费产品,并且提供其源代码。本节将详细介绍如何下载并安装 Tomcat 服务器,以及如何配置虚拟目录。

下载完成 Tomcat 服务器后,就可以通过下载的压缩文件夹来安装 Tomcat,步骤如下:

步骤 1:将下载好的"apache-tomcat-6.0.18. zip"解压。

步骤 2:打开安装目录下的"bin"文件夹,找到其中的"startup. bat",双击该批处理文件。

步骤 3:当控制台输出如"Server startup in 604 ms"的文本,则表示 Tomcat 服务器启动成功。打开 IE 浏览器,在地址栏输入"http://localhost:8080",打开页面,则表示 Tomcat 服务器安装成功。

Tomcat 服务器的默认监听端口为 8080,在启动 Tomcat 服务器前必须保证该端口没有被其他应用程序占用,否则会出现启动错误。

# 3.3 Tomcat 对 JDBC 的支持

Tomcat 提供了一些管理工具,可用于监视和管理 Tomcat 实例。以下是其中一些常见的管理工具。

Tomcat Manager:提供了一个 Web 界面,用于管理 Web 应用程序、查看日志和停止/启动 Web 应用程序。可以在 server.xml 文件中启用 Tomcat Manager。

Tomcat Host Manager:允许用户管理虚拟主机(多个 Web 应用程序的托管环境)。

Tomcat Admin Console:提供了一个管理 Tomcat 服务器的图形用户界面。

JMX(Java Management Extensions):允许用户监控和管理 Tomcat 服务器的各个方面,如内存使用情况、线程池状态等。

# 3.4 配置 Tomcat

## 3.4.1 在 Eclipse 中配置 Tomcat

Eclipse 作为一款强大的软件集成开发工具,为 Web 服务器提供了非常好的支持,它可以集成各种 Web 服务器,方便程序员进行 Web 开发。

(1)启动 Eclipse 开发工具,单击工具栏中的 Window → Preferences 选项,会弹出一个 Preferences 窗口,在该窗口中单击左边菜单中的 Server 选项,在展开的菜单中选择最后一项 Runtime Environments,这时窗口右侧会出现 Server Runtime Environments 选项卡。

(2)在 Preferences 窗口中单击 Add 按钮,弹出一个 New Server Runtime Environment 窗口,该窗口显示出可在 Eclipse 中配置的各种服务器及其版本。由于需要配置的服务器版本是 apache-tomcat-7.0.55,所以选择 Apache,在展开的版本中选择 Apache Tomcat v7.0 选项。

(3)在 New Server Runtime Environment 窗口中单击 Next 按钮执行下一步,在弹出的窗口中单击 Browser 按钮,选择安装 Tomcat 服务器的目录(Tomcat 服务器安装在 C:\apache-tomcat-7.0.55 目录下),最后依次单击 Finish → OK 按钮关闭窗口,并完成 Eclipse 和 Tomcat 服务器的关联。

(4)在 Eclipse 中创建 Tomcat 服务器。单击 Eclipse 下侧窗口的 Servers 选项卡标签(如果没有这个选项卡,则可以通过 Windows → Show View 打开),在该选项卡中可以看到一个 "No servers available. Define a new server from the new server wizard…" 的链接,单击这个链接,会弹出一个 New Server 窗口。选中所示的 Apache Tomcat v7.0 Server 选项,单击 Finish 按钮完成 Tomcat 服务器的创建。这时,在 Servers 选项卡中,会出现一个 Apache Tomcat v7.0 Server at localhost 选项。

（5）Tomcat 服务器创建完毕后，还需要进行配置。双击创建好的 Tomcat 服务器，在打开的 Overview 页面中，选择 Server Locations 选项中的 Use Tomcat installation，并将 Deploy path 文本框内容修改为 webapps。

至此，就完成了 Tomcat 服务器的所有配置。单击工具栏中的"开始"按钮，启动 Tomcat 服务器。为了检测 Tomcat 服务器是否正常启动，在浏览器地址栏中输入"http://localhost：8080"访问 Tomcat 首页，如能配置首页则说明配置成功了。

### 3.4.2　在 MyEclipse 中配置 Tomcat

MyEclipse 6.0 以上的版本中都自带 Tomcat，如果使用用户安装的 Tomcat 服务器，就需要把用户安装的 Tomcat 集成到 MyEclipse 中，以便给开发带来方便。

在 MyEclipse 中配置用户安装的 Tomcat 的方法如下：

（1）从 MyEclipse 菜单栏上的 Window 菜单中选择 Preferences，打开对话框。

（2）在左侧窗口栏中选择 MyEclipse Enterprise Workbench → Servers → Tomcat → Tomcat 6.x。

（3）在右侧窗口栏的 Tomcat home directory 对应的文本框中通过浏览方式填入已安装的 Tomcat 主目录。下面两个选项的内容会自动添加进去。

（4）选择 Enable 单选按钮。

（5）在左侧窗口栏中选择 JDK，在右侧窗口栏中单击 Add 按钮，选择 JRE 所在的目录，如 C:\Program Files\Java\jre6。单击 OK 按钮，完成 JDK 配置。此时就可以在 MyEclipse 中启动自己安装的 Tomcat 了。

在 MyEclipse 开发环境工具栏上有以下三个与 Web 发布有关的图标：

● 选择"项目发布"按钮，可将指定的项目发布到选定的服务器上。

● 选择"启动/停止 Web 服务器"按钮，会打开一个下拉列表，在下拉列表中选择响应服务器中的 Start 选项，即可启动服务器。

● 选择内置浏览器，可在 IDE 环境下开启浏览窗口，浏览发布的 Web 站点。当然，也可以通过外部浏览器访问服务器。

### 3.4.3　在 IntelliJ IDEA 中配置 Tomcat

步骤 1：打开 IDEA2023，选择新建项目，设置好项目名和 JDK，选择 Jakarta EE 或 Java EE 模板，选择 Web 应用程序，选择 Tomcat 作为应用服务器。

步骤 2：打开项目结构，选择 Modules，点击加号，选择 Web，创建 webapp 文件夹和 web.xml 配置文件。

步骤 3：打开设置，选择 Build → Execution → Deployment，然后选择 Application Servers，点击加号，选择 Tomcat Server，输入 Tomcat 的安装路径，设置端口号和用户名、密码等信息。

步骤 4：打开运行配置，点击加号，选择 Tomcat Server，选择 Local，选择你的项目的 Artifact，选择 Use custom ports 并设置 HTTP 端口和 HTTPS 端口。

点击 OK 按钮保存配置，点击"运行"按钮启动 Tomcat。

## 3.5　创建 Web 工程

### 3.5.1　在 Eclipse 中创建 Web 工程

步骤 1:首先找到 Eclipse 的菜单栏的 File,点击 File → New → Dynamic Web Project 或者右键选择 New → Dynamic Web Project。

步骤 2:若 New 的选择列表中没有 Dynamic Web Project,则选择 Others,然后输入 dynamic(一般输入 dy 即可),选择 Dynamic Web Project。

注意:这里可能会存在上述图片中 Dynamic Web Project 不存在的情况,因为 Dynamic Web Project 属于 J2EE 技术。因此要导入 Dynamic Web Project 项目,就要为当前的 Eclipse 安装 Java EE 开发插件。步骤如下(如果这个文件存在的话,可以直接跳过该步骤):

(1)找到菜单栏中的 HELP 按钮,选择 Install New Software 选项。

(2)点击 All Available Sites 按钮,此时会稍微等待一段时间,之后会出现一系列选项,勾选下面箭头的选项,点击 Next 按钮,依次点击 Next 按钮直到看到 Review licences 窗口。在这个窗口选择 "I accept the terms of the licence agreement",并且点击 Finish 按钮。Eclipse 会开始安装新的软件。安装完插件后, Eclipse 会要求重启,点击 yes 按钮。重启 Eclipse 之后, 打开新建项目的面板,即可看到 Web 文件夹 和 Dynamic Web Project 选项。

步骤 3:输入项目名称,先选择运行时的环境(中间件环境),再选择 Web 相应的版本。

步骤 4:点击 Finish 按钮。

步骤 5:如果发现 JavaWeb 工程缺少 web. xml 文件(有 web. xml 文件请忽略这一步),那么鼠标右击项目名称 → Java EE Tools → Generate Deployment Descriptor Stub。

项目成功创建。

### 3.5.2　在 MyEclipse 中创建 Web 工程

在 MyEclipse 中有很多工程模板,可以根据需要选择相应的模板。

创建 Web 工程的步骤如下:

步骤 1:从菜单中选择 File→New→Web Project,弹出对话框。

步骤 2:在窗口中填写工程的名字为 Hello,指定工程项目的保存路径,其他可选默认值,选择 Java EE 5.0 单选按钮,单击 Finish 按钮即可。这时在左边的包资源管理器中可以看到目录结构。

在结构目录中可以看到,src 是存放类源文件的目录;WebRoot 是虚拟路径,用于存放静态网页和动态网页的目录;Web-INF 是受 Web 容器保护的目录,在这个目录下有一个 lib 目录,用于存放工程用到的 jar 包;web. xml 是描述符文件,是 JavaWeb 服务必需的配置文件,用于配置与 Web 服务相关的一些参数,包括 Servlet、拦截器等。

### 3.5.3　在 IntelliJ IDEA 中创建 Web 工程

步骤 1:依次点击 File → New → Project。

步骤 2:选择 New Project,输入自己的项目名;选择 JDK 版本,而后点击 create 进行创建。

步骤 3:鼠标右键项目名,然后点击 Add Framework Support(添加项目支持)。

步骤 4:选中 Web Application 4.0,然后点击 OK 按钮,会发现项目中多出一个 Web 目录。

步骤 5:配置 Tomcat 服务器。依次点击 Edit Configurations… → Add new… → Tomcat Serve 下的 Local,然后点击 OK 按钮。

步骤 6:依次点击页面中的 Deployment → + → Artifact…,然后点击 OK 按钮。

步骤 7:配置 Maven,同样在 Settings 下面,如果不好找,直接在搜索框内搜索 Maven,将红框内的 settings.xml 文件配置成自己安装的 apache-maven 位置。

步骤 8:查看自己的 Tomcat 路径,如果配置不正确,IDEA 会有提示,应重新换成自己的 Tomcat 安装路径。

(1)查看方式:File → settings… → Applications Servers。

(2)选择自己的 Tomcat 安装路径。

步骤 9:配置完毕后点击"运行"按钮。

步骤 10:运行完毕后会自动打开浏览器。

## 3.6　发布 Web 工程

### 3.6.1　在 Eclipse 中发布 Web 工程

在 Eclipse 新建 Web 相关的项目后,如果想要测试 Web 项目,就必须将相关的 Web 项目发布到 Web 容器中,常用的 Web 容器为 Tomcat 和 Weblogic。怎样才可以将 Web 项目发布出去进行测试呢? 本节将介绍相关的操作。

#### 3.6.1.1　发布工程到 Tomcat

在 Tomcat 的安装目录下有一个 conf 目录,其中有一个 web.xml 文件,这个文件就是用于保存发布工程应用的配置文件。我们只要对这个文件进行配置,就可以发布具体的工程。另外,还有其他的发布方式,如通过 WAR 包发布等。这种配置 web.xml 文件的方式的优点是可以使得我们在项目中修改的内容自动加载到 Web 容器中,没有必要每次都通过重新发布来加载。

配置方法如下:在 server.xml 文件最后一个</host>前添加 Web 应用的配置部分。

相关知识点:

(1)配置采用 Context 作为关键字;

（2）path 关键字指明的是项目名称,这样可以通过"http://127.0.0.1:8080/gljk"来访问 Web 工程;

（3）reloadable 关键字指明的是这个站点可以自动加载;

（4）docBase 关键字指明的是站点的根目录所在的位置,也就是我们项目中的根目录;

（5）workDir 关键字指明的是 JSP 编译时输出的所在位置,可以自行指定。

### 3.6.1.2　发布工程到 Weblogic

Weblogic 的发布比较简单,只要打开 Weblogic 的控制台,然后新建发布就可以了。不过 Weblogic 与 Tomcat 不同,Tomcat 在编辑之后会将编译的结果自动发布,这样你浏览的站点就是最新的了;但是 Weblogic 就不可以,除了修正 JSP 或者 JS 之类的外,其他的例如修正 Java Bean 或者 Servlet 后都必须重新发布才可以。具体的发布方法如下:

（1）登录 Weblogic 的管理控制台"http://localhost:7001/console/"。

（2）左侧依次选择 Mmydomain → Deployments → Web Application Modules,然后在右侧选择 Deploy A New Web Application Module…,然后依次按照提示找到你的站点,点击 Deploy 即可。以后就可以按照上面的选择在左侧找到你的站点并进行管理了,最常用的功能是 Deploy(发布)。修改代码后,可以在这里选择 Redeploy(重新发布)的功能,等待一段时间后就可以通过 Testing 功能找到你的站点链接进行测试了。

### 3.6.2　在 MyEclipse 中发布 Web 工程

Web 工程创建完成后,就可以在 MyEclipse 编程、调试和发布。

将新建立的 Hello 工程发布到服务器中的步骤如下:

（1）在工具栏中单击"项目发布"按钮,弹出对话框,在 Project 下拉列表框中选中要发布的工程,单击 Add 按钮,弹出对话框。

（2）在 New Deployment 对话框的 Server 下拉列表框中选择用于发布工程的 Web 服务器,如果没有安装自定义的 Web 服务器,则只有一个 MyEclipse 自带的服务器。单击 Finish 按钮,出现对话框;再单击 OK 按钮,即完成 Web 工程的发布。

（3）完成发布后,可以从工具栏中启动 Web 服务器,也可以从开始程序中选择 Monitor Tomcat,在任务栏上启动 Tomcat。

服务器成功启动后,打开浏览器,在地址栏中输入"http://localhost:8080/Hello",如出现画面,则说明工程发布成功。

### 3.6.3　在 IntelliJ IDEA 中发布 Web 工程

步骤 1:创建一个项目。

File → New Project → 选择 Project SDK 为 1.8 → 点击 Next 按钮 → 输入 Project name 为 webdemos→ 点击 Finish 按钮。

步骤 2:创建一个 Moudule。

鼠标点中项目名称 helloweb → 右键选择 New,选择 Module → 选择 Java EE → 选中 Web Application → 选中 Create web.xml → 点击 Next 按钮,输入 Module 名称 firstweb → 点

击 Finish 按钮。

步骤 3：在 web/Web-INF 下创建两个文件夹：classes 和 lib。

其中，classes 用来存放编译后输出的 class 文件，lib 用来存放第三方 jar 包。

步骤 4：配置文件夹路径。

File → Project Structure（快捷键：Ctrl + Shift + Alt + S）→ 选择 Module → 选择 Paths → 选择 Use module compile output path → 将 Output path 和 Test output path 都选择刚刚创建的 classes 文件夹，接着选择 Dependencies → 选择 Module SDK 为 1.8 → 点击右边的"+"号 → 选择 1 Jars or Directories → 选择刚刚创建的 lib 文件夹 → 选择 jar directory → 选中 lib and one more file → 点击 OK 按钮。

步骤 5：配置 Tomcat 容器。

打开菜单 Run → 选择 Edit Configuration →点击"+"号 → 选择 Tomcat Server → 选择 Local 在 Name 处输入新的服务名（随意命名）→点击 Application server 后面的 Configure…，弹出 Tomcat Server 窗口 → 选择本地安装的 Tomcat 目录 → 点击 OK 按钮，在 Run/Debug Configurations 窗口的 Server 选项板中，取消勾选 After launch，设置 HTTP port 和 JMX port（默认值即可）→点击 Apply → 点击 OK 按钮，至此 Tomcat 配置完成。

步骤 6：在 Tomcat 项目中部署并运行项目。

Run → Edit Configurations，进入 Run/Debug Configurations 窗口 → 选择刚刚建立的 Tomcat 容器 → 选择 Deployment → 点击右边的"+"号 → 选择 Artifact，返回 Server 选项卡 → 查看地址栏地址 → 添加一级目录（/helloweb）→ 点击 OK 按钮。

步骤 7：编辑 index. jsp 文件 →点击右键运行 index. jsp（或者点击"运行"按钮 ）。

步骤 8：运行 Tomcat，在浏览器中查看运行结果。

## 3.7　Tomcat 其他常用设置

Tomcat 作为一款流行的 JavaWeb 应用服务器，提供了丰富的配置选项，以满足不同的需求。除了基本的目录结构和配置文件管理外，还有如下常用的设置。

### 3.7.1　安全设置规范

为了确保 Tomcat 配置的安全，防止信息泄露和被恶意攻击，可以采取一系列安全措施，如 Telnet 管理端口保护、AJP 链接端口保护、禁用管理端、降权启动、文件列表访问控制、版本信息隐藏、Server header 重写、访问限制以及启停脚本权限回收等。

### 3.7.2　优化相关参数

Tomcat 支持通过调整一些参数来优化性能，包括 redirectPort、maxThreads、minSpareThreads、maxSpareThreads、URIEncoding、connectionTimeout 和 enableLookups 等。这些参数可以帮助调整 Tomcat 的行为，以使其适应不同的负载和处理需求。

redirectPort 用于定义当接收客户端发来的 HTTPS 请求时，将请求转发到的端口。

maxThreads 和 minSpareThreads 分别定义了 Tomcat 可创建的最大线程数、启动时的初始化线程数,以及影响 Tomcat 支持的最大并发连接数。

URIEncoding 指定了 Tomcat 容器的 URL 编码格式,对于多语言环境尤为重要。

connectionTimeout 设置了网络连接的超时时间,单位为毫秒(ms)。

enableLookups 决定了是否反查域名,返回远程主机的主机名,为了提高处理能力,通常设置为 false 以直接返回 IP 地址。

### 3.7.3 数据源创建

在 Tomcat 的管理界面中,可以通过选择创建新的数据源来配置数据库连接信息,这是 Web 应用中常见的需求之一。

这些设置涵盖了从基本的安全配置到性能优化等多个方面,帮助管理员根据实际需求调整 Tomcat 的行为,确保其安全、稳定地运行。

# 3.8 Servlet 容器介绍

Servlet 是基于 Java 语言的,运行 Servlet 必然少不了 JRE 的支持,它负责解析和执行字节码文件(.class 文件)。然而 JRE 只包含了 Java 虚拟机(JVM)、Java 核心类库和一些辅助性文件,它并不支持 Servlet 规范。要想运行 Servlet 代码,还需要一种额外的部件,该部件必须支持 Servlet 规范,实现了 Servlet 接口和一些基础类,这种部件就是 Servlet 容器。

Servlet 容器就是 Servlet 代码的运行环境(运行时),它除了实现 Servlet 规范定义的各种接口和类,为 Servlet 的运行提供底层支持外,还需要管理由用户编写的 Servlet 类,如实例化类(创建对象)、调用方法、销毁类等。

一个动态页面对应一个 Servlet 类,开发一个动态页面就是编写一个 Servlet 类,当用户请求到达时,Servlet 容器会根据配置文件(web.xml)来决定调用哪个类。

Web 服务器是整个动态网站的"大门",用户的 HTTP 请求首先到达 Web 服务器,Web 服务器判断该请求是静态资源还是动态资源:如果是静态资源就直接返回,此时相当于用户下载了一个服务器上的文件;如果是动态资源将无法处理,必须将该请求转发给 Servlet 容器,如图 3-3 所示。

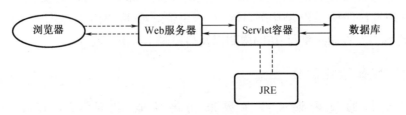

图 3-3 Servlet 容器

Servlet 容器接收到请求以后,会根据配置文件(web.xml)找到对应的 Servlet 类,将它加载并实例化,然后调用其中的方法来处理用户请求;处理结束后,Servlet 容器再将处理结果转交给 Web 服务器,由 Web 服务器将处理结果进行封装,以 HTTP 响应的形式发送给最终的用户。

# 习　题　三

1. 什么是 JavaScript? JavaScript 与 Java 之间有什么关系?

2. JavaScript 脚本如何调用? JavaScript 有哪些常用的属性和方法?

3. 如何用 JavaScript 给一个按钮添加事件?

4. 什么是 Ajax? 如何用 Ajax 实时更新前台页面的数据?

5. 什么是 jQuery? $(document).ready()的用途是什么?

# 第4章 JSP 基础语法

【本章学习目标】

1. 掌握 JSP 的标准语法；
2. 掌握 JSP 的编译指令和动作指令；
3. 掌握 JSP 的隐含对象及其使用方法。

JSP 技术为创建动态 Web 页面提供了一种简捷而快速的方法，它允许开发者将 Java 代码和 HTML 标记语言结合在一起，通过服务器的处理，生成动态的内容并返回给客户端浏览器。JSP 页面在服务器上被转换成 Servlet，这意味着它们能够利用 Java 语言的强大功能，如访问数据库、处理业务逻辑、控制会话等，同时还保持了页面设计的灵活性。通过使用 JSP 标签和表达式语言（EL），开发者可以轻松地嵌入变量、条件和循环等逻辑，以及访问服务器的各种资源，从而实现页面的动态更新。此外，JSP 还支持自定义标签库的创建，使得开发者可以将复杂的逻辑封装起来，简化页面的开发过程。总的来说，JSP 技术的出现极大地简化了 Web 页面的开发流程，提高了开发效率，并且由于其基于 Java 平台，因此具有良好的跨平台性和可扩展性。

## 4.1　JSP 基本概述及工作原理

JSP 技术是基于 Java Servlet 和整个 Java 体系的 Web 服务器开发技术。JSP 表示它是用 Java 写的 Web 服务页面程序。这是因为所有 JSP 程序在运行时都会转换为与其对应的 Java Servlet 类，由该类的实例接收用户请求并做出响应。

当一个 JSP 页面第一次被访问时，JSP 引擎将执行以下步骤（图 4-1）：

步骤 1：将 JSP 页面翻译成一个 Servlet，这个 Servlet 是一个 Java 文件，同时也是一个完整的 Java 程序。

步骤 2：JSP 引擎调用 Java 编译器对这个 Servlet 进行编译，得到字节码文件 class。

步骤 3：JSP 引擎调用 Java 虚拟机来解释执行 class，主要调用_jspService 方法，对用户请求进行处理并做出响应，生成向客户端发送的应答，然后发送给客户端。

以上三个步骤只有在 JSP 页面第一次被访问时才会全部执行，因此，首次访问 JSP 页面速度会稍慢些，但以后的访问不再创建新的 Servlet，只是新开一个服务线程，访问速度会因

Servlet 文件已经生成而显著提高。调试时,如果 JSP 页面被修改,则对应的 JSP 需要重新编译。

　　JSP 页面由两部分组成:一部分是 JSP 页面的静态部分,如 HTML、CSS 标记等,用来完成数据显示和样式;另一部分是 JSP 页面的动态部分,如脚本程序、JSP 标记等,用来完成数据处理。

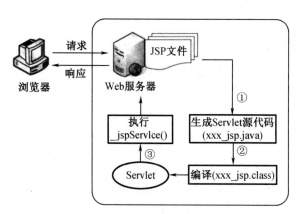

图 4-1　第一次请求 JSP 页面的执行过程

【例 4-1】一个简单的 JSP 程序,在页面上输出系统的时间。

　　首先,在 MyEclipse 下面新建一个 Web 工程,工程的名字为 hellojsp,在工程中建一个简单的 JSP 程序 time. jsp,其内容与普通的 HTML 文件一样,只是其中加入了一段 Java 代码。

　　程序( \jspweb 项目\WebRoot\ch04\time. jsp)的清单:

```
<% @ page contentType ="text/html;charset GBK"% >
<% @ page language
="java"import ="java.util.*,java.text.SimpleDateFormat;"% >
<html>
<body bgcolor ="ffffff">
<%
SimpleDateFormat f =new SimpleDateFormat("现在是"+"yyyy 年 MM 月 dd 日 E a hh
ss 秒");
% >
<% --每隔 1 秒钟刷新一次页面,以便显示实时时间--% >
你好,这是第一个 JSP 页面
<br>
<%
response.setHeader("Refresh", "1");
Date now = new Date();
out.println("当前时间是:"+now+"<br>");
out.println(f.format(now));
% >
</body>
</html>
```

将工程发布，并启动 Tomcat，在浏览器地址栏中输入"http://localhost:8080/jspweb/ch04/time.jsp"，会看到相应页面。

## 4.2 JSP 编译指令

JSP 编译指令是通知 JSP 引擎的消息，其作用是设置 JSP 程序和由该 JSP 程序编译所生成 Servlet 程序的属性。它不直接生成输出，只是告诉引擎如何处理 JSP 页面中的某些部分。

JSP 编译指令的基本语法格式如下：

```
<%@ 编译指令名 属性名="属性值"%>
```

例如：

```
<%@ page contentType="text/html;charset=gb2312%">
```

**注意**：属性名部分是区分大小写的，在目前的 JSP 2.0 中，定义了 page、include 和 taglib 三种指令，每种指令中又都定义了一些各自的属性。

### 4.2.1 page 编译指令

page 指令用来设置整个 JSP 页面的相关属性和功能，包括指定 JSP 脚本语言的种类、导入的包或类、指定页面编码的字符集等。

page 指令的基本语法格式如下：

```
<%@ page 属性1="属性值1" 属性2="属性值2" 属性3="属性值3"%>
```

如果要在一个 JSP 页面中设置同一条指令的多个属性，可以使用多条指令语句单独设置每个属性，也可以使用同一条指令语句设置该指令的多个属性。例如，对于 page 指令的属性设置，有以下两种形式。

第一种形式（常用）：

```
<%@ page contentType="text/htmal;charset gb2312 import=java.util.Date%>
```

第二种形式：

```
<%@ page contentType="text/html;charset=gb2312%>
<%@ page import=java.util.Date%>
```

page 指令常用属性设置如下：

- language="java"：声明当前 JSP 程序所使用的脚本语言种类，暂时只能用 Java。
- extends="package.class"：声明该 JSP 程序编译时所产生的 Servlet 类需要继承的 class，或需要实现的 interface 的全名。必须慎重地使用，因为它会限制 JSP 的编译能力。
- import="packagel.calss1, package2.calss2,..."：声明需要导入的包，该属性决定了该 JSP 页面可以使用的 Java 包，这些导入的包作用于该 JSP 页面的程序段、表达式及声明。这里的 import 与普通 Java 程序中的 import 作用是一样的。在 page 指令的所有属性中，只有 import 属性可以出现多次，其余属性均只能定义一次。如果用一个 import 导入多个包，需要用"，"隔开。

又如：

```
<% @ page import =java.util.,java.lang.% >
```

也可以使用分别导入的形式。例如：

```
<% @ page import =java.util.><% @ page import ="java.lang.>
```

下面的包在 JSP 编译时已经自动导入了，不需要显式导入：

```
java.lang.   javax.servlet.*    javax,servlet.jsp.*    javax.servlet.http.*
```

- pageEncoding：JSP 要经过两次"编码"。第一阶段会用 pageEncoding 设定的编码读取 JSP 源程序，再将读取的 JSP 源程序翻译成统一的 UTF-8 编码的 Servlet(Java 程序)；第二阶段就是由 Tomcat 输出的网页，用 contentType 的 charset 属性来指明服务器发送给客户端的内容编码。

在 JSP 标准语法中，如果 pageEncoding 属性存在，那么 JSP 页面的字符编码方式就由 pageEncoding 决定，否则就由 contentType 属性中的 charset 决定；如果 charset 也不存在，那么 JSP 页面的字符编码方式就采用默认的 ISO-8859-1。

- session="true|false"：指明 session 对象是否可用，默认值为 true。一般情况下，很少设置该属性为 false。如果设置该属性为 false，就不能使用 session 对象，也不能使用作用域为 session 的<jsp:useBean>元素。关于 session 将在后面做详细介绍。

- buffer="8KB|none|size KB"：buffer 属性指明输出流(out 对象执行后的输出)是否有缓冲区，默认值为 8 KB。当输出流被指定需要缓冲时，服务器会将输出到浏览器上的内容暂时保留，除非指定大小的缓存被完全占用，或者脚本完全执行完毕。

- autoFlush="true|false"：如果 buffer 溢出，设置是否需要强制输出，默认值为 true。如果设置为 false，一旦 buffer 溢出就会抛出异常。注意，如果 buffer 属性被设置为 none，则 autoFlush 属性必须被设置为 true。

- isThreadSafe="true|false"：设置 JSP 文件是否允许多线程使用(如是否能够处理多个 request 请求)，默认值为 true。如果设置成 false，则 JSP 容器一次只能处理一个请求。

- info=" text"：描述该 JSP 页面的相关信息或说明，该信息可以通过 Servlet. getServletInfo 方法取得。

例如：

```
info="这是 JSP Page 指令使用实例"
```

- errorPage="relative URL"：如果页面产生了异常或者错误，而该 JSP 程序又没有相应的处理代码，则会重定向到该指令所指定的外部 JSP 文件。

- isErrorPage="true|false"：该属性指示当前 JSP 页面是否可以作为其他 JSP 页面的错误处理页，可参照例 4-2 中 errorPage. jsp 的设置。如该属性设定为 true，则该页面可以接收其他 JSP 页面出错时产生的 exception 对象；如设定为 false，则无法使用 exception。

【例 4-2】一个有关 errorPage 的实例。

代码( \jspweb 项目\WebRoot\ch04\errorSource. jsp)的清单：

```
<% @ page pageEncoding ="gbk"errorPage ="errorPage.jsp"% >
<html><body><%! inti =0;% ><% =7/i% ></body></html>
```

代码（\jspweb 项目\WebRoot\ch04\ errorPage. jsp）的清单：

```
<%@ page isErrorPage="true"pageEncoding ="gbk%">异常信息:<% =exception%>
```

运行 errorSource. jsp,将会显示 errorPage. jsp 中 0 被除的错误信息。

● ContentType="mimeType[ ;charset=characterSet]":用于设定作为响应返回的网页文件格式和编码样式,即 MIME 类型和页面字符集类型,它们是最先传送给客户端的部分。

MIME(multipurpose internet mail extensions,多用途因特网邮件扩充)最初是为了标识邮件附件的类型,现在代表互联网媒体类型。MIME 类型包含视频、图像、文本、音频、应用程序等数据。

MIME 由媒体类型(Type)与子类型(Subtype)两部分组成,它们之间使用反斜杠"/"分隔,其中媒体类型 Type 取值为 application、audio、example、image、message、model、multipart、text、video。子类型 Subtype 是某种类型的标识符,如 plain、html、css、gif、xml 等。mimeType 通常取值为 text/html(默认类型)、text/plain、image/gif、image/jpeg 等。默认的字符编码方式为 ISO-8859-1。如果需要显示中文字体,一般设置 charset 为 GBK 或 GB 2312。GBK 是汉字国标扩展码,基本上采用了 GB 2312 所有的汉字及码位,并涵盖了 Unicode 中所有的汉字,总共收录了 883 个符号,21 003 个汉字,还提供了 1 894 个造字码位。

以下是一个有关 GBK 的例子。

```
<%@ page contentType="text/html;charset =GBK"%>
```

关于 JSP 页面中的 pageEncoding 和 contentType 两种属性的区别:pageEncoding 是指 JSP 文件本身的编码;contentType 的 charset 是指服务器发送给客户端时的内容编码。

JSP 要经过三个阶段的"编码":第一阶段会用 pageEncoding;第二阶段会用 UTF-8 读取 Java 源码,生成字节码;第三阶段就是由 Tomcat 出来的网页,用的是 contentType。

第一阶段是 JSP 编译成 Java。它会根据 pageEncoding 的设定读取 JSP,结果是由指定的编码方案翻译成统一的 UTF-8Java 源码(即. java),如果 pageEncoding 设定错了或没有设定,出来的就是中文乱码。

第二阶段是由 Javac 的 Java 源码至 Java byteCode 的编译。

不论 JSP 编写时用的是什么编码方案,经过这个阶段的结果全部是 UTF-8 的 Encoding 的 Java 源码。

Javac 用 UTF-8 的 Encoding 读取 Java 源码,编译成 UTF-8 Encoding 的二进制码(即 class),这是 JVM 对常数字串在二进制码(Java Encoding)内表达的规范。

第三阶段是 Tomcat(或其 Application Container)载入和执行第二阶段的 Java 二进制码输出的结果,也就是在客户端见到的,这时隐藏在第一阶段和第二阶段的参数 contentType 就发挥了功效。

JSP 文件的编码方式不同于 Java,Java 在被编译器读入时默认采用的是操作系统所设定本地(local)所对应的编码。一般不管是在记事本还是在 UltraEdit 中写代码,如果没有经过特别转码,那么写出来的都是本地编码格式的内容。所以编译器采用的方法刚好可以让虚拟机得到正确的资料。

但是 JSP 文件不是这样,它没有这个默认转码过程,而是通过指定 pageEncoding 实现正确的转码。

例如：

```
<%@ page contentType ="text/html;charset =utf-8"%>
```

会打印出乱码,因为输入的"你好"是 GBK 编码,但是服务器是否能正确抓到"你好"不得而知,如果更改为

```
<%@ page contentType ="text/html;charset =utf-8pageEncoding ="GBK"%>
```

则服务器一定会正确抓到"你好"。

- isELIgnored ="true|false":表明如何处理 EL 表达式。如果设定为 true,那么 JSP 中的 EL 表达式会被忽略而当成字符串处理。Web 容器默认 isELIgnored ="false"。

例如,表达式<p>${2000%20}</p>在 isELIgnored ="true"时,EL 表达式会被忽略,而当成字符串输出为${2000%20};而在 isELIgnored ="false"时,EL 表达式不会被忽略,输出为 100。

JSP 2.0 的一个主要特点是它支持表达式语言(expression language)。表达式语言可以使用标记格式方便地访问 JSP 的隐含对象和 JavaBean 组件。page 指令各个属性汇总如表 4-1 所示。

表 4-1　page 指令各个属性汇总

| 属性名 | 含义 | 举例 |
|---|---|---|
| language | 设置当前页面中编写 JSP 脚本使用的语言。目前仅 Java 为有效值和默认值<%@ page language ="java" %> | <%@ page language ="java"%> |
| import | 用来导入 Java 包名或类列表,用逗号分隔,可以在同一个文件中导入多个不同的包或类<%@ page import ="java.util. *"%> | <%@ pageimport ="java,util. i"%> |
| session | 可选值为 true 或 false,指定 JSP 页面是否使用 session<%@ page session ="true" %> | <%@ page session ="true"%> |
| contentType | 用于设置传回网页的文件格式和编码方式,即设置 MIME 类型,默认 MMEcharset =gbk"%>类型是 text/html,默认的字符编码是 ISO-8859-1<%@ page contentType ="text/html;%> | <%@ page contentType = text/html;charset=gbk"%> |
| pageEncoding | 指定本页面编码的字符集,默认为 ISO-8859-1<%@ page pageEncoding ="gbk" %> | <%@ page pageEncoding ="gbk"%> |
| buffer | 指定服务器向客户端发送 JSP 文件时使用的缓冲区大小,以 KB 为单位,默认值为 8 KB <%@ page buffer ="&k"%> | <%@ page buffer ="8k"%> |

表 4-1(续)

| 属性名 | 含义 | 举例 |
|---|---|---|
| autoFlush | 决定输出流的缓冲区满了后是否需要自动刷新,缓冲区满了后会产生异常错误(Exception),默认为 true<%@ page autoFlush ="true"%> | <@ page autoFlush="true"%> |
| isELIgnored | 指定本 JSP 文件是否用于显示错误信息的页面<%@ page iserrorPage="tue"%> | <%@ page isELInored="true"%> |
| errorPage | 指定本 JSP 文件发生错误时要转向显示错误信息的页面<%@ page errorPage="error.jsp"%> | |
| isThreadSafe | 声明 JSP 引擎执行这个 JSP 程序的方式。默认值是 ture,JSP 引擎会启动多个线程来响应多个用户的请求。如果是 false,则 JSP 引擎每次只启动一个线程响应用户的请求<%@ page isThreadSafe="ture" % > | |

使用 page 指令要注意以下几点:

(1)<%@ page %>指令作用于整个 JSP 页面,包括静态的包含文件(用<%@ include%>指令调用),但不包括用<jsp:include>指令指定的动态包含文件,因为动态包含时,实际上仍是两个独立运行的 Servlet 文件,而静态包含实际上是将两个 JSP 文件合并为一个 Servlet。

(2)除了 import 属性外,其他属性都只能用一次。

(3)无论把<%@ page%>指令放在 JSP 文件的哪个位置,它的作用范围都是整个 JSP 页面。不过,为了 JSP 程序的可读性,最好还是把它放在 JSP 文件的顶部。

### 4.2.2 include 编译指令

include 编译指令用于通知 JSP 引擎在翻译当前 JSP 页面时将其他文件中的内容与当前 JSP 页面合并,转换成一个 Servlet 源文件。这种在编译阶段进行整合处理的合并操作称为静态包含。

JSP include 编译指令的基本语法如下:

```
<% @ include file ="relative URE% >
```

file 属性是需要引用 HTML 页面或 JSP 页面的相对路径。如果 file 属性的设置路径以"/"开头,则表示相对于当前 Web 应用程序的根目录而不是站点根目录。

引入文件与被引入文件是在被 JSP 引擎翻译成 Servlet 的过程中进行合并,而不是先合并源文件再对合并的结果进行翻译。当前 JSP 页面的源文件与被引入文件的源文件可以采用不同的字符集编码,即使在一个页面中使用 page 指令的 pageEncoding 或 contentType 属性指定了其源文件的字符集编码,在另外一个页面中也需要用 page 指令的 pageEncoding 或 contentType 属性指定其源文件所使用的字符集。除了 import 和 pageEncoding 属性外,page

指令的其他属性不能在这两个页面中有不同的设置值。

　　除了指令元素外,被引入文件中的其他元素都被转换成相应的 Java 源代码,然后插入当前 JSP 页面所翻译成的 Servlet 源文件中。插入位置与 include 指令在当前 JSP 页面中的位置保持一致。

　　Tomcat 在访问 JSP 页面时,可以检测它所引入的其他文件是否发生了修改,如果发生了修改,则重新编译当前 JSP 页面。

　　include 指令通常用来包含网站中经常出现的重复性页面。例如,许多网站为每个页面都设计了一个导航栏,把它放在页面的顶端或左下方,每个页面都重复着同样的内容。include 指令是解决此类问题的有效方法,使开发者们不必花时间去为每个页面复制相同的 HTML 代码。

　　【例 4-3】下面有两个 JSP 文件,通过 include 指令将 subpage. jsp 嵌入 mainpage. jsp 文件中。

　　程序( \jspweb 项目\WebRoot\ch04\subpage. jsp)的清单:

```
<% @ page language ="java"pageEncoding ="gbk"% >
<html><body><font size=5>这是第一个 JSP 页面</font><br>
</body></html>
```

　　程序( \jspweb 项目\WebRoot\ch04\mainpage. jsp)的清单:

```
<% @ page language ="java"pageEncoding ="gok"% ><% @ include file ="subpage.
jsp"% ><html><body>
这是第二个 JSP 页面</body></html>
```

　　通过查看服务器 work 文件夹下的源代码,可看到这两个 JSP 文件只生成了一个 Servlet。如果被包含文件需要经常变动,则建议使用<jsp:include>动作代替 include 指令。<jsp:include>动作将在后面介绍。

### 4.2.3　taglib 编译指令

　　<%@ taglib %>指令定义一个标记库以及自定义标记的前缀,以便在页面中使用基本标记或自定义标记来完成指定的功能。

　　taglib 指令的基本语法格式如下:

```
<% @ tagliburi ="taglibURI"prefix ="tagPrefix"% >
```

　　其中属性含义如下:

　　● tagliburi:唯一地指定标记库的绝对路径或相对路径,uri 用于定位这个标记库资源的位置。

　　● tagPrefix:标记库的识别符,用于区别用户的自定义动作。

　　【例 4-4】在 JSP 文件中引用 JSP 的标准标记库中的核心标记库,并使用其中的 set 标记定义一变量,使用 out 标记输出变量的值。

　　程序( \jspweb 项目\WebRoot\ch04\tag. jsp)的清单:

```
<% @ page language="java"pageEncoding="gbk"% >
<% @ tagliburi="http://java.sun.com/jstl/core rt"prefix="c"% >
<html><head><title>JSP 测试</title></head><body>
<c:set var="example" value="${100+1}"scope="session"/>example =<c:out value
="${example}"/></body></html>
```

其中,第 2 行使用 taglib 指令引入 JSTL 的标记库,第 8 行定义一个变量 example,第 9 行输出变量的值。

# 4.3  JSP 动作指令

JSP 动作指令主要是一组动态执行的指令,以标记的形式使用。

与编译指令不同,动作指令是运行时的脚本动作。JSP 的 7 个动作指令如表 4-2 所示。

表 4-2  JSP 动作指令表

| JSP 动作指令 | 作用 |
| --- | --- |
| jsp:forward | 执行页面转向,将请求的处理转发到下一个页面 |
| jsp:param | 用于传递参数,必须与其他支持参数的标记一起使用 |
| jsp:include | 用于动态引入一个 JSP 页面 |
| jsp:plugin | 用于下载 JavaBean 或 Applet 到客户端执行 |
| jsp:useBean | 使用 JavaBean |
| jsp:setProperty | 修改 JavaBean 实例的属性值 |
| jsp:getProperty | 获取 JavaBean 实例的属性值 |

## 4.3.1  forward 动作指令

<jsp:forward page="relativeURL"/ >动作的作用是实现服务器的页面跳转,即从当前页面转发到另一个页面,可以转发到静态的 HTML 页面,也可以转发到动态的 JSP 页面,或者转发到容器中的 Servlet。

语法形式 1:

```
<jsp:forward page="relativeURL<=expression% >"/>
```

语法形式 2:

```
<jsp:forward page="relativeURL expression"/>
<jsp:param name="parameterName"value=parametervalue<% =expression % >/>
</jsp:forward>
```

page 属性包含的是目标文件的相对 URL,指定了要转发的目标文件的路径。可用<jsp:param>设置参数。

jsp:forward 动作从当前页面转发到另一个页面时,实际完成的还是同一个请求,因此在转发过程中 request 对象在新的页面中也是有效的,这种跳转方式也称为服务器跳转。jsp:forward 动作常用于用户登录验证中。

### 4.3.2　include 动作指令

<jsp:include>动作指令标记用于把另外一个资源的输出内容插入当前 JSP 页面的输出内容之中,实际上是把指定页面的 servlet 所生成的应答内容插入本页面的相应位置。这种在 JSP 页面执行时的引入方式称为动态引入。<jsp:include>动作指令涉及的两个 JSP 页面会被翻译成两个 Servlet,这两个 Servlet 的内容在执行时进行合并。

指令格式 1:

```
<jsp:include page="relativeuRL<% =expression % >"flush="true"/>
```

指令格式 2:

```
<jsp:include page="(relativeURL<% =expression * >)"flush="true">
<jsp:param name="parameterName"value="patametervalue">
</jsp:include>
```

其中属性含义如下:

● page:指定需要包含的文件的相对路径或绝对路径。

● flush:指定在插入其他资源的输出内容时,是否先将当前 JSP 页面已输出的内容刷新到客户端。必须设置 flush="true"。

服务器页面缓冲的意思是,在将生成的 HTML 代码送到客户端前,先在服务器内存中保留,因为解释 JSP 或 Servlet 变成 HTML 是一步步进行的,可以在服务器生成 HTML 或生成一部分 HTML(所占用字节数已达到指定的缓冲字节数)后再送到客户端。如果不缓冲,则会解释生成一句 HTML,就向客户端发送一句。在 jsp:include 语句中,必须设置 flush="true",表示如果包含进来的页面有变化,本页面也随之刷新。如果其值被设置为 false,就可能会导致意外错误。

<jsp:include>动作指令与<%@ include%>编译指令的作用是相同的,都可在当前页面中嵌入某个页面,但它们在执行过程中还是有区别的。对于<%@ include%>编译指令,在 JSP 程序被翻译为 Servlet 程序时,先将 file 属性所指定的程序内容"合并"到当前的 JSP 程序中,使嵌入的文件与主文件成为一个整体,然后进行编译。<jsp:include>动作指令中 page 所指定的文件只有在客户端请求时才会被单独进行编译和载入,动态地与主文件合并起来输出。

如果被嵌入的文件经常改变,建议使用<jsp:include>动作指令。

指令格式 1:

```
<jsp:include page="scripts/login.jsp"/>
<jsp:include page="copyright.html"/>
<jsp:include page="/index,html"/>
```

指令格式 2：

```
<jsp:include page=scripts/login.jsp"/>
<jsp:param name="username"value="ntuweb"/></jsp:include>
```

<jsp:include>动作指令也可与<jsp:param>动作指令一起使用,用来向被包含的页面传递参数。

由于<jsp:include>动作指令在维护上的优势明显,故实际应用中,一般被首选用来包含文件。

如果在所包含的文件中定义了主页面要用到的字段或方法,就应该使用 include 编译指令;否则,会影响主页面,使其不能正常生成 Servlet。

下面的例子中,所包含的文件 subp.jsp 中定义了主页面 mainp.jsp 要用到的字段 num,此时只能使用<%@ include file="subp.jsp"%>编译指令。显然,这里使用 include 动作指令是不可能的,因为 num 变量未定义,主页面不能成功转换成 Servlet。

程序片段举例:

subp.jsp 源代码:

```
<%! int num=0;%>
```

mainp.jsp 源代码:

```
<html><body><% @ include file="subp.jsp"% >
<% = num % ></body></html>
```

下面的 JSP 页面把 4 则新闻摘要插入 news.jsp 主 JSP 页面中。改变新闻摘要时只需改变这 4 个文件,而主 JSP 页面却可以不修改,这种情况就应该首选<jsp:include>动作指令包含文件:

```
</center><p>下面是最新发生的新闻摘要:
<ol>
<li><jsp:include page="news/Item1.html"flush="true"/>
<li><jsp:include page="news/Item2.html"flush="true"/>
<li><jsp:include page="news/Item3.html"flush="true"/>
<li><jsp:include page="news/Item4.html"flush="true"/>
</ol>
```

### 4.3.3 plugin 动作指令

<jsp:plugin>动作指令动态地下载服务器的 JavaBean 或 Java Applet 程序到客户端的浏览器上执行。当 JSP 页面被编译并响应至浏览器执行时,<jsp:plugin>会根据浏览器的版本替换成<object>或<embed>标记。

plugin 指令的基本语法格式如下:

```
<jsp:plugin 属性 1="值 1"属性 2="值 2"属性 3="值 3"...>
```

例如:

```
<jsp:plugintype="applet"code="Clock.class"codebase="applet"
jreversion="1.2" width="160" height="150">
<jsp:fallback>APPLET 载入出错! </jsp:fallback></jsp:plugin>
```

<jsp:plugin>动作指令各属性如表 4-3 所示。

表 4-3　<jsp:plugin>属性列表

| 属性 | 说明 |
| --- | --- |
| type="bean/applet" | 指定被执行的插件类型,必须指定为 Bean 或 Applet 中的一种,因为该属性没有默认值 |
| code="classFileName" | 执行被插件的 Java 类文件名。该文件必须位于 codebase 属性指定的目录中 |
| codebase="classFileBase" | 被执行的 Java 类文件所在目录,默认值为使用<jsp:plugin>的 JSP 页面所在路径 |
| name="instanceName" | Bean 或 Applet 的名字 |
| align="bottom/top/middle/left/right" | Bean 或 Applet 对象的位置 |
| height="heightPixels" | Bean 或 Applet 对象将要显示的长宽值,单位为像素 |
| hspace="leftrightPixels" | Bean 或 Applet 对象显示时距屏幕左右、上下的距离,单位为像素 |
| archive="archiveList" | 一些用逗号分隔开的路径名。这些路径名用于预先加载一些将要使用的 Java 类,以提高 Applet 的性能 |
| iepluginurl="iepluginURL" | 表示 IE 用户能够使用的 JRE 的下载地址 |
| nspluginurl="nspluginURL" | JRE 的 URL 地址 |
| jreversion="versionnumber" | 运行 Applet 或 Bean 所需 JRE 的版本,默认值为 1.2 |
| <jsp:fallback>message</jsp:fallback> | 当插件无法显示时给用户的提示信息 |
| <jsp:params> | 需要向 Applet 或 Bean 对象传递的参数 |

【例 4-5】Tomcat 自带了使用<jsp:plugin>的例子,可到 Tomcat 自带的例子文件中找到 Clock2. class,将 Clock2. class 放入 WebRoot 下的 applet 文件夹中,在 WebRoot 中新建 plugin. jsp 文件。

程序(\jspweb 项目\WebRoot\ch04\plugin. jsp)的清单:

```
<% @ page pageEncoding ="GBK"% ><html>
<title>Plugin example</title><body bgcolor ="white">
<h3>当前时间是:</h3>
<jsp:plugin type ="applet"code="Clock2.class"codebase="applet"
jreversion="1.2" width="160"height ="150"><isp:fallback>
Plugin supported by browser.</jsp:fallback></jsp:plugin>
</body></html>
```

在浏览器地址栏中输入"http://localhost:8080/web/plugin.jsp"即可。

### 4.3.4 param 动作指令

<jsp:param>经常与<jsp:include>、<jsp:forward>以及<jsp:plugin>一起使用,用于页面间的参数信息传递。

其基本语法格式如下:

```
<jsp:param name="parameterName"value="parameterValue">
```

其中,name 属性是参数的名称;value 属性是参数值,用于在页面间进行数据的传递。

如果在页面转发的过程中需要传递参数,可以与<jsp:param/>动作结合起来使用。

【例4-6】在 JSP 技术里,<jsp:param>常与<jsp:forward>联用。有主页面 paramMain.jsp 和转向页 paramForward.jsp,前者借助<jsp:param>设定参数,再结合<jsp:forward>把请求导向后者。如此,paramForward.jsp 便能获取主页面传来的参数值,实现页面间高效的数据交互,满足动态网页开发的功能衔接需求。paramForward.jsp 获取 paramMain.jsp 通过<jsp:param>传递的参数值。

程序(\jspweb 项目\WebRoot\ch04\paramMain.jsp)的清单:

```
<%@ page contentType ="text/html;charset =go2312%>
<html><head><title>jsp:param 动作测试</title>
</head><body>
<% request.setCharacterEncoding("gb2312");%>
<% ="&lt;jsp:paran&gt;测试"% ><jsp:forward page ="paramForward.jsp">
<jsp:param name ="username"value ="大中华"/>
<jsp:param name ="password"value =108/></jsp:forward></body></html>
```

程序(\jspweb 项目\WebRoot\ch04\paramForward.jsp)的清单:

```
<%@ page contentType="text/html;charset =gbk"%>
<html><head><title>jsp:param 测试</title>
</head<body><% ="&lt;jsp:param&gt;测试"% ><br>
用户名:
<% =request.getParameter("username")><br>
用户密码:
<=request.getParameter("password")% >
</body></html>
```

**注意**:跳转后地址栏没有发生变化,说明这是服务器跳转,属于同一次请求。

在 paramForward.jsp 中,JSP 表达式<% = request.getParameter("username")%>的作用是从 request 对象取得由 paramMain.jsp 页面利用<jsp:param>指令传递过来的参数值。在实际使用中往往不需要传递参数,只是利用<jsp:forward>实现页面的简单跳转。

### 4.3.5 相对基准地址

在 JSP 程序中,经常含有链接操作,如服务器跳转语句<jsp:forwardpage ="relativeURL">,超链接语句<a href="relativeURL"> index<a>,以及表单<form action ="relativeURL">中,通常

提供的是相对地址,用于计算目标地址,链接的目标文件可以是 JSP,也可以是 Servlet。这些链接地址如果使用不当,会导致无法找到目标文件。

下面介绍关于 JSP 页面中相对基准地址、超链接的相对地址以及最终目标地址的相关概念。

如果链接操作语句中提供的是相对地址,则最终目标地址的生成方法是:

最终目标地址=JSP 页面相对基准地址+语句中的相对地址

页面相对基准地址的设定分如下两种情况:

(1)通过标记<base href="<%= basePathURL%>">设定,即通过<base href>标记,将本 JSP 页面中的相对基准地址设为 basePathURL。这样固定后,本 JSP 页面中的所有链接均以此相对基准地址为基准点,再与链接语句中的相对地址"合成",得到最终目标地址。一般的 JSP 页面通过如下语句将工程项目路径设为页面相对基准 URL。

```
<% String path = request.getContextPath();
String basePath = request.getScheme()+"://"+request.getServerName()+":"+
request.getServerPort()+path+"/";% >
<base href ="<% = basePath% >">
```

例如,页面相对基准路径为"http://localhost:8080/jspweb/",链接语句中的相对地址为"index.jsp",则最终目标地址为"http://localhost:8080/jspweb/index.jsp"。

(2)在 JSP 程序中没有使用<base href>标记设定页面相对基准地址,这种情况下,页面中链接操作的相对基准地址不固定,故以当前 JSP 页面的地址作为本页面中链接语句的相对基准地址。

【例 4-7】分析 JSP 页面中关于链接语句的最终目标地址的生成情况。

代码( \jspweb 项目\WebRoot\ch04\basePath. jsp)的清单:

```
<% @ page language ="java"pageEncoding ="utf-8% >
<%
String path = request.getContextPath();
String basePath=request.getScheme()+"://"+request.getServerName()+":"+
request.getServerPort()+ path+"/";% >
<html><head><base href -"< =basePath>"></head><body>
相对基准地址测试<br>
String path =<= path><br>String basePath=<=basePath% ><br>
本 JSP 程序的相对基准 URL=<=basePath% ><br>
<a href ="index.jsp">访问 WebRoot 路径下的 index.jsp<a><br>
<a href ="./cho4/index.html">访问 WebRoot \ch04 \路径下的 index.tml<a>
</body></html>
```

程序运行后,页面中的所有链接均以"http://localhost:8080/jspweb/"为相对基准地址。

语句<a></a>中的"."表示当前 JSP 页面所使用的相对基准地址,该语句也可写成<a href="ch04/index. html">,因为这两个由 href 设定的链接相对地址与页面的相对基准地址合成后的最终目标地址是相同的。

超链接中表示的相对路径与 DOS 系统的相对路径概念一致,它们的含义如下:

● "/"表示 Web 服务的根路径,这里的 Web 服务根路径为"http://localhost:8080/"。本例中,如果链接写成<a href="\ch04\index.html">,则合成后的最终目标地址将为"http://localhost:8080/ch04/index.html",运行时将会出现找不到目标文件的 HTTP404 类型错误。

● "./"表示当前 JSP 页面使用的相对基准地址,要特别注意 JSP 页面中是否通过<base href>设定过相对基准地址,对于当前 JSP 页面的相对基准地址一般会有较大不同,使用不当,往往会找不到目标资源。

● "../"表示当前 JSP 页面使用的相对基准地址的上一级路径。如果不使用<base href>设定相对基准地址,则 JSP 页面中的所有链接均以当前的 JSP 路径为相对基准地址。读者可去掉本例中的"<base href="<%=basePath%>">"语句,观察超链接目标地址的变化情况。

在实际使用中,当链接不到最终目标地址时,就要仔细检查相对基准地址和链接地址的表示方法是否正确。

## 4.4　JSP 标准语法

JSP 页面动态部分包括 JSP 注释、JSP 声明、JSP 表达式、JSP 程序段、JSP 指令和 JSP 动作。表 4-4 所示为 JSP 标准语法简表。

表 4-4　JSP 标准语法简表

| JSP 元素 | 说明 |
|---|---|
| JSP 表达式 | 语法格式:<% =表达式%><br>表达式在求值后被当作字符串在表达式所在的位置显示。该表达式可以使用预定义的内部对象,例如 request、response、out、session、application、config 和 pageContext,也可以调用 JavaBean 的方法。注意表达式中不使用";"。<br>例如:<% =(new java.util.Date()).toLocaleString()%> |
| JSP 程序段 | 语法格式:<% Java 代码段% ><br>程序段是符合 Java 语法规范的程序,可以用于变量声明、表达式计算以及 JavaBean 的调用等 |
| JSP 声明 | 语法格式:<%! Java 变量或方法声明% ><br>一次可以声明多个变量,但所有声明的变量或方法仅在本页面内有效。声明需要";"结束。如果期望每个页面都用到一些声明,可以把这些声明写成一个单独的文件,然后用 include 指令把该文件包含进来。<br>例如:<%! int i=2014;% > |
| JSP page 指令 | 语法格式:<% @ page 属性="属性值"% ><br>涉及页面总体的设定,由 JSP 容器负责解释,其作用范围为整个页面。<br>例如:<% @ pageimport="java.util.java.lang."% |

表 4-4(续)

| JSP 元素 | 说明 |
|---|---|
| JSP includ 指令 | 语法格式:`<% @ include file ="相对 URL 地址"% >`<br>URL 属性所指的 URL 地址可以是一个表达式,但必须是相对地址。include 是在 JSP 页面被转换成 Servlet 时引入本地文件的,而不是在用户请求提交时。<br>例如:`<jsp:include page ="bar.html"flush=true>` |
| JSP taglib 指令 | 语法格式:`<% @ tagliburl ="相对 URL 地址"prefix ="tagPrefix"% >`<br>URL 属性用来指明自定义标记库的存放位置。tagPrefix 是为了区分不同标记库中的相同标记名。<br>例如:`<% @ tagliburl ="/tlds/menuDB.tld"prefix ="menu"% >` |
| JSP 注释 | 语法格式:`<% -注释内容-% >`<br>JSP 注释在 JSP 页面被转换成 Servlet 时会被忽略,在客户端也不会显示。如果希望注释显示在客户端浏览器中,可以使用 HTML 注释的语法 |
| `<jsp:include>`动作 | 语法格式:`<jsp:include page ="相对 URL 地址"flush ="true"/>`<br>page 属性必须是相对 URL 地址,flush 的值必须设为 true。与 include 指令不同,`<jsp:include>`动作是在请求被提交时即引入所包含的文件。如果这个包含文件是动态的,那么还可以用`<jsp:param>`传递参数名和参数值 |
| `<jsp:useBean>`动作 | 语法格式:`<jsp:useBean 属性="属性值"/>`或`<jsp:useBean 属性 ="属性值">`<br>`</jsp:useBean>`指向对 JavaBean 的引用 |
| `<jsp:setProperty>`动作 | 设定 JavaBean 的属性,可以直接设定,也可以通过 request 对象所包含的参数指定 |
| `<jsp:getProperty>`动作 | 获取 bean 的属性,然后转换成字符串并输出 |
| `<jsp:param>` | 语法格式:`<jsp:param name ="属性名称"value ="属性值">`<br>`<jsp:param>`用来提供参数信息,经常与`<jsp:include>`、`<jsp:forward>`以及`<jsp:plugin>`一起使用。name 属性就是参数的名称,value 属性就是参数值。<br>例如:`<jsp:include page ="/index.html"/><jsp:include page ="scripts/login.jsp" > < jsp: param name =" username" value ="jsmith"/></jsp:include>` |
| `<jsp:forward>`动作 | 语法格式:`<jsp:forward page ="相对 URL 地址"/>`<br>`<jsp:forward>`从一个 JSP 文件转向 page 属性所指定的另一个文件,并传递一个包含用户请求的 request 对象,`<jsp:forward>`动作后面的代码将不能被执行。page 属性可以是计算类型,但必须是相对 URL 地址。<br>例如:`<jsp:forward page ="/utils/errorReporter.jsp"/><jsp:forward page ="<% = someJavaExpression % >"/>` |
| `<jsp:plugin>`动作 | 语法格式:`<jsp:plugin 属性 ="属性值">`<br>`</jsp:plugin>`在客户端浏览器中执行一个 Bean 或者显示一个 Applet。客户端浏览器的类型不同,会产生 OBJECT 或 EMBED 标记,Java Applet 的运行需要利用这些标记 |

### 4.4.1　JSP 注释

JSP 程序中的注释包括两种类型。

一种是 HTML 注释,其语法格式如下:

```
<!--这是 HTML 注释,在客户端源代码中可查看-->
```

这段代码将发给客户端浏览器,在浏览器的"查看→源文件"中可见到该 HTML 注释语句,但不会在屏幕上显示。

另一种是 JSP 注释,其语法格式如下:

```
<%--这是 JSP 注释,在客户端源代码中不可见--%>
```

JSP 注释不会发给浏览器,在客户端完全不可见,其作用是供程序员阅读程序时做注解。

【例 4-8】HTML 注释与 JSP 注释的区别测试。

程序( \jspweb 项目\WebRoot\ch04\jspnotes.jsp)的清单:

```
<%@ page pageEncoding ="gbk"%><html><body>
<!--这是 HTML 注释,在客户端源代码中可查看-->
<%--这是 JSP 注释,在客户端完全不可见--%>
这是 HTML 注释
<br>这是 JSP 注释</body></html>
```

在客户端浏览器访问该 JSP 程序打开网页后,通过"查看→源文件",可看到服务器发给浏览器的源代码。

服务器发给浏览器的源代码中没有<%--这个是 JSP 注释,在客户端完全不可见--%>所注释的内容,而用<!--·-->所做的 HTML 注释的内容会发给浏览器,但浏览器是不会将 HTML 注释内容解释显示的。可见,JSP 注释的内容不会发给客户端,它的作用是仅供程序员做注释;HTML 注释的内容虽然会发给客户端,但不会显示给用户。

### 4.4.2　JSP 声明

JSP 声明用于声明变量和方法,相当于对应的 Servlet 类的成员变量或成员方法。这样定义的变量或方法的作用域属于网页层,在 JSP 整个网页中都能够使用这些声明过的变量或方法。

JSP 声明变量或方法的语法格式如下:

```
<%! Java 变量或方法;%>
```

【例 4-9】在下面的 count.jsp 文件中声明了一个变量 count,页面中通过 JSP 表达式输出变量 count。

代码( \jspweb 项目\WebRoot\ch04\count.jsp)的清单:

```
<%@ page language ="java"import =java.util.*"pageEncoding ="GBK"%>
<html><head><title>JSP 测试</title></head><body>
<%! int count =0;%>count =<%= count++%></body></html>
```

在 JSP 声明中声明的变量,相当于 static 变量,如果定义的 int 变量不赋初值,则其初值默认为 0。如果同时打开多个浏览器向该 JSP 页面发请求,或在不同的计算机上打开浏览器来请求这个 JSP 页面,将发现所有客户端访问该 JSP 中的 count 值是连续的,即所有客户端共享的是同一个 count 变量,在浏览器地址栏中输入"http://localhost:8080/jspweb/ch04/count.jsp"会看到页面。

在 JSP 声明部分<%!%>定义内的变量和方法是类的全局变量和方法,即类的成员变量和成员方法,该变量在创建对应的 Servlet 实例时被初始化,且一直有效,直到实例销毁。声明在 JSP 代码段<%%>内的变量是_jspService 方法内部的变量,即局部变量。

因为 JSP 声明语法定义的变量和方法对应于 Servlet 的成员变量和方法,所以 JSP 声明的变量和方法,需要时也可以使用 private、public 等访问控制符修饰,或使用 static 修饰将其变成类属性和类方法。不能使用 abstract 修饰声明部分的方法,因为抽象方法将导致 JSP 对应 Servlet 变成抽象类,从而导致无法实例化。

### 4.4.3　JSP 表达式

JSP 表达式就是一个符合 Java 语法的表达式,它直接把 Java 表达式的值作为字符串输出。JSP 表达式的语法格式如下:

```
<% =Java 表达式% >
```

表达式的值在运行后被自动转化为字符串,然后插入这个表达式在 JSP 文件中的位置。注意,不能用分号(;)作为表达式的结束符。

【例 4-10】在声明中定义一个函数,函数的作用是计算两个数的和,再用 JSP 表达式调用该函数,在相应位置插入函数值。

代码(\jspweb 项目\WebRoot\ch04\sum.jsp)的清单:

```
<% @ page language="java"import ="java.util.*"pageEncoding="GBK"% >
<html><head><title>sum 测试</title></head><body>
<%! int i=0;public int |sum(int a,int b)return a+b;
|
% >
sum=<% =sum(12,2)% ></body></html>
```

在浏览器地址栏中输入"http://localhost:8080/jspweb/ch04/sum.jsp",会看到相应的页面。

最后一行代码使用 JSP 表达式调用了前面 JSP 声明中定义的函数 sum,并将计算结果在页面上显示。

JSP 表达式用来输出变量的值、系统 API 的函数值和自定义函数值。

### 4.4.4　JSP 程序段

JSP 程序段实际上就是嵌入页面中的 Java 代码,也称 JSP 代码段。JSP 程序段的语法格式如下:

```
<Java 代码段% >
```

JSP 程序段是 JSP 程序的主要逻辑块,一般来说,每个 JSP 程序段都有一定的独立性并完成特定的功能。当在 JSP 中处理比较复杂的业务逻辑时,可以将代码写在 JSP 程序段中。

在 JSP 声明中定义的变量和在 JSP 程序段中定义的变量对应着相应的 Servlet 类的全局变量和局部变量。这种区别对于用户的具体体验是:在 JSP 声明中定义的变量只初始化一次,且在所有运行这个 JSP 程序代码的线程中共享该全局变量;而在 JSP 程序段中定义的变量,为 Servlet 类中的_jspService 方法里的局部变量,局部变量不能使用 private 等访问控制符修饰,也不能使用 static 修饰,在每次新的请求线程产生的时候,它都会重新创建和重新初始化。

由于 JSP 代码将转换成_jspService 方法里的可执行代码,而 Java 语法不允许在方法里定义方法,所以 JSP 代码段里也不能定义方法,否则将会因在最终生成的 Servlet 类的_jspService 方法里再嵌套方法而出错。

【例4-11】下面的程序段是计算 1 到 10 的和,并用 JSP 表达式将计算结果输出到客户端。

代码( \jspweb 项目\WebRoot\ch04\sum1. jsp)的清单:

```
< * @ page language ="java" import ="java.util.* "pageEncoding="GBK"% >
<html><head><title>sum 测试</title>
</head><body><% int sum = 0;
for( int i=1;i<=10;i++){sum+=i;}% >1+2+…+10=<% = sum% ></body></html>
```

【例4-12】下面的例子程序将<tr…/>标记循环 5 次,即生成一个 5 行的表格,并在表格中输出表达式值。

代码( \jspweb 项目\WebRoot\ch04\scriptlet. jsp)的清单:

```
<% @ page language ="java"import ="java.util."pageEncoding =GBK"% >
<html><head><title>JSP 测试</title></head><body>
<table bgcolor ="ddffdd border =1"Iwidth =300px">
<!--Java 脚本,这些脚本会对 HTML 的标记产生作用-->
<% for ( int i= 0; i< 5; i++) { % ><!--这里的 for 循环将控制<tr>等标签循环 -->
<tr><td>循环值:</td><td><=i</td></tr>
<!--这个表格的内容由 JSP 表达式动态提供-->
<% }% ><table></body></html>
```

### 4.4.5 JSP 与 HTML 的混合使用

在 JSP 页面中,既有 HTML 代码又有 Java 代码,它们分工协作、各负其责。HTML 代码主要用于页面的外观组织与显示,如显示字体的大小和颜色、定义表格、换行、显示图片、插入链接等。Java 代码主要用于业务逻辑的处理,如对数据库的操作、对数值的计算等。可以通过将 HTML 嵌入 Java 的循环和选择语句中来控制 HTML 的显示。

【例4-13】在页面上由小到大显示字符串"WELCOME!"。

代码( \jspweb 项目\WebRoot\ch04\welcome. jsp)的清单:

```
<% @ page language="java" import="java.util." pageEncoding="utf-8"% >
<html>
<head><title>JSP 测试</title></head>
<body>
<% /JSP 程序段,其作用是用一个 for 循环来控制字体的大小 String welcome ="WELCOME!";
int font size =0;for( int i =0;i<8;i++)
|% ><fontsize=<=++font_size>><=welcome.charAt(i)% ></font><% | % >
</body></html>
```

以上代码通过 HTML 和 JSP 互相嵌套,可以实现一些复杂的业务逻辑和显示页面。

处于 JSP 代码段循环体中的 HTML 语句也属于循环体的内容并参与循环,但要将这些 HTML 语句从 JSP 代码段中"分离"。

在浏览器的"查看"菜单中,选择"源文件",可看到服务器将上述 JSP 文件进行处理并对客户做出响应的 HTML 代码:

```
<html><body>
<font size=1>W</font>
<font size=2>E</font>
<font size=3>L</font>
<font size=4>C</font>
<font size=5>O</font>
<font size=6>M</font>
<font size=7>E</font>
<font size=8>!</font>
</body></html>
```

程序中,将 JSP 表达式嵌入 HTML 代码的属性中,实现字体大小每次加 1,后一个 JSP 表达式利用 String 类的 charAt 函数每次取出"WELCOME"中的一个字符。

## 4.5　JSP 内置对象

JSP 内置对象是指在 JSP 页面系统中已经默认内置的 Java 对象,这些对象不需要开发人员显式声明即可使用。所有 JSP 代码都可以直接访问 JSP 内置对象。

JSP 的 9 个内置对象见表 4-5。

表 4-5　JSP 内置对象列表

| 内置对象 | 所属类型 | 说明 | 作用范围 |
|---|---|---|---|
| page | java. lang. Object | 代表当前 JSP 页面 | Page |
| request | javax. servlet. HttpServletRequest | 代表由用户提交请求而触发的 request 对象 | Request |

表 4-5(续)

| 内置对象 | 所属类型 | 说明 | 作用范围 |
|---|---|---|---|
| session | javax. servlet. http. HttpSession | 代表会话对象,在发生 HTTP 请求时被创建 | Session |
| application | javax. servlet. ServletContext | 代表调用 getServletConfig( )或 getContext( )方法后返回的 ServletContext 对象 | Application |
| response | javax. servlet. HttpServletResponse | 代表由用户提交请求而触发的 response 对象 | Page |
| out | java. servlet. jsp. JspWriter | 代表输出流的 JspWriter 对象,用来向客户端输出各种格式的数据,并且管理服务器上的输出缓冲区 | Page |
| config | javax. servlet. ServletConfig | 代表为当前页面配置 JSP 的 Servlet | Page |
| exception | java. lang. Throwable | 代表访问当前页面时产生的不可预见的异常 | Page |
| pageContext | javax. servlet. jsp. PageContext | 提供了对 JSP 页面内所有的对象及名字空间的访问,即它既可以访问本页面所在的会话,也可以访问本页面所在的应用。它相当于页面中所有功能的集大成者 | Page |

1. JSP 内置对象作用域

在对 JSP 内置对象进一步说明之前,首先来了解一下 JSP 内置对象的作用域(scope)。所谓内置对象的作用域,是指每个内置对象在多长的时间和多大的范围内有效,即在什么样的范围内可以有效地访问同一个对象实例。这些作用域正好对应 JSP 的 4 个内置对象(page、request、session 和 application)的生命周期。这些隐含对象虽然名称不同,但多数功能相似,主要用于存放相关用途的数据,只是它们的生命周期或作用域有所区别。

为了方便理解这些作用域的概念,可拿现实生活实际做比喻。譬如,常说"一杯茶的时间",其中就包含了两层含义:第一层表示茶杯是个容器;第二层表示喝一杯茶的时间。生活中经常把"一杯茶的时间"用来衡量做某件事情所需的时间。

JSP 内置对象中的 request、session 和 application 对象,可以形象地对照生活中的茶杯、衣袋、书包等"容器"去理解。它们的名称不同,但功能相似,都可用于存放东西,但存放的时间长短不一。茶杯里仅存放一杯茶,喝完茶后(一杯茶的时间后),茶杯就空了,这相当于 JSP 里的 request 对象,里面存放的数据的生命周期仅是一次请求的时间;衣袋里放的东西从穿上衣服开始到将衣服脱下送洗都有效,这相当于 JSP 里的 session 对象,它里面存放的数据的生命周期较长;而书包里一般放着学生证、学习用品等,从学期开始到学期结束都有效,相当于 JSP 里的 application 对象,它里面存放的数据的生命周期最长——从服务器启动开始到服务器关闭终止。

程序设计语言中一般都定义了多种类型的变量、对象等"数据容器",其实它们的本质都是用来存放数据,只是适用场合、生命周期各不相同,以满足实际需要。

用户通过浏览器访问 Web 项目过程中涉及的与 Page、Request、Session、Application 生命周期所对应的 JSP 内置对象 page、request、session、application 的相互关系。

当服务器启动时,会自动在服务器内存中创建一个 application 对象,为整个应用所共享,该对象一直存在,直到服务器关闭。

当客户首次访问 JSP 页面时,服务器会自动为客户创建一个 session 对象,这个对象的作用域即为 Session 范围,并为该 session 对象分配一个 ID 标识,同时将该 sessionID 号返回给该客户,保存在客户机 Cookies 中,服务器上的这个 session 对象在客户的整个网站浏览期间均存在。客户在随后的访问中,浏览器会将该 sessionID 随同请求一起带给服务器,服务器根据请求中的 sessionID 信息可在服务器上找到之前为该客户创建的 session 对象。如果 JSP 页面中含有涉及 session 对象信息的操作,服务器就可准确访问到相应用户的 session 对象中的有关信息。

当客户访问某个 JSP 页面时,服务器会为该请求创建一个请求对象 request,用于存放该次访问的所有请求信息,这个 request 对象的作用域为 Request 范围。

程序员应该根据实际需要,合理地使用 request 对象、session 对象和 application 对象来管理有关信息。例如,涉及全局的网站访问次数就应该由 application 对象来管理,用户名等涉及多个页面的用户个人信息应该由 session 对象来管理,只涉及一次请求过程需要用到的信息由 request 对象来管理。使用最多的应该是 request 对象,因为 request 对象包含了用户的所有请求信息。

在 JSP 中,用 page、request、session 和 application 对象的生存时间作为内置对象生命周期的衡量单位,这些作用域分别用 Page、Request、Session 和 Application 来表示,即"页面"(Page)作用域、"请求"(Request)作用域、"会话"(Session)作用域和"应用"(Application)作用域,用它们来衡量 JSP 内置对象的生命周期。

这 4 种作用域的具体含义如下:

(1) Application 作用域:对应 application 对象的作用范围,起始于服务器启动时 application 对象被创建之时,终止于服务器关闭之时。因而在所有的 JSP 内置对象中,Application 作用域时间最长,任何页面在任何时候都可以访问 Application 作用域的对象。存入 application 对象中的数据的作用域就为 Application 作用域。

(2)Session 作用域:作用范围在客户端与服务器相连接的期间,直到该连接中断为止。

session 这个词汇包含的语义很多,通常把 session 翻译成会话,因此可以把客户端浏览器与服务器之间一系列交互的动作称为一个 Session。从这个含义出发,就容易理解 Session 的持续时间,这个持续时间就称为 session 作用域。

session 对象是服务器为客户端所开辟的存储空间,用户首次请求访问服务器时,服务器自动为该用户创建一个 session 对象,待用户终止退出时,则该 session 对象消失,即用户请求首次访问服务器时 session 对象开始生效,用户断开连接退出服务器时 session 对象失效。

与 application 对象不同,服务器中可能存在很多 session 对象,但是这些 session 对象的作用范围依访问用户的数量和有效时间设置而定,每个 session 对象实例的生命周期会相差

很远。此外,有些服务器出于安全性的考虑,对 session 对象有默认的时间限定,如果超过该时间限制,session 会自动失效而不管用户是否已经终止连接。

但是有一个容易产生的错误理解,就是认为关闭浏览器就关闭了 session。正是由于关闭浏览器并不等于关闭了 session,才会出现设置 session 有效时间的解决方法。

（3）Request 作用域：对应 request 对象的作用范围,客户每次向 JSP 页面提出请求,服务器即为此创建一个 request 对象,服务器完成此请求后,该 request 立即失效。这一过程对应于 Request 作用域。

（4）Page 作用域：对应 page 对象的作用范围,仅在一个 JSP 页面中有效,它的作用范围最小（生命周期最短）。对于 page 对象中的变量,只在本 JSP 页面可用,但实际上由于本页面中的变量无须放到 page 对象中也可以使用,因此对于 Page 作用域的 page 对象在实际开发中很少使用。

下面对 JSP 内置对象的使用方法逐一进行介绍。

### 4.5.1　out 对象

out 对象是 javax. servlet. jsp. JspWriter 类的实例,主要用来向客户端输出内容,同时管理应用服务器输出缓冲区。

out 对象主要有 out. println(DataType)和 print(DataType)两个方法用于输出数据。其中,DataType 表示 Java 的数据类型；out 对象可以输出任何合法的 Java 表达式。

【例 4-14】利用 out 对象在浏览器中输出服务器的系统时间。

程序( \jspweb 项目\WebRoot\ch04\out. jsp)的清单：

```
<% @ pagelanguage ="java"import = java.util., java.text.SimpleDateFormat"
pageEncoding"gbk"% ><html><body>
    <% SimpleDateFormatsdf = new SimpleDateFormat("yyyy-MM-dd");Date date = new
Date();out.println("原始格式日期:"+date);String str1=sdf.format(date);
    out.println("<br>定义格式日期:"+str1);sdf.applyPattern("yyyy 年 MM 月 dd 日");
String str2=sdf.format(date);out.println("<br>另一格式日期:"+str2);% ></body>
</html>
```

### 4.5.2　request 对象

客户每次向 JSP 服务器发送请求时,JSP 引擎都会创建一个 request 对象。客户端的请求信息被封装在 request 对象中,通过它才能了解到客户的需求,然后做出响应。它是 javax. servlet. http. HttpServletRequest 类的实例。在 request 对象中封装了客户请求参数及客户端的相关信息。创建 request 对象的方法有很多,表 4-6 列出了其中的常用方法。

表 4-6　创建 request 对象的常用方法

| 方法 | 作用 |
| --- | --- |
| void setAttribute(String name，Object o) | 将一个对象以指定的名字保存在 request 中 |
| Object getAttribute(String name) | 返回 name 指定的属性值,如果不存在该属性则返回 null |
| String getParameter(String name) | 获取客户端传送给服务器的单个参数值,参数由 name 属性决定 |
| String getRequestedSessionId() | 输出 SessionId |
| Enumeration getParameterNames() | 获取客户端传送给服务器的所有参数名称,返回一个 Enumerations 类的实例。使用此类需要导入 util 包 |
| String getCharacterEncoding() | 返回请求对象中的字符编码类型 |
| setCharacterEncoding() | 设置解析 request 对象中的参数信息时所采用的字符编码类型 |
| String getContentType() | 返回在 response 中定义的内容类型 |
| Cookie[] getCookies() | 返回客户端所有 Cookie 对象,其结果是一个 Cookie 数组 |
| String getHeader(String name) | 返回指定名字的 HTTP Header 的值 |
| ServletInputStream getInputStream() | 返回请求的输入流 |
| String getLocalName() | 获取响应请求的服务器主机名 |
| String getLocalAddr() | 获取响应请求的服务器地址 |
| int getLocalPort() | 获取响应请求的服务器端口 |
| String getMethod() | 获取客户端向服务器提交数据的方法(GET 或 POST) |
| String[] getParameterValues(Stringname) | 获取指定参数的所有值,主要用在表单的多选框等场合,参数名称由"name"指定 |
| String getProtocol() | 获取客户端向服务器端传送数据所依据的协议,如 HTTP/1.1、HTTP/1.0 |
| String getQueryString() | 获取 request 参数字符串,前提是采用 GET 方法向服务器传送数据 |
| BufferedReader getReader() | 返回请求的输入流对应的 Reader 对象,该方法和 getInputStream()方法在一个页面中只能调用一个 |
| String BuffergetRequestURL() | 获取 request URL,但不包括参数字符串 |
| String getRemoteAddr() | 获取客户端用户 IP 地址 |
| String getRemoteHost() | 获取客户端用户主机名称 |
| String getRemoteUser() | 获取经过验证的客户端用户名称,未经验证返回 null |
| String getServletPath() | 客户端所请求的服务器程序的路径 |
| HttpSession getSession([booleancreate]) | 返回与请求相关的 HttpSession |
| int getServerPort() | 客户端所请求的服务器的 HTTP 的端口号 |

在 request 对象的方法中,比较常用的有 getParameter 和 getParameterValues 两个方法。

getParameter 方法可以获取客户端提交页面中的某一个控件的值,这个函数的返回值是一个 String 对象,如文本框、单选按钮、下拉列表框等。

getParameterValues 方法可以获取客户端提交页面中的一组控件的值,返回值是一个 String 数组。

【例 4-15】request 对象常用方法的使用。

程序( \jspweb 项目\WebRoot\ch04\request_1. jsp)的清单:

```
<%@ page language="java"import="java.util.*"pageEncoding="GBK"%>
<!DOCTYPE HTML PUBLIC "-/W3C/DTD HTML 4.01 Transitional/EN">
<html><body>
<% out.println("请求使用的协议:"+ request.getProtocol()+"<br>");
out.println("请求使用的 Schema:"+request.getScheme()+"<br>");
out.println("访问服务的名称:"+ request.getServerName() +"<br>");
out.println("访问端口号:"+request.getServerPort()+"<br>");
out.println("Servlet 容器:"+getServletConfig().
getServletContext().getServerInfo()+"<br>");
out.println("客户 IP 地址:"+ request.getRemoteAddr() +"<br>");
out.println("请求的类型(Method):"+ request.getMethod() +"<br>");
out.println("SessionId :"+request.getRequestedSessionId()+"<br>");
out.println("请求的资源定位((RequestURI) :"+ request.getRequesturI()+"<br>");
out.println("servlet 在相对服务器文件夹的位置(Servlet Path):"+request.
getServletPath()+"<br>");
out.println("Host:"+request.getHeader("Host")+"<br>");
out.println("Accept-Language:"+request.getHeader("Accept-Language")+"<br>");
out.println("得到链接的类型(Connection):"+request.getHeader
("Connection")+"<br>");
out.println("得到 Cookie 的字符串信息:"+request,.getheader("'Cookie'") + "<br>");
out.println("session 的相关信息-创建时间:"+session getCreationTime() +"<br>");
out.println("session 的相关信息-上次访问时间:"+session.getLastAccessedTime()+
"<br>");%></body></html>程序运行。
```

【例 4-16】本例程序演示了 request. getParameter 方法和 request. getParameter-Values 方法的使用,该方法由两个页面组成:第一个页面是 inputinfo. jsp,在这个页面中有文本框、单选按钮、下拉列表框和复选框,提交给第二个页面 showinfo. jsp;在第二个页面中显示第一个页面传来的控件值。

程序( \jspweb 项目\WebRoot\ch04\inputinfo. jsp)的清单:

```
<%@ page contentType "text/html;charset =utf-8"%>
<html><body>
<form action="showinfo.jsp"method="post"name="frm">
<font size="4">基本资料</font></strong>
```

124

```
<table width=700 cols="2"border=1>
<tr><td><font color="#ff8000"size="2">*</font>姓名:</td>
<td><input type="text"size="18 name="name"></td></tr>
<tr><td><font color="#ff8000" size="2"> *</font>性别:</td>
<td><input type="radic" name="rdo" value="男"checked>
<font size="3">男</font><input type="radio" name="rdo" value="女">
<font size="3">女</font></td></tr>
<tr><td><font color="#ff8000"size="2"></font>民族:</td>
<td>< input type="radio" name="rdol" value="汉族" checked>汉族
<input type="radio" name="rdol" value="回族">回族
<input type="radio" name="rdol" value="壮族">壮族</td></tr>
<tr><td align="left"><font color="ff8000"size="2"> *</font>专业:</td>
<td><select name="Major">
<option value="计算机科学与技术">计算机科学与技术</option>
<option value="软件工程">软件工程</option>
<option value="网络工程">网络工程</option>
<option value="信息安全">信息安全</option>
</select>专业</td></tr></table>
<strong><font size="4">兴趣爱好:</font></strong>
<table width="700" cols="2"border=1>
<tr><td width="15%">兴趣爱好:</td><td width =22% >
<input type="checkbox" name="ckbx" value="电影">电影
<input type ="checkbox" name="ckbx" value="戏剧">戏剧</td>
<td><input type="checkbox" name="ckbx" value="音乐">音乐
<input type="checkbox" name="ckbx" value="美术">美术</td></tr>
</table><br>
<input type="submit" value ="注册" name="submitl">
</form></body></html>
```

程序(\jspweb 项目\WebRoot\ch04\showinfo. jsp)的清单:

```
<% @ page contentType="text/html;charset utf-8 import ="java.lang.reflect,% >
<html><body>
<% request.setCharacterEncoding("utf-8");% >
用户注册信息<br>
基本资料<br>
姓名:
<% =request.getParameter("name")% ><br>
性别:
<% =request.getParameter("rdo")% ><br>
民族:
<% =request.getParameter("rdo1")% ><br>
```

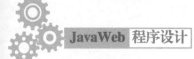

```
专业：
<% =request.getParameter("Major")% >专业<br>
兴趣爱好：
<% String ckbx1[]=request.getParameterValues("ckbx");
if(ckbx1! =mull){
int Ing Array.getLength(ckbx1);
for(int i=0;i<Ing;i++)out.println(ckbx1[i]+"")i |% ></body></html>
```

关于 request 传递中文参数出现乱码的讨论：

request. setCharacterEncoding 方法的作用是设置采用何种编码从 request 对象中取得值，Java 在执行第一个 getParameter()时，将会按照设定的编码分析所有的提交内容，而后续的 getParameter()不再进行分析。

如果将 showinfo. jsp 程序中的<% request.setCharacterEncoding("utf-8");% >语句去掉，则页面中的中文将显示为乱码。

这时将显示姓名的语句<% =request.getParameter("name")% >改为<% =new String( request.getParameter("name").getBytes("ISO-8859-1"),"utf-8")% >。

此时，中文姓名又可正常显示了。这条修改语句的含义是：使用 ISO-8859-1 字符集将 name 的值解码为字节数组，再将这个字节数组按本页面 page 指令中设置的字符集 utf-8 重新构造字符串。

这是因为 Tomcat 默认全部采用 ISO-8859-1 编码，不管页面用什么编码显示，Tomcat 最终还是会将所有字符转为 ISO-8859-1，当在另一目标页面再用 UTF-8 翻译时，就会将 ISO-8859-1 字符集的编码翻译成 UTF-8 字符集的编码，这时的中文就会显示乱码。所以，这种情况下，就需要先将得到的"字符"用 ISO-8859-1 进行翻译，得到一个在 ISO-8859-1 编码环境下的字节数组，再用页面中采用的字符集将这个数组重构成一个字符串。

通常可以设置的中文字符集还有 GBK、GB2312 等，建议设置为 UTF-8。

解决 GET 方式请求时出现乱码的方法是：在 Tomcat 的 server. xml 中增加斜体部分语句。

```
URIEncoding="GBK";<Connector port ="8080"protocol="HTTP/1.1"
connectionTimeout ="20000"redirectPort ="8443"URIEncoding=GBKb>
```

### 4.5.3    response 对象

response 对象是 javax. servlet. http. HttpServletResponse 接口的实例，是服务器对 request 对象请求的回应，负责向客户端发送数据。通过调用 resposne 对象的方法还可以获得服务器的相关信息，如状态行、head 和信息体等。其中，状态行包括使用的协议和状态码；head 包含关于服务器和返回的文档的消息，如服务名称和文档类型等。response 对象有很多方法，常用方法如表 4-7 所示。

使用 response 对象的 sendRedirect 方法，可向服务器发送一个重新定向的请求。当用它转到另外一个面页时，相当于从客户端重新发出了另一个请求，重定向后在浏览器地址栏上会出现重定向后页面的 URL，这种跳转属于客户端跳转，服务器会为此重新生成另一个

request 对象,所以原来的 request 参数转到新页面之后就失效了。需要注意的是,此语句之后的其他语句仍然会继续执行。因此,为了避免错误,往往会在此方法后使用 return 中止其他语句的执行。

表 4-7　response 对象的主要方法

| 方法 | 说明 |
| --- | --- |
| void addCookie(Cookiecookie) | 添加一个 Cookie 对象,用来保存客户端的用户信息 |
| void addHeader(Stringname, Stringvalue) | 添加 HTTP 头。该 Header 将会传到客户端,若同名的 Header 存在,原来的 Header 会被覆盖 |
| boolean containsHeader(Stringname) | 判断指定的 HTTP 头是否存在 |
| String encodeRedirectURL(Stringurl) | 对于使用 sendRedirect()方法的 URL 编码 |
| String encodeURL(Stringurl) | 将 URL 予以编码,回传包含 sessionID 的 URL |
| void flushBuffer() | 强制把当前缓冲区的内容发送到客户端 |
| int getBufferSize() | 取得以 KB 为单位的缓冲区大小 |
| String getCharacterEncoding() | 获取响应的字符编码格式 |
| String getContentType() | 获取响应的类型 |
| Servlet OutputStream getOutputStream() | 返回客户端的输出流对象 |
| PrintWriter getWriter() | 获取输出流对应的 writer 对象 |
| void reset() | 清空 buffer 中的所有内容 |
| void resetBuffer() | 清空 buffer 中的所有内容,但是保留 HTTP 头和状态信息 |
| void sendError(int sc, String msg) 或 void sendError(int sc) | 向客户端传送错误状态码和错误信息。例如,505 为服务器内部错误;404 为找不到网页错误 |
| void sendRedirect(Stringlocation) | 向服务器发送一个重定位至 location 位置的请求 |
| void setCharacterEncoding(Stringcharset) | 设置页面静态文字,指定 HTTP 响应的字符编码格式,同时指定浏览器显示的编码格式 |
| void setBufferSize(int size) | 设置以 KB 为单位的缓冲区大小 |
| void setContentLength(int length) | 设置响应的 BODY 长度 |
| void setHeader(Stringname,Stringvalue) | 设置指定 HTTP 头的值。设定指定名字的 HTTP 文件头的值,若该值存在,它将会被新值覆盖 |
| void setStatus(int sc) | 设置状态码。为了使代码具有更好的可读性,可以用 HttpServletResponse 中定义的常量来避免直接使用整数。这些常量根据 HTTP1.1 中的标准状态信息命名,所有的名字都加上了 SC(Status Code)前缀并大写,同时把空格转换成了下划线。例如,与状态代码 404 对应的状态信息是 Not Found,则 HttpServletResponse 中的对应常量名字为 SC_NOT_FOUND |

【例 4-17】下面的程序说明了 response. sendRedirect 跳转是在所有的语句都执行完之后才完成跳转操作,从控制台上可看到跳转前后的有关信息。

程序( \jspweb 项目\WebRoot\ch04\resp_sendredirect. jsp)的清单:

```
<% @ pagelanguage ="java"contentType"text/html;charset = utf-8 pageEncoding ="
utf-% >
<!DOCTYPEhtmlPUBLIC"//W3C/DTDHTML4.01Transitional/EN""http://www.w3.org/
TR/html4/loose.dtd"><html><head>
<title>Insert title here </title></head><body>
<% Systen.out.println(" == response.sendRedirect()跳转之前 ===");% >
response.sendRedirect("index.html");% >
<&% Syster.out.println(" == response.sendRedirect()跳转之后 ===");% >
</body></html>
```

从 MyEclipse 环境开启 Tomcat,使用开发环境自带的浏览器,在浏览器地址栏中输入 "http://localhost:8080/jspweb/ch04/resp _ sendredirect. jsp"。从控制台的输出可看出, sendRedirect 跳转语句之后的语句仍然会继续执行。

与前面学过的<jsp:forward>跳转相比,response. sendRedirect 是服务器跳转,对客户而言是同一次请求,跳转后地址栏不会改变,那种跳转可以传递原来的 request 属性,且跳转语句后面的语句将不再执行。使用中要注意这一特性,因为如果在 JSP 中使用了 JDBC,就必须在<jsp:forward>跳转之前进行数据库的关闭,否则数据库就再也无法关闭了。

下面的几个例子,说明可以利用 response 设置 head 属性,达到某些效果。

【例 4-18】利用 response 设置 head 信息,实现页面定时刷新的功能。

程序( \jspweb 项目\WebRoot\ch04\resp_refresh. jsp)的清单:

```
<% @ pagelanguage ="jeva"contentlype ="text/html;charset = utf-8 pageEncoding
=utf-% >
<html><head><title>设置头信息(自动刷新)</title>
</head>
<body>
<%! int count = 0;% >
<% response.setHeader("refresh","2");//页面 2 秒刷新一次% >
<h3>已经访问了<=count++>次! </h3></body></html>
```

【例 4-19】下面的 JSP 程序,利用 response 设置 head 信息,实现页面定时跳转的功能, 可以从一个 JSP 页面定时跳转到另一个指定的 JSP 页面,但是这种跳转并不是万能的,有时候不一定能完成跳转的操作。

程序( \jspweb 项目\WebRoot\ch04\resp_from. jsp)的清单:

```
<% @ pagelanguage ="java"contentType ="text/html;charset =utf8"pageEncoding ="
utf8"% >
<html><head>
<title>定时跳转指令</title></head><body>
```

```
<h3>3 秒后跳转到 inotexist.html 页面,如果没有跳转请按<a href="">这里</a >! </h3>
<% response.setHeader("refresh", "3;URL = index.html");% ></body></html>
```

【例 4-20】对于这种定时跳转,也可以直接在 HTML 文件中设置,HTML 的 meta 标记本身也可以设置头信息。

程序( \jspweb 项目\WebRoot\ch04\meta_refresh. html)的清单:

```
<html><head>
<meta http-equiv="refresh" content ="4;url=index.html">
<title>HTML 的方式设置定时跳转的头信息</title>
</head><body>
<h3>4 秒后跳转到 index.html 页面,如果没有跳转请按这里! </h3>
</body></html>
```

【例 4-21】在实际的项目开发工程中,往往会利用 response. setHeader 方法实现禁用浏览器缓存的目的。如果通过浏览器上的"后退"按钮回到了某一页,也必须从服务器上重新读取。

程序( \jspweb 项目\WebRoot\ch04\resp_nocache. jsp)的清单:

```
<% @ page contentType ="text/html;charset gb2312 import ="java.util.Date"% >
<html>
<head>
<% response.setHeader("Cache -Control","no-cache");
response,setHeader ("Pragma","no -cache"); response.setDateHeader ("Expires",
0);% >
<title>禁用页面缓存</title>
</head><body><% Date new Date();out.println(d); % ><br>
<a href =index.html>去 index.html 看看</a>
</body></html>
```

运行程序,先转到 index. html 页面,再单击浏览器工具栏中的"后退"按钮,回到 resp_nocache. jsp 时,页面代码会被执行一次。当斜体部分去掉后,页面缓存恢复,此时单击"后退"按钮,页面上的时间仍是上次的时间。

### 4.5.4　session 对象

在 Web 开发中,客户端与服务器进行通信是以 HTTP 协议为基础的,而 HTTP 协议本身是无状态的。无状态是指协议对于事务处理没有记忆能力。HTTP 无状态的特性严重阻碍了 Web 应用程序的实现,毕竟交互是需要承前启后的。例如,典型的购物车程序需要知道用户到底在其他页面选择了什么商品。有两种用于保持 HTTP 连接状态的技术,它们是session 和 Cookie。

session 对象是 javax. servlet. http. HttpSession 接口的实例对象。session 对象是用户首次访问服务器时由服务器自动为其创建的,在 JSP 中可以通过调用 HttpServletRequest 的getSession(true)方法获得 session 对象. 在服务器创建 session 对象的同时,会为该 session 对

象生成唯一的 sessionID，在 session 对象被创建之后，就可以调用 session 的相关方法操作 session 对象的属性，当然，这些属性内容只保存在服务器中，发到客户端的只有 sessionID；当客户端再次发送请求时，会将这个 sessionID 带上，服务器接收到请求之后就会依据 sessionID 找到相应的 session 对象，从而再次使用它。正是由于这样一个过程，用户的状态得以保持。

需要注意，只有访问 JSP、Servlet 等程序时才会创建 session 对象，只访问 HTML、IMAGE 等静态资源并不会创建 session 对象。

session 对象的管理细节如下：

(1)新客户端向服务器第一次发送请求时，request 中并无 sessionID。

(2)此时，服务器会创建一个 session 对象，并分配一个 sessionID，session 对象会保存在服务器中。此时 session 对象的状态处于 new state 状态，如果调用 session. isNew()方法，则返回 true。

(3)服务器处理完毕后，将此 sessionID 随同 response 一起传回客户端，并将其存入客户端的 Cookie 对象中。

(4)当客户端再次发送请求时，会将 sessionID 同 request 一起传送给服务器。

(5)服务器根据传递过来的 sessionID，将与该请求和保存在服务器中的 session 对象进行关联，此时，服务器上的 session 对象已不再处于 new state 状态，如果调用 session. isNew()方法，则返回 false。

session 对象生成后，只要用户继续访问，服务器就会更新 session 对象中该客户的最后访问时间信息，并维护该 session 对象。也就是说，用户每访问服务器一次，无论是否读写 session 对象，服务器都认为该用户的 session 对象"活跃"（active）了一次。

使用方法 HttpSession. setAttribute(name, value)存储一个信息到 session 对象的属性中。

使用方法 HttpSession. getAttribute(name)从 session 对象中获取一个属性值，如果 session 对象中不存在该 name 属性，那么返回的是 null。需要注意的是，使用 getAttribute 方法读出的变量类型是 Object，必须使用强制类型转换，如"String uid = (String) session. getAttribute ("uid");"。

从服务器端来看，每次请求都会独立地产生一个新的 request 和 response 对象，但 session 对象不会重新生成。当用户在多个页面间切换时，服务器可根据 sessionID 获得它的 session 对象，并且利用 session 对象为用户在多个页面间切换时保存其相关操作信息。这样很多以前根本无法去做的事情就变得简单多了。

JSP 程序一般都是在用户做 logoff 时，使用 session. invalidate 方法去删除 session 对象。

由于浏览器从来不会主动在关闭之前通知服务器它将要被关闭，因此服务器不会有机会知道浏览器是否已经关闭。因此，服务器为 session 设置了一个失效时间，当距离客户上一次"活跃时间"超过了这个失效时间时，服务器就可以认为客户端已经停止了活动，会把 session 删除以节省存储空间。

session 对象的方法其实就是 HttpSession 接口的方法。HttpSession 对象的常用方法如表 4-8 所示。

表 4-8　HttpSession 对象的常用方法

| 方法 | 描述 |
|---|---|
| void setAttribute(String k, Object v) | 设置 session 属性. 将一个 Object 对象以 key 为关键字保存到 session 中, 如果这个属性在会话范围内存在, 则更改该属性的值 |
| Object getAttribute(String key) | 返回以 key 为关键字的 Object 对象; 如果 key 不存在, 则返回 null |
| Enumeration getAttributeNames() | 返回 session 中存在的属性名 |
| void removeAttribute(String key) | 从 session 对象中删除以 key 为关键字的属性 |
| String getID() | 返回 session 的 ID。该 ID 由服务器自动创建, 不会重复。session 对象发送到浏览器的唯一数据就是 sessionID, 一般存储在 Cookie 中 |
| long getCreationTime() | 返回 session 的创建日期。返回类型为 long, 单位为毫秒, 一般需要使用下面的转换来获取具体日期和时间:`Date creationTime = newDate(session.getCreationTime();` |
| long getLastAccessedTime() | 返回 session 的最后活跃时间。返回类型为 long, 单位为毫秒, 一般需要使用下面的转换来获取具体日期和时间:`DateaccessedTime = newDate(session.getLastAccessedTime();` |
| int getMaxInactiveInterval() | 返回 session 的超时时间, 单位为秒。<br>若超过该时间没有访问, 则服务器认为该 session 失效 |
| void setMaxInactiveInterval(int s) | 设置 session 的超时时间, 单位为秒, 负数表明会话永不失效 |
| void putValue(String k, Object v) | 不推荐的方法, 已经被 setAttribute(String attribute, ObjectValue) 替代 |
| Object getValue(String key) | 不被推荐的方法, 已经被 getAttribute(String attr) 替代 |
| void invalidate() | 使该 session 立即失效, 原来会话中存储的所有对象都不能再被访问 |

Tomcat 中 session 的默认超时时间为 30 分钟。可以通过修改｛Tomcat 目录｝\conf\Web. xml 文件中的<session-config>配置项, 修改默认超时时间, 单位为分钟。例如修改默认超时时间为 60 分钟:

```
<session-config>
<session-timeout>60</session-timeout><!--单位:分钟--></session-config>
```

也可通过 session 对象的 setMaxInactiveInterval(int s)方法修改超时时间, 注意, setMaxInactiveInterval(int s)中的单位为秒.

下面的 JSP 文件演示了如何存取 request 及 session 对象中的属性. 其中, 有两个 JSP 文件, login. jsp 为登录页面, 用于输入用户登录的信息, 如果用户输入的登录名为 admin, 密码为 123, 则将登录名存入 session 中, 跳转到 logok. jsp 页面.

程序(\jspweb 项目\WebRoot\ch04\login. jsp)的清单:

```
<%@ page language="java"import="java.util.*"pageEncoding="utf-8"%>
<% String path = request.getContextPath();
String basePath= request.getScheme()+":/"+request.getServerName()+":"+
request.getServerPort()+ path+"/";%>
<%--进行登录验证--%>
<% request.setCharacterEncoding("utf-8");
```

//获取用户请求信息,首次请求是没有这些信息的,从页面填写信息提交后再次请求就有这些信息了

```
String user = request.getParameter("user");
String password = request.getParameter("password");
if("admin".equals(user)&& "123".equals(password)){
request.getSession().setAttribute("username",user);//将用户名保存在session
```
中%>
```
<jsp:forward page="logok.jsp">
<jsp:paran name="info"value="新人乍到,请多关照哦!"/>
</jsp:forward><% }%>
<html><head><base href ="< = basePath% >">
</head><body >center>
<form action="ch04/login.jsp" method="post">
<table><tr><td colspan ="2" align="center">用户登录</td></tr>
<* //检查请求中是否有用户名和密码信息,如有但不符合要求则输出错误信息
if (null != user && null != password){
% ><tr><td colspan ="2">用户名或密码错误,请重新登录!</td></tr><% }%>
<tr><td>登录名:</td><td><input type ="text" name ="user"></td></tr>
<tr><td> 密码 </td><td><input type="password"name="password"></td></tr>
<tr><td colspan="2" align="center"><input type="submit" value ="登录">
</td></tr></table></form></center></body></html>
```

程序(\jspweb 项目\WebRoot\ch04\logok.jsp 代码)的清单:

```
<%@ page contentType="text/html";charset=utf-8% ><html>
<head><title>登录成功</title></head><body>
```

当前用户(用户名从 session 中获取):

```
<% =request,getSession().getAttribute("username")><br>
<p>从 request 对象中获取了如下参数:<br>
info=<=request.getParameter("info")><br>
user=<=request.getParameter("user")% ><br>
password=<=request.getParameter("password")% ><br><a href=login.jsp>
返回登录页面</a></body></html>
```

用户在地址栏输入地址首次访问登录页面时,JSP 程序从请求对象 request 中获取的登录名与密码信息为 null,服务器将 body 部分内容返回给用户,具体内容为左边图的登录表单;在用户填写完登录名或密码信息,单击"登录"按钮再次提交给该 JSP 页面后,该 JSP 程

序会在请求对象 request 中得到用户名和密码信息,并进行检查,如果结果不符合要求,则给出错误提示和登录表单;如果结果符合要求,则将用户名存入 session 对象中,以服务器跳转的方式转到 logok. jsp 页面,logok. jsp 中通过 request. getSession()获得用户的 session 对象,再调用该对象的 getAttribute 方法获得其中的用户名信息。由于采用的是服务器跳转,两个 JSP 页面的访问属于同一次请求,因此在 logok. jsp 页面中也可以使用 request. getParameter("user")等方法,获取用户向 login. jsp 页面请求中提交的用户名等信息。

### 4.5.5　application 对象

application 对象是在 Web 服务器启动时由服务器自动创建的,它的生命周期是 JSP 所有隐含对象中最长的,一旦创建了 application 对象,那么这个 application 对象将会永远保持下去,直到服务器关闭为止。正是由于 application 对象的这个特性,可以将要在多个用户中共享的数据放在 application 对象中,如统计当前在线人数、实现聊天室的功能等。

application 对象是 javax. servlet. ServletContext 接口的实例对象,具有所有的 ServletContext 接口的方法。

application 对象的常用方法主要有两个:setAttribute()和 getAttribute()。

例如,设置 application 对象属性的语句是:

```
application.setAttribute("servername","ntuserver");
```

获取 application 对象属性的语句是:

```
String servername=(String)application.getAttribute("servername");
```

表 4-9 中列出了 application 对象的主要方法及其说明。

表 4-9　application 对象的主要方法及其说明

| 方法 | 说明 |
|---|---|
| Object getAttribute(String name) | 获取指定名字的 application 对象的属性值 |
| Enumeration getAttributes() | 返回所有的 application 属性 |
| ServletContext getContext(Stringuripath) | 取得当前应用的 ServletContext 对象 |
| String getInitParameter(String name) | 返回由 name 指定的 application 属性的初始值 |
| Enumeration getInitParameters() | 返回所有的 application 属性的初始值的集合 |
| int getMajorVersion() | 返回 servlet 容器支持的 Servlet API 的版本号 |
| String getMimeType(String file) | 返回指定文件的 MIME 类型,未知类型返回 null. 一般为"text/html"和"image/gif" |
| String getRealPath(String path) | 返回给定虚拟路径所对应的物理路径 |
| void setAttribute(String name, Java. lang. Object object) | 设定指定名字的 application 对象的属性值 |
| Enumeration getAttributeNames() | 获取所有 application 对象的属性名 |
| String getInitParameter(String name) | 获取指定名字的 application 对象的属性初始值 |

表 4-9(续)

| 方法 | 说明 |
| --- | --- |
| URL getResource(String path) | 返回指定的资源路径对应的一个 URL 对象实例, 参数要以"/"开头 |
| InputStream getResourceAsStream(Stringpath) | 返回一个由 path 指定位置的资源的 InputStream 对象实例 |
| String getServerInfo() | 获得当前 Servlet 服务器的信息 |
| Servlet getServlet(String name) | 在 ServletContext 中检索指定名称的 servlet |
| Enumeration getServlets() | 返回 ServletContext 中所有 servlet 的集合 |
| void log(Exceptionex, String msg/String msg, Throwablet/ String msg) | 将指定的信息写入 servlet log 文件 |
| void removeAttribute(String name) | 移除指定名称的 application 属性 |
| void setAttribute(String name, Objectvalue) | 设定指定的 application 属性的值 |

由于 application 对象具有在所有客户间共享数据的特点, 因此经常用于记录所有客户公用的一些数据, 如页面访问次数.

下面是一个典型的页面访问计数器的例子.

【例 4-22】利用 application 对象实现页面访问计数器.

程序(\jspweb 项目\WebRoot\ch04\application.jsp)的清单:

```
<% @ page language="java"contentType="text/html;charset utf-8"% >
<html><head><title>页面访问计数器</title></head><body><% if (application.
getAttribute("count")==null){application.setAttribute("count","1");out.println("
欢迎,您是本网页第 1 位访客!");
    else{int i =Integer.parseInt (String)application.getAttribute("count");i++;
    application.setAttribute("count",String.valueof(i));
    out.println("欢迎,您是本网页第"+i+"位访客!");}
% ><hr></body></html>
```

运行程序将会发现, 即使将页面关闭重新打开, 或从不同客户端浏览器打开该网页, 计数器仍然有效. 直到重启服务器为止, 此计数器记录的是所有访问过本网页的次数, 而与是否是同一客户端无关.

至于如何实现整个网站访问量的统计功能, 需要结合第 8 章介绍的过滤器技术进行设计.

JSP 中的 application 对象除了能够在多个 JSP 之间、JSP 和 Servlet 之间共享数据外, 还可用于加载 web.xml 文件的配置参数.

### 4.5.6 page 对象

page 对象代表 JSP 页面本身, 或者说它代表了被转换后的 Servlet. 因此它可以调用任何被 Servlet 类所定义的方法. 在 JSP 页面的 JSP 程序段以及 JSP 表达式中可以使用 page 对象. page 对象的基类是 java. lang. Object 类, 如果要通过 page 对象来调用方法, 就只能调用 Object 类中的那些方法.

在 JSP 页面中, this 关键字表示当前 JSP 页面这个对象, 可以调用的常见方法如表 4-10 所示.

表 4-10　this 关键字表示当前 JSP 页面这个对象可以调用的常见方法

| 方法 | 含义 |
|------|------|
| ServletConfig getServletConfig( ) | 返回当前页面的一个 ServletConfig 对象 |
| ServletContext getServletContext( ) | 返回当前页面的一个 ServletContext 对象 |
| String getServletInfo( ) | 获取当前 JSP 页面的 Info 属性 |

【例 4-23】使用 getServletInfo 方法, 获取当前页面的 Info 属性。

程序( \jspweb 项目\WebRoot\ch04\info. jsp)的清单:

```
<% @ page contentType="text/html;charset =GB2312% >
<% @ page info="版权单位:计算机科学与技术学院"% >
<html><body bgcolor ="yellow">
<% =this.getServletInfo()% ></body></html>
```

### 4.5.7　pageContext 对象

pageContext 能够存取其他内置对象, 当内置对象包括属性时, pageContext 也支持对这些属性的读取和写入。

pageContext 对象的主要方法及其说明如表 4-11 所示。

表 4-11　pageContext 对象的主要方法及其说明

| 方法 | 说明 |
|------|------|
| Exception getException( ) | 回传目前网页中的异常, 不过此网页要为 error page, 如 exception 隐含对象 |
| JspWriter getOut( ) | 回传目前网页的输出流, 如 out 隐含对象 |
| Object getPage( ) | 回传目前网页的 Servlet 实体, 如 page 隐含对象 |
| ServletRequest getRequest( ) | 回传目前网页的请求, 如 request 隐含对象 |
| ServletResponse getResponse( ) | 回传目前网页的响应, 如 response 隐含对象 |
| ServletContext getServletContext( ) | 回传目前网页的执行环境, 如 application 隐含对象 |
| HttpSession getSession( ) | 回传与目前网页有联系的会话, 如 session 隐含对象 |

pageContext 对象在使用 Object getAttribute ( String name, int scope )、Enumerationget AttributeNamesInScope ( int scope )、void removeAttribute ( String name, int scope )、void

setAttribute(String name，Object value，int scope)方法时，需要指定作用范围。

其范围的指定使用 JSP 内置对象的 4 个作用域范围参数：PAGE_SCOPE 代表 Page 范围，REQUEST_SCOPE 代表 Request 范围，SESSION_SCOPE 代表 Session 范围，APPLICATION_SCOPE 代表 Application 范围。

【例 4-24】使用 pageContext 对象的 getAttributeNamesInScope(int SCOPE)方法，取得指定作用域范围内的所有属性名。在这个页面中，取得所有属性范围为 Application 的属性名称，然后将这些属性依次显示出来。

程序(\jspweb 项目\WebRoot\ch04\pagecontext.jsp)的清单：

```
<% @ pageimport = java.util.Enumeration"contentType ="text/html;charset =
GB23128% >
<html><head><title>PageContext 实例</title></head><body>
<h2>javax.servlet.jsp.PageContextpageContext</h2>
<% EnumerationenunspageContext. getAttributeNamesInScope ( PageContext.
APPLICATION SCOPE);while(enums.hasMoreElements())
out.println("application scoprattributes:"+enums.nextElement()+"<br>");¦% >
</body></html>
```

pageContext 对象除了提供上述方法外，另外还有两种方法：forward(Sting Path)和 include(String Path)。这两种方法的功能与之前提到的<jsp：forward>与<jsp：include>相似，读者可以自行测试。

JSP 引擎在把 JSP 转换成 Servlet 时经常需要用到 pageContext 对象，但在普通的 JSP 开发中一般都很少直接用到该对象。

### 4.5.8　config 对象

config 对象中存储着一些 Servlet 初始的数据结构，它跟 page 对象一样，很少被用到。config 对象实现了 javax. servlet. ServletConfig 接口，如果在 web. xml 文件中，针对某个 Servlet 文件或 JSP 文件设置了初始化参数，则可以通过 config 对象来获取这些初始化参数。config 对象提供了两个方法来获取 Servlet 初始参数值：config. getInitParamenterNames()、config. getInitParamenter(String name)。

也可以利用 config. getServletName()方法来获取 JSP 页面被编译后的 Servlet 名称。config 对象的主要方法及其说明如表 4-12 所示。

表 4-12　config 对象的主要方法及其说明

| 方法 | 说明 |
| --- | --- |
| String getInitParameter(String name) | 返回名称为 name 的初始参数的值 |
| Enumeration getInitParameters() | 返回这个 JSP 所有的初始参数的名称集合 |
| ServletContext getContext() | 返回 ServletContext 对象 |
| String getServletName() | 返回 Servlet 的名称 |

### 4.5.9　exception 对象

当 JSP 页面发生错误时,会产生异常。exception 对象就是用来针对异常进行相应处理的对象。exception 对象的主要方法及其说明如表 4-13 所示。

表 4-13　exception 对象的主要方法及其说明

| 方法 | 说明 |
|---|---|
| String getMessage( ) | 返回错误信息 |
| void printStackTrace( ) | 以标准错误的形式输出一个错误和错误的堆栈 |
| void toString( ) | 以字符串的形式返回对异常的描述 |
| void printStackTrace( ) | 打印出 Throwable 及其 call stack trace 信息 |

## 4.6　Cookie

Cookie 是一种会话跟踪机制。Cookie 对象虽然不是 JSP 的内置对象,使用时需要显式创建该对象,但 JSP 设计时也经常使用 Cookie 技术来实现一些特殊功能。

Cookie 是 Web 服务器通过浏览器在客户机的硬盘上存储的一小段文本,用来记录用户登录的用户名、密码、登录时间等信息。当用户再次登录此网站时,浏览器根据用户输入的网址,在本地寻找是否存在与该网址匹配的 Cookie,如果存在,则将该 Cookie 和请求参数一起发送给服务器做处理,实现各种各样的个性化服务。

在 Java 中,Cookie 对象是 javax. servlet. http. Cookie 类的实例。

JSP 将信息存储到客户机 Cookie 的方法是,先使用构造方法 Cookie(Cookie 属性名,Cookie 属性值)声明一个 Cookie 对象,然后通过 response 对象的 addCookie 方法将该 Cookie 对象加入到 Set-Cookie 应答头,这样就可以将信息保存到客户机的 Cookie 文件中。例如:

```
Cookie cookie = new Cookie("username","Jack");response.addCookie(cookie);
```

**注意**:Cookie 名称只能包含 ASCII 字母和数字字符,不能包含逗号、分号或空格,也不能以$字符开头。Cookie 的名称在创建之后不得更改。

Cookie 值不能包含空格、方括号、圆括号、等号、逗号、双引号、斜杠、问号、@ 、冒号、分号。如果值为图片等二进制数据,则需要使用 BASE64 编码。

读取客户端的 Cookie 信息的方法如下:JSP 通过调用 request. getCookies( )从客户端读入 Cookie 对象数组;再用循环语句访问该数组的各个 Cookie 元素,调用 getName 方法检查各个 Cookie 的名字,直至找到目标 Cookie,然后对该 Cookie 调用 getValue 方法取得与指定名字关联的值。

Cookie 存取中文时可能会出现乱码,这是因为 Cookie 文件是以 ASCII 码格式存储的,占 2 字节;而中文则属于 Unicode 中的字符,占 4 字符。所以,如果想在 Cookie 中保存中文,则必须进行相应的编码后才能正确存储,读取时再解码。

保存时,使用 java. net. URLEncoder. encode(String s, Stringenc)对中文进行编码;读取时,使用 java. net. URLDecoder. decode(String s, String enc)进行解码。

【例 4-25】保存和读取 Cookie。

程序(\jspweb 项目\WebRoot\ch04\cookiesave. jsp)的清单:

```
<% @ pagelanguage ="java"import ="java. net. *"contentType ="text/ html;
charset =utf-8"% ><html><title>Cookie-Save</title><body>
< *% Cookie cookie = new Cookie(URLEncoder.encode("姓名","utf-8"),
URLEncoder.encode("杰克","utf-8"));
cookie.setMaxAge(60 * 60);
/设定该 Cookie 在用户机器硬盘上的存活期为 1 小时
response.addCookie(cookie);
String userIp=request.getRemoteAddr();
cookie=new Cookie("userIp",userIp);
cookie.setMaxAge(10 * 60);
/设定 Cookie 在用户机器硬盘上的存活期为 10 分钟
response.addCookie(cookie);
SimpleDateFormat sdf = new SimpleDateFormat("yyyy 年 MM 月 dd 日 h:m:s");
Date date=new Date();
String logintime= sdf.format(date);
cookie= new Cookie("loginTime",URLEncoder.encode(logintime, "UTF-8");
cookie.setMaxAge(20 * 60);
//设定 Cookie 在用户机器硬盘上的存活期为 20 分钟
response.addCookie(cookie);
out.print("成功保存了姓名、用户 IP 地址和登录时间到客户机的 Cookie 中了!");
<br>去读取 Cookie</body></html>
```

程序(\jspweb 项目\WebRoot\ch04\cookieread. jsp)的清单:

```
<@ pagelanguage ="java" import ="java. net. *"contentType ="text/html;charset =
utf-8"><html><title>Cookie-Read</title><body>
```

使用 foreach 循环读取 Cookie 数组,并输出其中所有的 Cookie:<br>

```
<if(request.getCookies()! =null)
for(Cookie cookie:request.getCookies())|
String name =URLDecoder.decode(cookie.getName(), "UTF-8");
String value = URLDecoder.decode(cookie.getValue(), "UTF-8");
out.println("<br>cookie 属性:"+ name+ "="+value);|% >
<p>使用 for 循环,查找某个 Cookie<br>
Cookie myCookie[]request.getCookies();/创建一个 Cookie 对象数组
Cookie cookie=null;
```

```
for(int i＝0;i<myCookie.length;i++/循环访问 Cookie 对象数组的每一个元素|cookie
＝myCookie[i];
    if(cookie.getName().equals(userIp))|/查找名称为"userIp"的元素% >
你好,你上次登录的 IP 地址是<＝cookie.getValue()>! <%||% ></body></html>
```

使用 setMaxAge(int expiry)方法来设置 Cookie 的存在时间,参数 expiry 应是一个整数。正值表示 Cookie 将在多少秒以后失效;负值表示当浏览器关闭时,Cookie 将会被删除。零值则是要删除该 Cookie。

使用 setPath 设置 Cookie 在当前域名的哪个路径下可见。如果设置为"/",则在当前域名下的所有路径均可见;如果设置为"/news",则只能在当前域名下的 news 路径下可见。如果未设置,则在哪个页面产生就只能在哪个页面访问。

例如:

```
<% Cookie deleteNewCookie＝ new Cookie("newcookie", null);
deleteNewCookie.setMaxAge(0);deleteNewCookie.
setPath("/");response.addCookie(deleteNewCookie);
% >
```

JSP 可通过 Cookie 向已注册用户提供某些专门的服务,如通过 Cookie 技术手段,让网站"记住"那些曾经登录过的用户,实现自动登录。利用 Cookie 实现用户自动登录的思路是:当用户第一次登录网站时,网站向客户端发送一个包含有用户名的 Cookie,当用户在此之后的某个时候再次访问,浏览器就会向网站服务器回送这个 Cookie,于是 JSP 可以从这个 Cookie 中读取到用户名,从而实现自动为用户登录。

需要注意的是,对某些存有敏感信息的网站来说,这样做并不安全,因为当其他人员使用这台计算机时,可能会使用 Cookie 中的敏感信息登录系统。为此,在浏览器"Internet 选项"中的"隐私"页,可供用户设置 Cookie 的使用级别。

# 4.7　JSP 开发模型

## 4.7.1　JSP Model

JSP Model 即 JSP 的开发模型,在 Web 开发中,为了更方便地使用 JSP 技术,Sun 公司为 JSP 技术提供了两种开发模型:JSP Model1 和 JSP Model2。JSP Model1 简单轻便,适合小型 Web 项目的快速开发。JSP Model2 是在 JSP Model1 的基础上提出的,它提供了更清晰的代码分层,适用于多人合作开发的大型 Web 项目,实际开发过程中可以根据项目需求,选择合适的模型。接下来就针对这两种开发模型分别进行详细介绍。

### 4.7.1.1　JSP Model1

在讲解 JSP Model1 前,先来了解一下 JSP 开发的早期模型。在早期使用 JSP 开发的 JavaWeb 应用中,JSP 文件是一个独立的、能自主完成所有任务的模块,它负责处理业务逻

辑、控制网页流程和向用户展示页面等。JSP 早期模型的工作原理如图 4-2 所示。

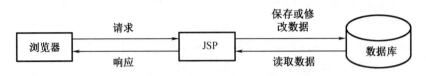

图 4-2　JSP 早期模型的工作原理图

从图 4-2 中可以看出,浏览器请求 JSP,JSP 直接对数据库进行各种操作,将结果响应给浏览器。但是在程序中,JSP 页面功能的"过于复杂"给开发带来了一系列问题,例如 JSP 页面中 HTML 代码和 Java 代码强耦合在一起,代码的可读性很差,数据、业务逻辑、控制流程混合在一起,使得程序难以修改和维护。为了解决上述问题,Sun 公司提供了一种 JSP 开发的架构模型——JSP Model1。

JSP Model1 采用 JSP+JavaBean 的技术,将页面显示和业务逻辑分开。其中,JSP 实现流程控制和页面显示,JavaBean 对象封装数据和业务逻辑。JSP Model1 的工作原理如图 4-3 所示。

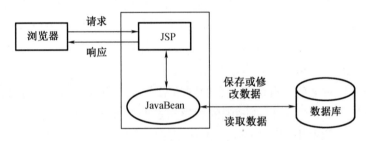

图 4-3　JSP Model1 模型的工作原理图

从图 4-3 中可以看出,JSP Model1 模型将封装数据以及处理数据的业务逻辑的任务交给了 JavaBean 组件,JSP 只负责接收用户请求和调用 JavaBean 组件来响应用户的请求,这种设计实现了数据、业务逻辑和页面显示的分离,在一定程度上实现了程序开发的模块化,降低了程序修改和维护的难度。

### 4.7.1.2　JSP Model2

JSP Model1 虽然将数据和部分业务逻辑从 JSP 页面中分离出去,但是 JSP 页面仍然需要负责流程控制和产生用户界面,对于一个业务流程复杂的大型应用程序来说,在 JSP 页面中依旧会嵌入大量的 Java 代码,给项目管理带来很大的麻烦。为了解决这样的问题,Sun 公司在 Model1 的基础上提出了 JSP Model2 架构模型。

JSP Model2 采用 JSP+Servlet+JavaBean 的技术,将原本 JSP 页面中的流程控制代码提取出来,封装到 Servlet 中,从而实现了整个程序页面显示、流程控制和业务逻辑的分离。实际上 JSP Model2 就是 MVC 设计模式,其中控制器的角色由 Servlet 实现,视图的角色由 JSP 页面实现,模型的角色由 JavaBean 实现。Model2 的工作原理如图 4-4 所示。

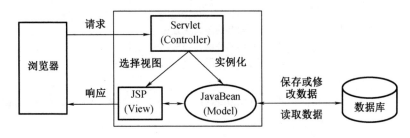

图 4-4　JSP Model2 模型的工作原理图

从图 4-4 中可以看出,Servlet 充当了控制器的角色,它接收用户请求,并实例化 JavaBean 对象封装数据和对业务逻辑进行处理,然后将调用 JSP 页面显示 JavaBean 中的数据信息。

### 4.7.2　MVC 设计模式

在 4.7.1 节中,提到了 MVC 设计模式,它是施乐帕克研究中心在 20 世纪 80 年代为编程语言 Smalltalk-80 发明的一种软件设计模式,提供了一种按功能对软件进行模块划分的方法。MVC 设计模式将软件程序分为三个核心模块:模型(Model)、视图(View)和控制器(Controller)。这三个模块的作用如下:

1. 模型

模型负责管理应用程序的业务数据,定义访问控制,以及修改这些数据的业务规则。当模型的状态发生改变时,它会通知视图发生改变,并为视图提供查询模型状态的方法。

2. 视图

视图负责与用户进行交互,它从模型中获取数据向用户展示,同时也能将用户请求传递给控制器进行处理。当模型的状态发生改变时,视图会对用户界面进行同步更新,从而保持与模型数据的一致性。

3. 控制器

控制器是应用程序中处理用户交互的部分,它负责从视图中读取数据,控制用户输入,并向模型发送数据。为了帮助读者更加清晰、直观地看到这三个模块之间的关系,接下来通过图 4-5 来描述 MVC 组件类型的关系和功能图。

从图 4-5 中可以看出这三个模块之间的关系,借助这个图例来梳理一下 MVC 模式的工作流程:控制器在接收到用户的请求后,根据请求信息用模型组件处理完毕,再根据模型的返回结果选择相应的视图组件来显示处理结果和模型中的数据。

#### 4.7.2.1　JSP Model1 案例

通过对 JSP Model 的学习,我们基本了解了什么是 JSP Model1。接下来通过一个简单的网络计算器程序来深化对该模型的理解,实现加、减、乘、除运算的功能,具体步骤如下:

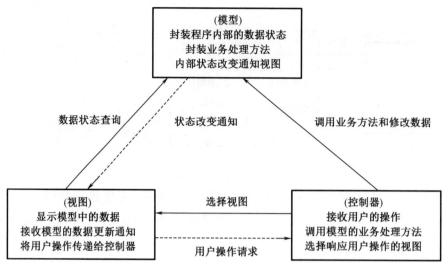

图 4-5　MVC 模型组件类型的关系和功能图

### 1. 编写 Calculator 类

在 Eclipse 中创建工程 chapter09，在 chapter09 工程下编写 Calculator 类。该类用于封装计算器中的数据，如运算符号、运算数等。Calculator 类的代码如例 4-26 所示。

【例 4-26】Calculator. java

```
1   package cn.itcast.chapter09.model1.domain;
2   import java.math.BigDecimal;
3   import java.util.HashMap;
4   import java.util.Map;
5   import java.util.regex.Pattern;
6   public class Calculator {
7     //firstNum 表示第一个运算数
8     private String firstNum;
9     //secondNum 表示第二个运算数
10    private String secondNum;
11    //operator 表示运算符
12    private char operator;
13    //error 用于封装错误信息
14    private Map<String, String>errors=new HashMap<String, String>();
15
16    //属性 setter 和 getter 方法
17    public Map<String, String>getErrors(){
18      return errors;
19    }
20    public void setErrors(Map<String, String>errors){
21      this.errors=errors;
22    }
```

```
23  public String getFirstNum(){
24    return firstNum;
25    }
26    public void setFirstNum(String firstNum){
27    this.firstNum=firstNum;
28    }
29    public String getSecondNum(){
30    return secondNum;
31    }
32    public void setSecondNum(String secondNum){
33    this.secondNum=secondNum;
34    }
35    public char getOperator(){
36    return operator;
37    }
38    public void setOperator(char operator){
39    this.operator=operator;
40    }
41    /*
42     * calculate()方法根据传入的运算数和符号进行运算
43     */
44    public String calculate(){
45    BigDecimal result=null;
46    BigDecimal first=new BigDecimal(firstNum);
47    BigDecimal second=new BigDecimal(secondNum);
48    switch(operator){
49    case '+':
50    result=first.add(second);
51    break;
52    case '-':
53    result=first.subtract(second);
54    break;
55    case '*':
56    result=first.multiply(second);
57    break;
58    case '/':
59    if("0".equals(secondNum)){
60    throw new RuntimeException("除数不能为 0!");
61    }
62    result=first.divide(second);
63    break;
```

```
64        default:
65        break;
66        }
67        return result.toString();
68      }
69      /*
70       * validate()方法用于验证表单传入的数据是否合法
71       */
72      public boolean validate(){
73        //flag 是标识符,如果数据合法 flag 为 true,反之为 false
74        boolean flag=true;
75        Pattern p=Pattern.compile("\\d+");              //正则表达式,匹配数字
76        if(firstNum==null ||"".equals(firstNum)){       //判断不能为空
77          errors.put("firstNum","第一个运算数不能为空");
78          flag=false;
79        } else if(! p.matcher(firstNum).matches()){     //判断不能为非数字
80          errors.put("firstNum","第一个运算数必须为数字");
81          flag=false;
82        }
83        if(secondNum==null ||"".equals(secondNum)){
84          errors.put("secondNum","第二个运算数不能为空");
85          flag=false;
86        } else if(! p.matcher(secondNum).matches()){
87          errors.put("secondNum","第二个运算数必须为数字");
88          flag=false;
89        }
90        return flag;
91      }
92 }
```

从例 4-26 中可以看出,Calculator 类除了定义 4 个封装数据的属性,同时定义了 calculate() 和 validate() 方法进行业务逻辑的处理,其中 calculate() 方法用于对传入的运算数进行运算,该方法为了避免运算时发生精度的丢失,将字符串类型的运算数转换为 BigDecimal 类型。需要注意的是,当运算符为"/"时,参数 secondNum 的值不能是"0",否则程序会抛出除 0 异常。

2. 编写 calculator. jsp 文件

该文件中实现了两个功能:一是显示网络计算器的页面,接收用户输入的运算数和运算符号信息;二是将用户输入的数据封装在 Calculator 类中,并将运算结果显示出来。 calculator. jsp 文件的代码如例 4-27 所示。

【例 4-27】calculator. jsp

```
1    <%@ page language="java"pageEncoding="GBK" import ="java.util.Map"%>
```

```
2   <!DOCTYPE html PUBLIC "-//W3C//DTD HTML 4.01
3   Transitional//EN""http://www.w3.org/TR/html4/loose.dtd">
4   <html>
5     <head>
6     <title>calculator</title>
7     </head>
8     <body>
9     <jsp:useBean id="calculator"
10     class="cn.itcast.chapter09.model1.domain.Calculator"/>
11     <jsp:setProperty property="*" name="calculator"/>
12     <%
13     if(calculator.validate()){
14     %>
15     <font color="green">运算结果:
16     <jsp:getProperty property="firstNum" name="calculator"/>
17     <jsp:getProperty property="operator" name="calculator"/>
18     <jsp:getProperty property="secondNum" name="calculator"/>
19     =<% =calculator.calculate()%></font>
20     <%
21     } else {
22     Map<String, String>errors=calculator.getErrors();
23     pageContext.setAttribute("errors", errors);
24     }
25     %>
26     <form action="" method="post">
27     第一个运算数:<input type="text" name="firstNum"/>
28     <font color="red">${errors.firstNum}</font><br />
29     运算符:<select name="operator" style="margin-left:100px">
30     <option value="+">+</option>
31     <option value="-">-</option>
32     <option value="*">*</option>
33     <option value="/">/</option>
34     </select><br />
35     第二个运算数:<input type="text" name="secondNum"/>
36     <font color="red">${errors.secondNum}</font><br />
37     <input type="submit" value="计算"/>
38     </form>
39     </body>
40     </html>
```

在例 4-27 中,首先使用标签<jsp:useBean>创建 Calculator 对象,并使用<jsp:setProperty>

标签为对象中的 firstNum、secondNum 和 operator 属性赋值。接着,调用 calculator 的 validate()方法对 firstNum 和 secondNum 属性值的合法性进行验证,如果验证通过,则使用 <jsp:getProperty>标签分别获得这三个属性的值,并调用 calculator 的 calculate()方法得到运算结果,将 4 个值组成一个字符串算式,如 5 * 3 = 15。如果不能验证通过,则调用 calculator 的 getErrors()方法获得封装错误信息的 Map 集合,将集合存储在 pageContext 域中,这些错误信息会在计算器输入框的后面进行显示。

3. 运行程序

将 chapter09 工程添加到 Tomcat 服务器,并启动服务器,然后在浏览器地址栏中输入 URL 地址"http://localhost:8080/chapter09/calculator.jsp"访问 calculator.jsp 页面。

页面提示运算数不能为空。这是因为第一次访问 calculator.jsp 页面,URL 地址中没有带任何参数,Calculator 对象中 firstNum 属性和 secondNum 属性的值为默认值 null,因此在调用 validate()方法时无法通过验证。这时,在所示的页面中填写运算数 5 和 3,选择运算符" * ",单击"计算"按钮提交表单,可以看到浏览器显示出了 5 * 3 的运算结果。

需要注意的是,如果在 calculator.jsp 的文本框中输入的不是数字,而是符号或者字母,在调用 validate()方法验证时,浏览器会有输入错误的提示。

#### 4.7.2.2 JSP Model2 案例

1. 案例分析

通过前面章节的学习可知,JSP Model2 是一种 MVC 模式。由于 MVC 模式中的功能模块相互独立,并且使用该模式的软件具有极高的可维护性、可扩展性和可复用性,因此,使用 MVC 开发模式的 Web 应用越来越受到欢迎。接下来,按照 JSP Model2 的模型思想编写一个用户注册的程序,该程序中包含两个 JSP 页面(register.jsp 和 loginSuccess.jsp)、一个 Servlet 类(ControllerServlet.java)、两个 JavaBean 类(RegisterFormBean.java 和 UserBean.java)、一个访问数据库的辅助类(DbUtil.java)。

各个程序组件的功能和相互之间的工作关系如下:

(1)UserBean 是代表用户信息的 JavaBean,ControllerServlet 根据用户注册信息创建出一个 UserBean 对象,并将对象添加到 DbUtil 对象中,loginSuccess.jsp 页面从 UserBean 对象中提取用户信息进行显示。

(2)RegisterFormBean 是封装注册表单信息的 JavaBean,其内部定义的方法用于对从 ControllerServlet 中获取到的注册表单信息中的各个属性(也就是注册表单内的各个字段中所填写的数据)进行校验。

(3)DbUtil 是用于访问数据库的辅助类,它相当于一个 DAO(数据访问对象),在 DbUtil 类中封装了一个 HashMap 对象来模拟数据库,HashMap 对象中的每一个元素即为一个 UserBean 对象。

(4)ControllerServlet 是控制器,它负责处理用户注册的请求,如果注册成功,就会跳转到 loginSuccess.jsp 页面;如果注册失败,则重新跳转回 register.jsp 页面并显示错误信息。

(5)register.jsp 是显示用户注册表单的页面,它将注册请求提交给 ControllerServlet 程序处理。

（6）loginSuccess. jsp 是用户登录成功后进入的页面，新注册成功的用户自动完成登录，直接进入 loginSuccess. jsp 页面。

2. 案例实现

通过上面的案例分析，了解了用户登录程序中所需要的组件以及各个组件的作用，接下来分步骤实现用户登录程序，具体如下：

（1）编写 UserBean 类

在 chapter09 工程下创建包 cn. itcast. chapter09. model2. domain，在包中定义 UserBean 类用于封装用户信息。UserBean 类中定义了三个 String 类型的属性：name、password 和 email。UserBean 类的代码如例 4-28 所示。

【例 4-28】UserBean. javachapter09. modeL

```
1   package domain;
2   public class UserBean {
3   private String name;
4   private String password;
5   private String email;
6   public String getName(){
7   return name;
8   }
9   public void setName(String name){
10     this.name=name;
11     }
12     public String getPassword(){
13   return password;
14     }
15     public void setPassword(String password){
16     this.password=password;
17     }
18     public String getEmail(){
19     return email;
20     }
21     public void setEmail(String email){
22     this.email=email;
23     }
24   }
```

（2）编写 RegisterFormBean 类

在 cn. itcast. chapter09. model2. domain 包中定义 RegisterFormBean 类封装注册表单信息。RegisterFormBean 类中定义了四个 String 类型的属性：name、password、password2 和 emails；以及一个 Map 类型的成员变量 errors。其中 name、password、password2 和 emails 属性用于引用注册表单页面传入的用户名、密码、确认密码和 email 信息；errors 成员变量用于封

装表单验证时的错误信息。RegisterFormBean 类的代码如例 4-29 所示。

【例 4-29】RegisterFormBean. java

```
1  package cn.itcast.chapter09.model2.domain;
2  import java.util.HashMap;
3  import java.util.Map;
4  public class RegisterFormBean {
5    private String name;
6    private String password;
7    private String password2;
8    private String email;
9    private Map<String, String> errors=new HashMap<String, String>();
10   public String getName(){
11     return name;
12   }
13   public void setName(String name){
14     this.name=name;
15   }
16   public String getPassword(){
17     return password;
18   }
19   public void setPassword(String password){
20     this.password=password;
21   }
22   public String getPassword2(){
23     return password2;
24   }
25   public void setPassword2(String password2){
26     this.password2=password2;
27   }
28   public String getEmail(){
29     return email;
30   }
31   public void setEmail(String email){
32     this.email=email;
33   }
34   public boolean validate(){
35     boolean flag=true;
36     if (name==null ||name.trim().equals("")){
37       errors.put("name","请输入姓名.");
38       flag=false;
```

```
39    }
40    if (password==null ||password.trim().equals("")){
41    errors.put("password","请输入密码.");
42    flag=false;
43    } else if (password.length()> 12 ||password.length()<6){
44    errors.put("password","请输入 6-12 个字符.");
45    flag=false;
46    }
47    if (password! =null && ! password.equals(password2)){
48    errors.put("password2","两次输入的密码不匹配.");
49    flag=false;
50    }
51    //对 email 格式的校验采用了正则表达式
52    if (email==null ||email.trim().equals("")){
53    errors.put("email","请输入邮箱.");
54    flag=false;
55    } else if (! email
56    matches("[a-zA-Z0-9_-]+@ [a-zA-Z0-9_-]+( \.[a-zA-Z0-9_-]+)+")){
57    errors.put("email","邮箱格式错误.");
58    flag=false;
59    }
60    return flag;
61    }
62    //向 Map 集合 errors 中添加错误信息
63    public void setErrorMsg(String err, String errMsg){
64    if ((err! =null)&& (errMsg! =null)){
65    errors.put(err, errMsg);
66    }
67    }
68    //获取 errors 集合
69    public Map<String, String> getErrors(){
70    return errors;
71    }
72 }
```

从例 4-29 中可以看出,除了定义一些属性和成员变量外,还定义了三个方法。其中,setErrorsMsg()方法用于向 errors 中存放错误信息;getErrors()方法用于获取封装错误信息的 errors 集合;validate()方法用于对注册表单内的各个字段中所填写的数据进行校验。

(3)编写 DBUtil 类

在 chapter09 工程下创建包 cn. itcast. chapter09. model2. util,在包中定义 DBUtil 类,具体代码如例 4-30 所示。

【例 4-30】DBUtil. java

```
1   package cn.itcast.chapter09.model2.util;
2   import java.util.HashMap;
3   import cn.itcast.chapter09.model2.domain.UserBean;
4   public class DBUtil {
5   private static DBUtil instance=new DBUtil();
6   private HashMap<String,UserBean>users=new HashMap<String,UserBean>();
7   private DBUtil()
8       中存入两条数据
9     UserBean user1=new UserBean();
10    user1.setName("Jack");
11    user1.setPassword("12345678");
12    user1.setEmail("jack@ it315.org");
13    users.put("Jack",user1);
14    UserBean user2=new UserBean();
15    user2.setName("Rose");
16    user2.setPassword("abcdefg");
17    user2.setEmail("rose@ it315.org");
18    users.put("Rose",user2);
19    }
20    public static DBUtil getInstance()
21    {
22    return instance;
23    }
24    //获取数据库(users)中的数据
25    public UserBean getUser(String userName)
26    {
27    UserBean user=(UserBean)users.get(userName);
28    return user;
29    }
30    //向数据库(users)中插入数据
31    public boolean insertUser(UserBean user)
32    {
33    if(user==null)
34    {
35    return false;
36    }
37    String userName=user.getName();
38    if(users.get(userName)! =null)
39    {
```

```
40    return false;
41    }
42    users.put(userName,user);
43    return true;
44  }
45  }
```

例 4-30 定义的 DBUtil 是一个单例类,它实现了两个功能:一是定义了一个 HashMap 集合 users,用于模拟数据库,并向数据库中存入两条学生信息;二是定义了 getUser() 方法和 insertUser() 方法来操作数据库,其中 getUser() 方法用于获取数据库中的用户信息,insertUser() 方法用于向数据库中插入用户信息。需要注意的是,在 insertUser() 方法进行信息插入操作之前会判断数据库中是否存在同名的学生信息,如果存在就不执行插入操作,方法返回 false;反之表示插入操作成功,方法返回 true。

(4)编写 ControllerServlet 类

在 chapter09 工程下创建包 cn. itcast. chapter09. model2. web,在包中定义 ControllerServlet 类,具体代码如例 4-31 所示。

【例 4-31】ControllerServlet,java

```
1   package cn.itcast.chapter09.model2.web;
2   import java.io.IOException;
3   import javax.servlet.ServletException;
4   import javax.servlet.http.HttpServlet;
5   import javax.servlet.http.HttpServletRequest;
6   import javax.servlet.http.HttpServletResponse;
7   import cn.itcast.chapter09.model2.domain.RegisterFormBean;
8   import cn.itcast.chapter09.model2.domain.UserBean;
9   import cn.itcast.chapter09.model2.util.DBUtil;
10  public class ControllerServlet extends HttpServlet {
11  public void doGet(HttpServletRequest request,
12  HttpServletResponse response)throws ServletException, IOException{
13    this.doPost(request, response);
14    }
15    public void doPost(HttpServletRequest request,
16    HttpServletResponse response)throws ServletException, IOException {
17    response.setHeader("Content-type", "text/html;charset=GBK");
18    response.setCharacterEncoding("GBK");
19    String name=request.getParameter("name");
20    String password=request.getParameter("password");
21    String password2=request.getParameter("password2");
22    String email=request.getParameter("email");
23    RegisterFormBean formBean=new RegisterFormBean();
24    formBean.setName(name);
```

```
25    formBean.setPassword(password);
26    formBean.setPassword2(password2);
27    formBean.setEmail(email);
28    if(! formBean.validate()){
29    request.setAttribute("formBean", formBean);
30    request.getRequestDispatcher("/register.jsp")
31    .forward(request, response);
32    return;
33    }
34    UserBean userBean=new UserBean();
35    userBean.setName(name);
36    userBean.setPassword(password);
37    userBean.setEmail(email);
38    boolean b=DBUtil.getInstance().insertUser(userBean);
39    if(! b){
40    request.setAttribute("DBMes", "你注册的用户已存在");
41    request.setAttribute("formBean", formBean);
42    request.getRequestDispatcher("/register.jsp")
43    .forward(request, response);
44    return;
45    }
46    response.getWriter().print("恭喜你注册成功,3 秒钟后自动跳转");
47    request.getSession().setAttribute("userBean", userBean);
48    response.setHeader("refresh", "3;url=loginSuccess.jsp");
49    }
50    }terFormBean
```

对象用于封装表单提交的信息。当对 RegisterFormBean 对象进行校验时,如果校验失败,程序就会跳转到 regsiter. jsp 注册页面,让用户重新填写注册信息。如果校验通过,那么注册信息就会封装到 UserBean 对象中,并通过 DBUtil 的 insertUser()方法将 UserBean 对象插入数据库中。insertUser()方法有一个 boolean 类型的返回值,如果返回值为 false,程序跳转到 regsiter. jsp 注册页面,表示插入操作失败;反之,程序跳转到 loginsuccess. jsp 页面,表示用户登录成功。

(5)编写 register. jsp 文件

register. jsp 文件是用户注册的表单,接收用户的注册信息,具体代码如例 4-32 所示。

【例 4-32】register. jsp

```
1    <% @ page language="java" pageEncoding="GBK"% >
2    <!DOCTYPE html PUBLIC "-//W3C//DTD HTML 4.01
3    Transitional//EN""http://www.w3.org/TR/html4/loose.dtd">
4    <html>
5    <head>
```

```
6    <title>用户注册</title>
7    <style type="text/css">
8    h3 {
9    margin-left:
10   }
11   #outer {
12   width:750px;
13     }
14    span {
15   color:#ff0000
16   }
17    div {
18    height:
20    px;
19   margin-bottom:10px;
20    }
21   .ch {
22   width:80px;
23   text-align:right;
24   float:left;
25    }
26   .ip {
27   width:500px;
28   float:left
29   }
30   .ip>input {
31   margin-right:20px
32   }
33   #bt {
34      margin-left:50px;
35   }
36   #bt>input {
37   margin-right:30px;
38   }
39   </style>
40   </head>
41   <body>
42     <form action="ControllerServlet" method="post">
43   <h3>用户注册</h3>
44   <div id="outer">
45   <div>
```

```
46    <div class="ch">姓名:</div>
47    <div class="ip">
48    <input type="text" name="name"
49    value="${formBean.name}"/>
50    <span>${formBean.errors.name}${DBMes}</span>
51    </div>
52    </div>
53    <div>
54    <div class="ch">密码:</div>
55    <div class="ip">
56    <input type="text" name="password">
57    <span>${formBean.errors.password}</span>
58    </div>
59    </div>
60    <div>
61    <div class="ch">确认密码:</div>
62    <div class="ip">
63    <input type="text" name="password2">
64    <span>${formBean.errors.password2}</span>
65    </div>
66    </div>
67    <div>
68    <div class="ch">邮箱:</div>
69    <div class="ip">
70    <input type="text" name="email"
71    value="${formBean.email}">
72    <span>${formBean.errors.email}</span>
73    </div>
74    </div>
75    <div id="bt">
76    <input type="reset" value="重置"/>
77      <input type="submit" value="注册"/>
78    </div>
79    </div>
80    </form>
81    </body>
82    </html>
```

(6)编写 loginSuccess. jsp 文件

loginSuccess. jsp 文件是用户登录成功的页面,其代码如例 4-33 所示。

【例 4-33】loginSuccess. jsp

```
1   <%@ page language="java" pageEncoding="GBK"
2   import="cn.itcast.chapter09.model2.domain.>
3   <!DOCTYPE html PUBLIC "-//W3C//DTD HTML 4.01
4   Transitional//EN""http://www.w3.org/TR/html4/loose.dtd">
5   <html>
6   <head>
7   <title>login successfully</title>
8   <style type="text/css">
9   #main {
10  width:500px;
11  height:auto;
12  }
13    #main div {
14    width:200px;
15    height:auto;
16  }
17  ul {
18  padding-top:1px;
19  padding-left:1px;
20  list-style:none;
21  }
22  </style>
23  </head>
24  <body>
25  <%
26  if(session.getAttribute("userBean")==null){
27  %>
28  <jsp:forward page="register.jsp"/>
29  <%
30    return;
31    }
32    %>
33    <jsp:useBean id="userBean"
34    class="cn.itcast.chapter09.model2.domain.UserBean"
35    scope="session"/>
36    <div id="main">
37    <div id="welcome">恭喜您,登录成功</div>
38    <hr/>
39    <div>您的信息</div>
40    <div>
41    <ul>
```

```
42        <li>您的姓名:${userBean.name }</li>
43        <li>您的邮箱:${userBean.email }</li>
44        </ul>
45        </div>
46        </div>
47      </body>
48    </html>
```

在例 4-33 中,程序首先判断 session 域中是否存在以"userBean"为名称的属性,如果不存在,说明用户没有注册直接访问这个页面,程序跳转到 register. jsp 注册页面;否则,表示用户注册成功,在页面中会显示用户的注册信息。

(7)运行程序

启动 Tomcat 服务器,然后在浏览器地址栏中输入 URL 地址"http://localhost:8080/chapter09/register. jsp"访问 register. jsp 页面。

在所示的表单中填写用户信息进行注册,如果注册的信息不符合表单验证规则,那么当单击"注册"按钮后,程序会再次跳回到注册页面,提示注册信息错误。例如,用户填写注册信息时,如果两次填写的密码不一致,并且邮箱格式错误,那么当单击"注册"按钮后,会出现新的页面。

重新填写用户信息,如果用户信息全部正确,那么单击"注册"按钮后,可以看到页面会提示"恭喜你注册成功,3 秒钟自动跳转"。

等待 3 秒钟后,页面会自动跳转到用户成功登录页面 loginSuccess. jsp,显示出用户信息。

需要注意的是,在用户名为"Lucy"的用户注册成功后,如果再次以"Lucy"为用户名进行注册,程序同样会跳转到 register. jsp 注册页面,并提示"你注册的用户已存在"。

# 习 题 四

## 一、简答题

1. include 标记与 include 动作标记有什么区别?

2. 如何保证页面跳转时当前页面与跳转页面之间的联系?

3. 如果有两个用户访问一个 JSP 页面,那么该页面的程序片将被执行几次?

4. 在<%! 和%>之间声明的变量和在<% 和%>之间声明的变量有何区别?

5. 是否允许一个 JSP 页面为 contentType 设置两次不同的值?

6. 简述 JSP 的特殊字符与 Java 语言的转义字符之间的关系。

7. 请说出一个 JSP 页面的基本组成。

8. out 对象发生错误时会抛出什么异常? JSPWriter 类的常用方法有哪些?

9. 为什么要使用 JSP 内置对象,应用内置对象有什么好处?

10. JSP 有哪些内置对象? 简述它们的功能。

11. 简述 JSP 内置对象 request 的功能。

12. 简述 response 对象的功能。request 对象和 response 对象是如何相辅相成的?

13. response 对象的 sendRedirect 方法的功能是什么? 常在什么情况下使用?

14. out 对象的功能是什么?

15. session 对象的功能是什么? 它在什么范围内共享信息?

16. application 对象的功能是什么? 它在什么范围内共享信息?

17. exception 对象的功能是什么? 它可以增强软件的什么性能?

18. JSP 的异常处理机制是什么?

19. JSP 的 Cookie 对象的作用是什么?

## 二、编程题

1. 编写一个 JSP 页面,计算 1+2+…+100 的连续和。

2. 制作 JSP 页面,使该页面静态包含另一个 a. html 网页。

3. 连接一个 student 数据库,数据库登录用户为 root,密码为 111。按 id 顺序显示该数据库中的 Table 表的所有记录的 id、name、gender、score 字段。

4. 根据用户输入的用户名、密码与数据库中的记录是否匹配制作一个用户登录模块。

5. 使用 JSP 与 JavaBean 设计一个网站计数器,显示如下:你是本网站的第 n 个访问者。

6. 编写程序 reg. htm 和 reg. jsp,设计一个用户注册界面,注册信息包括用户名、年龄、性别。然后提交到 reg. jsp 进行注册检验,若用户名为 admin,就提示"欢迎你,管理员!";否则,显示"注册成功!",并显示注册信息。

# 第 5 章　JDBC 技术

【本章学习目标】

1. 掌握 JDBC 知识；
2. 掌握 MySQL 数据库的安装；
3. 掌握 MySQL 数据库的连接步骤；
4. 掌握常用 SQL 语句知识；
5. 掌握 JDBC 访问数据库步骤知识；
6. 掌握 JDBC 驱动类型及规范；
7. 掌握 DriverManager 原理；
8. 掌握 JDBC 常用接口和类介绍；
9. 掌握数据库连接池原理。

项目开发中，操作数据库是必不可少的，常用操作数据库的框架有很多，如 MyBatis、JdbcTemplate 等。但是，无论使用哪种框架操作数据库，最底层的 api 实现都是 JDBC，也就是说，在开发中，JDBC 有着举足轻重的地位，它是最基础也是最核心的。

## 5.1　JDBC 概述

JDBC 是用于执行 SQL 语句的 API 类包，由一组用 Java 语言编写的类和接口组成。JDBC 提供了一种标准的应用程序设计接口，通过它可以访问各类关系数据库。下面将对 JDBC 技术进行详细介绍。

### 5.1.1　JDBC 技术介绍

JDBC 的全称为 Java data base connectivity，是一套面向对象的应用程序接口（API），制定了统一的访问各类关系数据库的标准接口的实现。通过 JDBC 技术，开发人员可以用纯 Java 语言和标准的 SQL 语句编写完整的数据库应用程序，并且真正实现了软件的跨平台性。在 JDBC 技术问世之前，各家数据库厂商执行各自的一套 API，使得开发人员访问数据库非常困难，特别是在更换数据库时，需要修改大量代码，十分不方便。JDBC 的发布获得了巨大的成功，很快就成为 Java 访问数据库的标准，并且获得了几乎所有数据库厂商的支持。

JDBC 是一种底层 API,在访问数据库时需要在业务逻辑中直接嵌入 SQL 语句。由于 SQL 语句是面向关系的,依赖于关系模型,所以 JDBC 传承了简单、直接的优点,特别是对于小型应用程序十分方便。需要注意的是,JDBC 不能直接访问数据库,必须依赖数据库厂商提供的 JDBC 驱动程序。通常情况下,使用 JDBC 完成以下操作:

(1)同数据库建立连接;

(2)向数据库发送 SQL 语句;

(3)处理从数据库返回的结果。

JDBC 具有下列优点:

(1)JDBC 与 ODBC 十分相似,便于软件开发人员理解;

(2)JDBC 使软件开发人员从复杂的驱动程序编写工作中解脱出来,可以完全专注于业务逻辑的开发;

(3)JDBC 支持多种关系型数据库,大大增加了软件的可移植性;

(4)JDBC API 是面向对象的,软件开发人员可以将常用的方法进行二次封装,从而提高代码的重用性。

与此同时,JDBC 也具有下列缺点:

(1)通过 JDBC 访问数据库时速度受到一定影响;

(2)虽然 JDBC API 是面向对象的,但通过 JDBC 访问数据库依然是面向关系的;

(3)JDBC 提供了对不同厂家产品的支持,这将给数据源带来影响。

## 5.1.2　JDBC 驱动程序

JDBC 驱动程序用于解决应用程序与数据库通信的问题,它可以分为 JDBC-ODBC Bridge、JDBC-Native API Bridge、JDBC-middleware 和 Pure JDBC Driver 四种,下面分别进行介绍。

### 1. JDBC-ODBC Bridge

JDBC-ODBC Bridge 是通过本地 ODBC Driver 连接到 RDBMS 上的。这种连接方式必须将 ODBC 二进制代码(许多情况下还包括数据库客户机代码)加载到使用该驱动程序的每个客户机上,因此,这种类型的驱动程序最适合企业网,或者是利用 Java 编写的 3 层结构的应用程序服务器代码。

### 2. JDBC-Native API Bridge

JDBC-Native API Bridge 驱动通过调用本地的 native 程序实现数据库连接,这种类型的驱动程序把客户机 API 上的 JDBC 调用转换为 Oracle、Sybase、Informix、DB2 或其他 DBMS 的调用。需要注意的是,与 JDBC-ODBC Bridge 驱动程序一样,这种类型的驱动程序要求将某些二进制代码加载到每台客户机上。

### 3. JDBC-middleware

JDBC-middleware 驱动是一种完全利用 Java 编写的 JDBC 驱动,这种驱动程序将 JDBC 转换为与 DBMS 无关的网络协议,然后将这种协议通过网络服务器转换为 DBMS 协议,这种网络服务器中间件能够将纯 Java 客户机连接到多种不同的数据库上,使用的具体协议取决

于提供者。通常情况下,这是最为灵活的 JDBC 驱动程序,有可能所有这种解决方案的提供者都提供适用于 Intranet 的产品。为了使这些产品也支持 Internet 访问,它们必须处理 Web 所提出的安全性、通过防火墙的访问等方面的额外要求。几家提供者正将 JDBC 驱动程序加到他们现有的数据库中间件产品中。

4. Pure JDBC Driver

Pure JDBC Driver 驱动是一种完全利用 Java 编写的 JDBC 驱动,这种类型的驱动程序将 JDBC 调用直接转换为 DBMS 所使用的网络协议。这将允许从客户机上直接调用 DBMS 服务器,是 Intranet 访问的一种很实用的解决方法。由于许多这样的协议都是专用的,因此数据库提供者自己将是主要来源,有几家服务提供者已经着手开展此项事宜。

不同种类的数据库(如 MySQL、Oracle 等)在其内部处理数据的方式是不同的。如果直接使用数据库厂商提供的访问接口操作数据库,应用程序的可移植性就会变得很差。例如,用户当前在程序中使用的是 MySQL 提供的接口操作数据库,如果换成 Oracle 数据库,则需要重新使用 Oracle 数据库提供的接口,这样代码的改动量会非常大。有了 JDBC 后,这种情况就不复存在了,因为它要求各个数据库厂商按照统一的规范来提供数据库驱动,而在程序中是由 JDBC 和具体的数据库驱动联系,所以用户就不必直接与底层的数据库交互,这使得代码的通用性更强。

应用程序使用 JDBC 访问数据库的方式如图 5-1 所示。

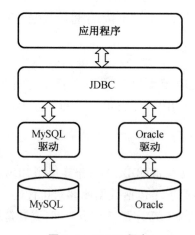

图 5-1　JDBC 程序

从图 5-1 中可以看出,JDBC 在应用程序与数据库之间起到了桥梁作用。当应用程序使用 JDBC 访问特定的数据库时,需要通过不同数据库驱动与不同的数据库进行连接,连接后即可对该数据库进行相应的操作。

## 5.2　MySQL 数据库的安装

MySQL 是目前最为流行的开放源码的数据库,是完全网络化的跨平台的关系型数据库系统。它由瑞典 MySQL AB 公司开发,目前属于 Oracle 公司。任何人都能从 Internet 下载 MySQL 软件,而无须支付任何费用,并且“开放源码”意味着任何人都可以使用和修改该软件,如果愿意,用户也可以研究源码并进行恰当修改,以满足自己的需求,不过需要注意的是,这种“自由”是有范围的。

### 5.2.1　下载 MySQL

(1)登录 MySQL 官网 dev. mysql. com,依次展开 Downloads → Community → MySQL on Windows → MySQL Installer,或直接打开链接“http://dev. mysql. com/downloads/windows/installer/”。

(2)拉到网页下方,下载 MySQL Installer,下拉框选择 Microsoft Windows 版本,然后单击第二个 Download 按钮。

(3)在弹出的页面下方,单击“No thanks,just start my download.”超链接,开始下载安装包。

### 5.2.2　安装 MySQL

MySQL5. 6 与以往版本相比有了很大的改变,功能更加丰富。针对我们的课程,仅介绍如何安装数据库服务,如果对其他功能感兴趣,可以查阅 MySQL 官网。

(1)运行下载完成的 mysql-installer-community-5. 6. 24. 0. msi 安装包,在许可协议界面,勾选“I accept the licence terms”,单击 Next 按钮。

(2)在选择安装类型的界面,选择“Custom”选项,单击 Next 按钮。

(3)在选择产品特征的窗口,依次展开左侧窗口中的 MySQL Servers → MySQL Server → MySQL Server 5. 6 → MySQL Server 5. 6. 24-X86,然后单击中间的 Execute 按钮,将要安装的产品列在右侧列表中,然后单击 Next 按钮。

(4)MySQL Server 准备好安装了,单击 Execute 按钮开始安装。在安装完毕之后,单击 Next 按钮。

(5)安装好 MySQL Server 后,就开始进行产品配置,单击 Next 按钮开始配置数据库。

(6)在网络设置界面,使用默认的 3306 接口,直接单击 Next 按钮。

(7)在账号配置中,给 MySQL 管理员账号设置初始密码,例子中输入的密码为 123456。配置完毕之后,单击 Next 按钮。

(8)在系统服务界面,使用默认的服务配置,直接单击 Next 按钮。

(9)完成所有配置之后,在启用配置界面单击 Execute 按钮,完成后单击 Finish 按钮。

(10)最后确认完成所有的安装操作,单击 Next 按钮,再单击 Finish 按钮,就完成了 MySQL 数据库的安装。

## 5.3 MySQL 数据库连接步骤

### 5.3.1 Windows 连接到 MySQL

在 Windows 环境下连接到 MySQL 数据库,首先需要下载并安装 MySQL JDBC 驱动程序,即 MySQL Connector/J,这是一个纯 Java 的数据库连接器,它实现了 JDBC API,使得 Java 应用程序能够与 MySQL 数据库进行交互。安装完成后,需要在 Java 项目中添加该驱动程序的 JAR 文件作为依赖项。接下来,需要编写 Java 代码来建立与 MySQL 数据库的连接。该操作通常涉及以下几个步骤:

首先,通过 Class.forName() 方法加载 MySQL JDBC 驱动程序。

其次,使用 DriverManager.getConnection() 方法创建一个数据库连接,传入数据库的 URL、用户名和密码作为参数。数据库 URL 通常以"jdbc:mysql://"开始,后跟数据库服务器的地址、端口号(默认为 3306)、数据库名称,以及可能的一些连接属性,如字符编码和时区设置。一旦连接成功建立,就可以通过这个连接对象执行 SQL 语句,进行数据库操作,如查询、更新、插入和删除数据。

最后,不要忘记在操作完成后关闭连接,释放资源,这可以通过调用连接对象的 close() 方法来实现。在整个过程中,要确保网络配置允许 Windows 主机与 MySQL 服务器之间的通信,并且数据库权限设置允许你所使用的用户账户进行连接和操作。

### 5.3.2 Linux 连接到 MySQL

在 Linux 中,可以使用以下命令连接到 MySQL 服务器:

mysql-u username-p-h 127.0.0.1

在上述命令中,需要将 username 替换为你的 MySQL 用户名。执行命令后,系统将提示输入密码,然后连接到 MySQL 服务器。

以下是一些常用的参数及其解释。

-h 或 --host:指定 MySQL 服务器的主机名或 IP 地址。

-P 或 --port:指定 MySQL 服务器的端口号。

-D 或 --database:指定连接后要使用的默认数据库。

-u 或 --user:指定要使用的 MySQL 用户名。

-p 或 --password:提示输入密码,并与给定的用户名一起用于连接。

-A 或 --no-auto-rehash:不启用自动命令补全功能,加快连接速度。

--version:显示 MySQL 客户端版本信息。

这只是一些常见的参数示例,还有许多参数可用于自定义 MySQL 连接的行为。可以使用 mysql--help 命令来查看完整的参数列表和帮助信息。

在连接成功后,将进入 MySQL 的命令行交互界面,可以执行 SQL 语句、管理数据库和执行其他 MySQL 操作。

**扩展**：在 Windows 上也可以使用 mysql. exe 连接 mysql。

## 5. 3. 3　程序连接到 MySQL

**1. Java 连接 MySQL 示例**

引入 maven 依赖：

```xml
<dependency>
    <groupId>mysql</groupId>
    <artifactId>mysql-connector-java</artifactId>
    <version>8.0.27</version>
</dependency>
```

代码示例：

```java
public class TestConnection {
    public static void main(String[] args) {
        String url ="jdbc:mysql://192.168.203.127:3306/test"; //替换为你的
MySQL 连接 URL
        String username ="test"; //替换为你的 MySQL 用户名
        String password ="test"; //替换为你的 MySQL 密码

        try {
            //1.加载数据库驱动
            Class.forName("com.mysql.cj.jdbc.Driver");

            //2.建立数据库连接
            Connection connection = DriverManager.getConnection (url,
username, password);

            //3.创建 Statement 对象
            Statement statement = connection.createStatement();

            //4.执行 SQL 查询
            String sql ="SELECT * FROM users";
            ResultSet resultSet = statement.executeQuery(sql);

            //5.处理查询结果
            while (resultSet.next()) {
                int id = resultSet.getInt("id");
                String name = resultSet.getString("name");
                int age = resultSet.getInt("age");
                System.out.println("ID:" + id +", Name:" + name +", Age:" + age);
            }
```

```
        //6.关闭资源
        resultSet.close();
        statement.close();
        connection.close();
    } catch (ClassNotFoundException e) {
        e.printStackTrace();
    } catch (SQLException e) {
        e.printStackTrace();
    }
    }
}
```

## 2. Python 连接 MySQL 示例

安装模块：

```
pip install pymysql
```

示例代码：

```python
import pymysql

# 数据库连接信息
host = '192.168.203.127'
port = 3306
user = 'test'   # 替换为你的 MySQL 用户名
password = 'test'   # 替换为你的 MySQL 密码
database = 'test'   # 替换为你的数据库名称

# 建立数据库连接
connection = pymysql.connect(host = host, port = port, user = user, password =
password, database = database)

try:
    # 创建游标对象
    cursor = connection.cursor()

    # 执行 SQL 查询
    sql = "SELECT * FROM users"
    cursor.execute(sql)

    # 获取查询结果
    result = cursor.fetchall()
```

```
# 处理查询结果
for row in result:
    id = row[0]
    name = row[1]
    age = row[2]
    print(f"ID:{id},Name:{name},Age:{age}")

finally:
    # 关闭游标和连接
    cursor.close()
    connection.close()
```

# 5.4　常用 SQL 语句

对数据库的基本操作有增、删、改和查。常用的 SQL 语句示例如下：

## 5.4.1　数据记录筛选

select ＊ from 数据表 where 字段名＝字段值 order by 字段名

select ＊ from 数据表 where 字段名 like"%字段值%"order by 字段名

select top 10 from 数据表 where 字段名 order by 字段名

select ＊ from 数据表 where 字段名 in(值 1,值 2,值 3)

select ＊ from 数据表 where 字段名 between 值 1 and 值 2

## 5.4.2　更新数据记录

update 数据表 set 字段名＝字段值 where 条件表达式

update 数据表 set 字段 1＝值 1,字段 2＝值 2,…,字段 n＝值 n where 条件表达式

## 5.4.3　删除数据记录

delete from 数据表 where 条件表达式

delete from 数据表//(将数据表所有记录删除)

## 5.4.4　添加数据记录

insert into 数据表(字段 1,字段 2,字段 3,…) values(值 1,值 2,值 3,…)

insert into 目标数据表 select ＊ from 源数据表//(把源表记录添加到目标数据表)

### 5.4.5 字段处理与运算操作

排序：

```
select i from table1 order by field1,field2 [desc]
```

总数：

```
select count * as totalcount from table1
```

求和：

```
select sum(field1) as sumvalue from table1
```

平均：

```
select avg(field1) as avgvalue from table1
```

最大：

```
select max(field1) as maxvalue from table1
```

最小：

```
select min(field1) as minvalue from table1
```

# 5.5 JDBC 访问数据库步骤

### 5.5.1 注册驱动

数据库厂商的 Java 程序员所写的实现类叫作驱动 Driver。

### 5.5.2 注册驱动

第一种注册方法代码如下：(不常用)

```
public class 注册驱动 {
    public static void main(String[] args) {
        try {
            DriverManager.registerDriver(new com.mysql.jdbc.Driver());
        } catch (SQLException throwables) {
            throwables.printStackTrace();
        }
    }
}
```

第二种注册方法利用反射的特性,加载过程中注册驱动的过程。

```
class.forName(com.mysql.jdbc.Driver);
```

上述一行代码就可以通过反射这个动作调用类,实现 Driver 类的加载;但是需要使用 try 和 catch 语句块环绕。

### 5.5.3　获取连接

要连接数据库的 URL：String url ="jdbc：mysql：//localhost：3306/test？"＋" useUnicode=true&characterEncoding=UTF8"；//防止乱码

要连接数据库的用户名：String user="xxxx"；

要连接数据库的密码：String pass="xxxx"；

接下来我们分析 url：

"jdbc（这是协议以 jdbc 开头）：mysql（这是子协议，数据库管理系统称）：// localhost（数据库来源地址）：3306（目标端口）/test（要查询的表的表名）？"

"useUnicode=true&characterEncoding=UTF8"；添加这个是为了防止乱码，指定使用 Unicode 字符集，且使用 UTF-8 来编辑。

```
    /*
//1.url 包括哪几部分：
        协议
        IP
        Port
        资源名


    eg:http://180.101.49.11:80/index.html
        http://通信协议
        180.101.49.11 IP 地址
        80 端口号
        index.html 资源名
* /


//2.获取连接
/*
url 包括哪几部分：
协议
IP
Port
资源名
eg:http://180.101.49.11:80/index.html
http://通信协议
180.101.49.11 IP 地址
80 端口号
index.html 资源名
* /
        //static Connection getConnection(String url, String user, String
password)
```

```
String url ="jdbc:mysql://127.0.0.1:3306/hello";
String user ="root";
System.out.println("");
String password ="rota";
conn = DriverManager.getConnection(url,user,password);
System.out.println("数据库连接对象: " + conn);//数据库连接对象 com.
```
mysql.jdbc.JDBC4Connection@ 1ae369b7

### 5.5.4 获取数据库操作对象

```
//3.获取数据库操作对象
//Statement 类中 createStatement() 创建一个 Statement 对象来将 SQL 语
句发送到数据库。
stmt = conn.createStatement();
```

### 5.5.5 执行 sql 语句

```
//4.执行 sql 语句
//int executeUpdate(String sql)
//专门执行 DML 语句
//返回值是"影响数据库中的记录条数"
int count = stmt.executeUpdate("update dept set dname = '销售部',loc
= '合肥' where deptno = 20;");
System.out.println(count == 1 ?"保存成功":"保存失败");
```

### 5.5.6 处理查询结果集

```
rs = stmt.executeQuery("select empno,ename,sal from emp");
        while(rs.next()){
/*
String empno = rs.getString(1);
String ename = rs.getString(2);
String sal = rs.getString(3);
System.out.println(empno + "," + ename + "," + sal);
*/

/*
//按下标取出,程序不健壮
String empno = rs.getString("empno");
String ename = rs.getString("ename");
String sal = rs.getString("sal");
System.out.println(empno + "," + ename + "," + sal);
```

```
 */

/*
//5.以指定的格式取出
int empno = rs.getInt(1);
String ename = rs.getString(2);
double sal = rs.getDouble(3);
System.out.println(empno + "," + ename + "," + (sal + 100));
 */
                int empno = rs.getInt("empno");
                String ename = rs.getString("ename");
                double sal = rs.getDouble("sal");
                System.out.println(empno + "," + ename + "," + (sal + 200));
```

其中执行增、删、改的方法返回值是 int 类型;执行查询的方法返回值是操作结果集对象,即一个实例化的 ResultSet 对象。

### 5.5.7　释放资源

```
finally {
        //6.释放资源
        //从小到大依次关闭
        //finally 语句块内的语句一定会执行!
        if(stmt ! = null) {
            try{
                stmt.close();
            }
            catch (SQLException e) {
                e.printStackTrace();
            }
        }
        if(conn ! = null) {
            try{
                conn.close();
            }
            catch (SQLException e) {
                e.printStackTrace();
            }
        }
    }
}
```

## 5.6　JDBC 驱动类型及规范

JDBC 驱动程序是用于特定数据库的一套实现了 JDBC 接口的类集。要通过 JDBC 来存取某一特定的数据库,必须有相应的该数据库的 JDBC 驱动程序,它往往是由生产数据库的厂家提供,是连接 JDBC API 与具体数据库之间的桥梁。目前,主流的数据库系统(如 Oracle、SQL Server、Sybase、Informix 等)都为客户提供了相应的驱动程序。

由于历史和厂商的原因,从驱动程序工作原理分析,JDBC 驱动通常有4种类型,分别是 JDBC-ODBC 桥、JDBC Native 桥、JDBC Network 驱动和纯 Java 的本地 JDBC 驱动。

1. JDBC-ODBC 桥(JDBC-ODBC Bridge Driver)

由于历史原因,ODBC 技术比 JDBC 更早或更成熟,所以通过该种方式访问一个 ODBC 数据库是一个不错的选择。这种方法的主要原理是:提供了一种把 JDBC 调用映射为 ODBC 调用的方法。因此,需要在客户机安装一个 ODBC 驱动。这种方式由于需要中间的转换过程,所以执行效率低,目前较少采用。实际上微软公司的数据库系统(如 SQL Server 和 Access)仍然保留了该种技术的支持。

2. JDBC Native 桥(Native-API, Partly Java Driver)

这一类型的驱动程序是直接将 JDBC 调用转换为特定的数据库调用,而不经过 ODBC,执行效率比第一种驱动程序高。但该种方法也存在转换的问题,且这类驱动程序与第一种驱动程序类型一样,也要求客户端的计算机安装相应的二进制代码(驱动程序和厂商专有的 APID),所以这类驱动程序的应用受到限制,如不太适用于 Applet 等。

3. JDBC Network 驱动(JDBC-Net Pure Java Driver)

这种驱动实际上是根据常见的三层结构建立的,JDBC 先把对数据库的访问请求传递给网络上的中间件服务器,中间件服务器再把请求翻译为符合数据库规范的调用,再把这种调用传给数据库服务器。这种类型的驱动程序不需要客户端的安装和管理,所以特别适用于具有中间件的分布式应用,但目前这类驱动程序的产品不多。

4. 纯 Java 的本地 JDBC 驱动(Native Protocol, Pure Java Driver)

这种驱动直接把 JDBC 调用转换为符合相关数据库系统规范的请求。它通过使用一个纯 Java 数据库驱动程序将 JDBC 对数据库的操作,直接转换为针对某种数据库进行操作的本地协议来执行数据库的直接访问。与其他类型的驱动相比,由于它根本不需要在客户端或服务器上装载任何软件或驱动,在调用过程中也不再先把 JDBC 的调用传给诸如 ODBC 或本地数据库接口或中间层服务器,可以直接与数据库服务器通信,完全由 Java 实现,执行效率非常高,实现了平台的独立性。它特别适用于通过网络使用后台数据库的 Applet 及 Web 应用,本书介绍的 JDBC 应用主要使用该类型的驱动程序。

用户开发 JDBC 应用系统,首先需要安装数据库的 JDBC 驱动程序,不同的数据库需要下载不同的驱动程序。对于普通的 Java 应用程序,只需将 JDBC 驱动包复制到 CLASSPATH 所指向的目录下即可,这与导入普通的 Java 包没有区别。对于 Web 应用,通常将 JDBC 驱动包放置在 Web-INF/lib 目录下即可。

# 5.7　DriverManager 原理

DriverManager 是 Java JDBC API 的一部分，是用于管理数据库驱动程序的类。它的主要功能如下：

## 5.7.1　注册数据库驱动程序

在使用 JDBC 连接数据库之前，必须先注册适用于您的数据库的驱动程序。不同的数据库厂商提供不同的 JDBC 驱动程序，因此需要根据使用的数据库类型下载并注册相应的驱动程序。DriverManager 负责加载和注册这些驱动程序。

通常，数据库驱动程序是一个 JAR 文件，需要将其添加到项目的类路径中。然后，在 Java 代码中，通过 Class.forName() 方法来注册驱动程序。例如：

```
import java.sql.DriverManager;
import java.sql.SQLException;
public class JDBCDemo {
    public static void main(String[] args) {
        //注册 MySQL 驱动程序
        try {
            Class.forName("com.mysql.cj.jdbc.Driver");
        } catch (ClassNotFoundException e) {
            e.printStackTrace();
        }
    }
}
```

上述代码中，我们注册了 MySQL 数据库的驱动程序。确保替换为您使用的数据库的驱动程序类名。

## 5.7.2　创建数据库连接

一旦注册了数据库驱动程序，就可以使用 DriverManager 来创建到数据库的连接。连接是执行 SQL 操作的关键。

以下是创建数据库连接的示例：

```
import java.sql.Connection;
import java.sql.DriverManager;
import java.sql.SQLException;
public class JDBCDemo {
    public static void main(String[] args) {
        String url ="jdbc:mysql://localhost:3306/mydatabase";
        String username ="root";
```

```
        String password ="password";
        try {
            //创建数据库连接
                Connection connection = DriverManager.getConnection(url,
username, password);

            //在此处执行数据库操作

            //关闭连接
            connection.close();
        } catch (SQLException e) {
            e.printStackTrace();
        }
    }
}
```

在上述代码中,我们使用 DriverManager. getConnection() 方法创建了到 MySQL 数据库的连接。您需要提供连接 URL、用户名和密码作为参数。连接 URL 的格式通常是

jdbc:数据库类型://主机名:端口号/数据库名

### 5.7.3 管理数据库连接池

连接池是一组预先创建的数据库连接,可以在需要时被重复使用,以提高性能。DriverManager 可以与连接池一起使用。

# 5.8 JDBC 常用接口和类介绍

JDBC 中,定义了许多接口和类,但常用的不是很多。下面介绍的是常用的接口和类。

### 5.8.1 Driver 接口

Driver 接口在 java. sql 包中定义,每种数据库的驱动程序都提供一个实现该接口的类,简称 Driver 类,应用程序必须首先加载它。加载的目的是创建自己的实例并向 java. sql. DriverManager 类注册该实例,以便驱动程序管理类( DriverManager) 对数据库驱动程序的管理。

通常情况下,通过 java. lang. Class 类的静态方法 forName(String className)加载要连接的数据库驱动程序类,该方法的入口参数为要加载的数据库驱动程序完整类名。该静态方法的作用是要求 JVM 查找并加载指定的类,并将加载的类自动向 DriverManager 类注册。

在加载驱动程序之前,必须确保驱动程序已经在 Java 编译器的类路径中,否则会抛出找不到相关类的异常信息。在工程中添加数据库驱动程序的方法是:将下载的 JDBC 驱动

程序存放在 Web 服务目录的 Web-INF/lib/目录下。

对于每种驱动程序,其完整类名的定义也不一样。若加载成功,系统会将驱动程序注册到 DriverManager 类中;若加载失败,将抛出 ClassNotFoundException 异常。以下是加载驱动程序的代码:

```
try{
Class.forName(driverName);//加载 JDBC 驱动器
catch(ClassNotFoundException ex){
ex.printStackTrace();}
```

需要注意的是,加载驱动程序行为属于单例模式,也就是说,整个数据库应用中只加载一次就可以了。

### 5.8.2　DriverManager 类

数据库驱动程序加载成功后,接下来就由 DriverManager 类来处理了。DriverManager 类的主要作用是管理用户程序与特定数据库(驱动程序)的连接。所以该类是 JDBC 的管理层,作用于用户与驱动程序之间。可以调用 DriverManager 类的静态方法 getConnection 得到数据库的连接。

在建立连接的过程中,DriverManager 类将检查注册表中的每个驱动程序,查看是否可以建立连接,有时可能有多个 JDBC 驱动程序可以与给定数据库建立连接。例如,与给定远程数据库连接时,通常使用 JDBC-ODBC 桥驱动程序、纯 Java 的本地 JDBC 驱动程序。在这种情况下,加载驱动程序的顺序至关重要,因为 DriverManager 类将使用它找到的第一个可以成功连接到给定的数据库的驱动程序进行连接。

在 DriverManager 类中定义了三个重载的 getConnection 方法,分别如下:

```
static Connection getConnection(String url);
static Connection getConnection(String url, Properties info);
static Connection getConnection(String url, String user, String password);
```

这三个方法都是静态方法,可以直接通过类名进行调用。方法中的参数含义如下:

● url:表示数据库资源的地址,是建立数据库连接的字符串。不同的数据库,其连接字符串也不一样。

● info:是一个 java. util. Properties 类的实例。

● user:是建立数据库连接所需的用户名。

● password:是建立数据库连接所需的密码。

### 5.8.3　Connection 接口

Connection 接口类对象是应用程序连接数据库的连接对象,该对象由 DriverManager 类的 getConnection 方法提供。由于 DriverManager 类保存着已注册的数据库连接驱动类的清单。当调用 getConnection 方法时,它将从清单中找到可与 URL 中指定的数据库进行连接的驱动程序。一个应用程序与单个数据库可有一个或多个连接,或可与许多数据库有多个连接。Connection 接口的主要方法如表 5-1 所示。

表 5-1　Connection 接口的主要方法

| 方法 | 说明 |
|---|---|
| Statement createStatement( int) | 建立 Statement 类对象 |
| result( SetConcurrency) throws SQLException | |
| void close( ) throws SQLException | 关闭该连接 |
| DatabaseMetaData getMetaData( ) throws | |
| SQLException | 建立 DatabaseMetaData 类对象 |
| PreparedStatement prepareStatement( String sql) | |
| throws SQLException | 建立 PreparedStatement 类对象 |
| boolean getAutoCommit( ) throws SQLException | 返回 Connection 类对象的 AutoCommit 状态 |
| void setAutoCommit( boolean autoCommit) throws SQLException | 设定 Connection 类对象的 AutoCommit 状态,如果处于自动提交状态,那么每条 SQL 语句将独立成为一个事务;否则将在执行 commit 提交语句或 rollback 语句时提交未执行的语句,将所有未提交的语句作为一个事务 |
| void commit( ) throws SQLException | 提交对数据库新增、删除或修改记录的操作 |
| void rollback( ) throws SQLException | 取消一个事务中对数据库新增、删除或修改记录的操作,进行回滚操作 |
| boolean isClosed( ) throws SQLException | 测试是否已经关闭 Connection 类对象同数据库的连接 |

　　连接对象的主要作用是调用 createStatement( )来创建语句对象。

　　不同的数据库,其 JDBC 驱动程序是不同的。下面给出了常用数据库的 JDBC 驱动程序的写法。

　　JDBC 连接 MySQL:

```
Class.forName("org.gjt.mm.MySQL.Driver");String constr ="jdbc:MySQL:/
localhost:3306/DbnameuseUnicode=true&characterEncoding=GBk";
cn = DriverManager.getConnection(constr, sUsr, sPwd);
JDBC 连接 Microsoft SQL Server 2005:
Class.forName("com.microsoft.jdbc.sqlserver.SQLServerDriver");
String constr="jdbc:microsoft:sqlserver://localhost:1433;databaseName=master"
cn DriverManager.getConnection(constr,sUsr,SPwd )
```

　　JDBC 连接 Oracle( Oracle8/8i/9i):

```
Class.forName("oracle.jdbc.driver.OracleDriver");
cn = DriverManager.getConnection ("jabc:oracle:thin:@ localhost:1521:orc1,
sUsr,sPwd )
```

JDBC 连接 ODBC：

```
Class.forName("sun.jdbc.odbc.JdbcOdbcDriver");
Connection cn DriverManager.getConnection("jdbc:odbc:myDBsource",sUsr,sPwd )
JDBC 连接 PostgreSQL(pgjdbc2.jar):
Class.forName("org.postgresql.Driver");
cn =DriverManager.getConnection("jabc:postgresgl://DEServerIP/myDatabaseName",
sUsr,sPwd);
```

JDBC 连接 Sybase(jconn2. jar)：

```
Class.forName("com.sybase.jdbc2.jdbc.SybDriver");
cn =DriverManager,getConnection("jdbc:sybase:Ids:DBServerIP:2638,sUsr,sPwd )
```

JDBC 连接 DB2：

```
class.forName("Com.ibm.db2.jdbc.net.DB2Driver");
cn =DriverManager.getConnection("jdba:db2://ciburl:port/DEname",sUsr,sPwd)i
```

### 5.8.4　Statement 接口

Statement 接口用于将 SQL 语句发送到数据库中，并获取指定 SQL 语句的结果。

JDBC 中实际上有三种类型的 Statement 对象，它们都作为在给定连接上执行 SQL 语句的包容器：Statement、PreparedStatement（从 Statement 继承而来）和 CallableStatement（从 PreparedStatement 继承而来）。它们都专用于执行特定类型的 SQL 语句。

Statement 接口定义了执行语句和获取结果的基本方法，用于执行不带参数的简单 SQL 语句，如表 5-2 所示。

表 5-2　Statement 接口的主要方法

| 方法 | 说明 |
| --- | --- |
| ResultSetexecuteQuery (Stringsql) throws SQLException | 使用 select 语句对数据库进行查询操作，用于产生单个结果集的语句 |
| int executeUpdate(String sql) throws SQLException | 使用 INSERT、DELETE 和 UPDATE 对数据库进行新增、删除和修改操作，并且可以进行表结构的创建、修改和删除 |
| boolean execute(String sql) | 执行给定的 SQL 语句，该语句可能会返回多个 ResultSet、多个更新计数或两者组合的语句 |
| void close() throws SQLException | 立即释放 Statement 对象中的数据库和 JDBC 资源，而不是等待其自动释放。需要注意的是，由于 Statement 对象是由 Connection 对象生成的，因此，Statement 对象的关闭必须在 Connection 对象关闭之前进行 |
| ConnectiongetConnection() throws SQLException | 获取生成该 Statement 接口的 Connection 对象 |

PreparedStatement 对象用于执行带或不带 IN 参数的预编译 SQL 语句。

CallableStatement 接口添加了处理 OUT 参数的方法,用于执行对数据库中的存储过程。

建立了到特定数据库的连接对象之后,就可以创建 Statement 对象。Statement 对象由 Connection 对象的 createStatement 方法负责创建,示例代码如下:

```
Connection con=DriverManager.getConnection(url, "user","password");
Statementstmt=con.createStatement();
```

executeQuery 方法用于执行 SELECT 查询语句,此方法返回一个结果集,其类型为 ResultSet。ResultSet 是一个与数据库表结构一致的集合类容器,程序通过游标可访问结果集里的数据记录。

executeUpdate 方法用于更新数据,如执行 INSERT、UPDATE 和 DELETE 语句及 SQL DDL(数据定义)语句。这些语句返回一个整数,表示受影响的行数。

当 Connection 对象处于默认状态时,所有 Statement 对象的执行都是自动的。也就是说,当 Statement 语句对象执行 SQL 语句时,该 SQL 语句马上提交数据库并返回结果。如果将连接修改为手动提交的事务模式,那么只有当执行 commit 语句时,才会提交相应的数据库操作。

在 Statement 语句对象使用完毕后,最好采用显式的方式将其关闭,因为虽然 Java 的垃圾回收机制会自动收集这些资源,但是显式的资源回收是一个好的习惯,可以避免很多麻烦。

### 5.8.5　PreparedStatement 接口

PreparedStatement 接口继承 Statement 接口,所以它具有 Statement 接口的所有方法,同时添加了一些自己的方法。PreparedStatement 接口与 Statement 接口有以下两点不同:

- PreparedStatement 接口对象包含已编译的 SQL 语句;
- PreparedStatement 接口对象中的 SQL 语句可包含一个或多个 IN 参数,也可用"?"作为占位符。

由于 PreparedStatement 对象已预编译过,其执行速度要快于 Statement 对象,因此,对于多次执行的 SQL 语句使用 PreparedStatement 对象,可极大地提高执行效率。

PreparedStatemen 对象可以通过调用 Connection 接口对象的 preparedStatement 方法得到。代码示例如下:

```
Connection con=DriverManager.getConnection(url, "user","password");
PreparedStatement pstmt=con.preparedStatement(String sql);
```

**注意**:在创建 PreparedStatement 对象时需要 SQL 命令字符串作为 preparedStatement 方法的参数,这样才能实现 SQL 命令预编译。SQL 命令字符串中可用"?"作为占位符,并且在执行 executeQuery 或 executeUpdate 之前用 setXxx(n,p)方法为占位符赋值。如果参数类型为 String,则使用 setString 方法。setXxx(n,p)方法中的第一个参数 n 表示要赋值的参数在 SQL 命令字符串中出现的次序,n 从 1 开始;第二个参数 p 为设置的参数值。

例如：

```
PreparedStatement pstmt=con.prepareStatement("update EMPLOYEE set Salary =?
where ID=?");
pstmt.setFloat(1,3833.18);
pstmt.setInt(2,110592);
```

这里的 SQL 语句中的参数可以像设置类中的参数一样依次设置。

在访问数据库时，不再提供 SQL 语句及参数信息，而是直接调用 PreparedStatement 对象的 executeQuery 或 executeUpdate 执行查询，可以很明显地看出这个类使用的便捷性。

PrepareStatement 接口的主要方法如表 5-3 所示。

表 5-3　PrepareStatement 接口的主要方法

| 方法 | 说明 |
| --- | --- |
| ResultSet executeQuery( ) | 使用 SELECT 命令对数据库进行查询 |
| int executeUpdate( ) | 使用 INSERT、DELETE 和 UPDATE 对数据库进行新增、删除和修改操作 |
| ResultSet MetaData getMetaData( ) | 取得 ResultSet 类对象有关字段的相关信息 |
| void setInt(int parameterIndex, int x) | 设定整数类型数值给 PreparedStatement 类对象的 IN 参数 |
| void setFloat ( intparameterIndex, floatx) | 设定浮点数类型数值给 PreparedStatement 类对象的 IN 参数 |
| void setNull ( intparameterIndex, intsqlType) | 设定 NULL 类型数值给 PreparedStatement 类对象的 IN 参数 |
| void setString( int parameterIndex, String x) | 设定字符串类型数值给 PreparedStatement 类对象的 IN 参数 |
| void setDate ( int parameterIndex, Date x) | 设定日期类型数值给 PreparedStatement 类对象的 IN 参数 |
| void setBigDecimal ( int index, BigDecimal x) | 设定十进制长类型数值给 PreparedStatement 类对象的 IN 参数 |
| void setTime ( int parameterIndex, Time x) | 设定时间类型数值给 PreparedStatement 类对象的 IN 参数 |

下面是利用 PreparedStatement 对象在 userinfo 表中插入一条记录的 JSP 程序片段：

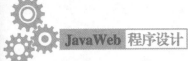

```
con=ConnectionManager.getConnction();          //得到数据库连接
String sql="insert into userinfo(loginname, password) values(?,?)";
                                               //两个占位符
pstmt=con.prepareStatement(sql);               //创建 PreparedStatement 对象
pstmt.setString(1, name);                      //为第 1 个占位符赋值,用户名由 name 变
                                                 量提供
pstmt.setString(2, password);                  //为第 2 个占位符赋值,密码由 password
                                                 变量提供
result=pstmt.executeUpdate();                  //执行插入操作,不需再提供 SQL 语句
```

### 5.8.6　ResultSet 接口

ResultSet 接口用于获取语句对象执行 SQL 语句返回的结果,它的实例对象包含符合 SQL 语句中条件的所有记录的集合。

程序中使用结果集名称作为访问结果集数据表的游标,当获得一个 ResultSet 时,它的游标正好指向第一行之前的位置。可以使用游标的 next 方法转到下一行,每调用一次 next 方法游标向下移动一行。当数据行结束时,该方法会返回 false。

对于不支持游标滚动的数据集,必须按顺序访问 ResultSet 数据行,但可访问任意顺序的数据列。表 5-4 所示为 ResultSet 接口的主要方法。

表 5-4　ResultSet 接口的主要方法

| 方法 | 说明 |
| --- | --- |
| booleanabsolute(int row) throws SQLException | 移动记录指针到指定的记录 |
| void beforeFirst() throws SQLException | 移动记录指针到第一笔记录之前 |
| void afterLast() throws SQLException | 移动记录指针到最后一笔记录之后 |
| boolean first() throws SQLException | 移动记录指针到第一笔记录 |
| boolean last() throws SQLException | 移动记录指针到最后一笔记录 |
| boolean next() throws SQLException | 移动记录指针到下一笔记录 |
| boolean previous() throws SQLException | 移动记录指针到上一笔记录 |
| void deleteRow() throws SQLException | 删除记录指针指向的记录 |
| void moveToInsertRow() throws SQLException | 移动记录指针以新增一笔记录 |
| void moveToCurrentRow() throws SQLException | 移动记录指针到被记忆的记录 |
| void insertRow() throws SQLException | 新增一笔记录到数据库中 |
| void updateRow() throws SQLException | 修改数据库中的一笔记录 |
| void update[type](intcolumnIndex, type x) throws SQLException | 修改指定字段的值 |
| int get[type](int columnIndex) throws SQLException | 取得指定字段的值 |
| ResultSetMetaData getMetaData() throws SQLException | 取得 ResultSetMetaData 类对象 |

在使用 ResultSet 之前,可以查询它包含多少列。此信息存储在 ResultSetMetaData 元数据对象中。下面是从元数据中获得结果集数据表列数的代码片段:

```
ResultSetMetaData rsmd;
rsmd= results.getMetaData();
int numCols rsmd.getColumnCount();
```

根据结果集数据列中数据类型的不同,需要使用相应的方法获取其中的数据。这些方法可以按列序号或列名作为参数。请注意,列序号从 1 开始,而不是从 0 开始。

ResultSet 对象获取数据列的一些常用方法如下:

- getInt(int n):将序号为 n 的列的内容作为整数返回。
- getInt(String str):将名称为 str 的列的内容作为整数返回。
- getFloat(int n):将序号为 n 的列的内容作为一个 float 型数返回。
- getFloat(String str):将名称为 str 的列的内容作为 float 型数返回。
- getDate(int n):将序号为 n 的列的内容作为日期返回。
- getDate(String str):将名称为 str 的列的内容作为日期返回。
- next():将行指针移到下一行。如果没有剩余行,则返回 false。
- Close():关闭结果集。
- getMetaData():返回 ResultSetMetaData 对象。

JDBC2.0 开始支持游标滚动的结果集,而且可以对数据进行更新。

要让 ResultSet 支持游标滚动和数据库更新,必须在创建 Statement 对象时使用下面的方式指定对应的参数:

```
Statementstmt =conn.createStatement(resultSetType,resultSetConcurrency);
```

对于 PreparedStatement,使用下面的方式指定参数:

```
PreparedStatementpstmt =conn.prepareStatement(sql,resultSetType,resultSetConcurrency);
```

其中,参数 resultSetType 表示 ResuleSet 的类型;resultSetConcurrency 表示是否可以使用 ResuleSet 来更新数据库。其参数意义分别如表 5-5 和表 5-6 所示。

表 5-5　resultSetType 参数表

| resultSetType 参数 | 参数意义 |
| --- | --- |
| TYPE_FORWARD_ONLY | 默认类型,结果集只允许向前滚动 |
| TYPE_SCROLL_INSENSITIVE | 结果集允许向前或向后两个方向的滚动,不反映数据库的变化,即不会受到其他用户对数据库所做更改的影响 |
| TYPE_SCROLL_SENSITIVE | 结果集允许向前或向后两个方向的滚动,受到其他用户对数据库所做更改的影响。即在该参数下,会及时跟踪数据库的更新,以便更改 ResultSet 中的数据 |
| CONCUR_READ_ONLY | 默认值,不能用结果集更新数据 |
| CONCUR_UPDATABLE | 能用结果集更新数据 |

当使用 TYPE_SCROLL_INSENSITIVE 或 TYPE_SCROLL_SENSITIVE 来创建 Statement 对象时,可以使用 ResultSet 的 first()、last()、beforeFirst()、afterLast()、relative()、absolute()等方法在结果集中随意前后移动。

但要注意,即使使用了 CONCUR_UPDATABLE 参数来创建 Statement,得到的记录集也并不一定是"可更新的",如果记录集来自合并查询,即该查询的结果来自多个表格,那么这样的结果集就可能不是可更新的结果集。可以使用 ResuleSet 类的 getConcurrency 方法来确认是否为可更新的结果集。如果结果集是可更新的,那么可使用 ResultSet 的 updateRow()、insertRow()、moveToCurrentRow()、deleteRow()、cancelRowUpdates()等方法来对数据库进行更新。如果没有设置可更新结果集而进行了更新操作,将会报"结果集不可更新"的异常错误。

### 5.8.7  DatabaseMetaData 接口

DatabaseMetaData 接口对象可提供整个数据库的相关信息,主要用于获取数据库中表的名称以及表中列的名称。

DatabaseMetaData 接口对象可从数据库连接对象获取。其获取方式如下:

```
DatabaseMetaData dbmd = conn.getMetaData();   //这个对象包含了 conn 所连接的数据
                                                库的详细信息
```

DatabaseMetaData 接口对象提供了如下方法用来获取数据库表的定义:

```
ResultSetgetTables(Stringcatalog, StringschemaPattern, StringtableNamePattern,
String[] types)throws SQLException
```

getTables 方法四个参数的含义如下:

● catalog:要在其中查找表名的目录名。可将其设置为 null。MySQL 数据库的目录项实际上是它在文件系统中的绝对路径名称。

● schemaPattern:要包括的数据库"方案"。许多数据库不支持方案,而对另一些数据库而言,它代表数据库所有者的用户名。一般将它设置为 null。

● tableNamePattern:用来描述要检索的表的名称。如果希望检索所有表名,则将其设为通配符"%"。

● types[]:获取哪些类型的表。每种类型以字符串的形式放入该数组中,典型的表类型一般包括 TABLE、VIEW、SYSTEM TABLE、GLOBAL TEMPORARY、LOCAL TEMPORARY、ALIAS 和 SYNONYM。该参数可以为 null,此时不设检索条件,会得到所有这些表。一般来说,要获取的就是表和视图的信息,因此字符串数组 types 的值一般写成{"TABLE","VIEW"}。

### 5.8.8  ResultSetMetaData 接口

使用 ResultSet 接口类的 getMetaData 方法可以从 ResultSet 中获取 ResultSetMetaData 接口类对象。ResultSetMetaData 接口类对象保存了所有 ResultSet 类对象中关于字段的信息,并提供许多方法来取得这些信息。例如,可以使用此对象获得列的数目、类型以及每一列的名称。ResultSetMetaData 接口的主要方法如表 5-7 所示。

表 5-7　**ResultSetMetaData** 接口的主要方法

| 方法 | 说明 |
| --- | --- |
| int getColumnCount( ) throws SQLException | 取得 ResultSet 类对象的字段个数 |
| int getColumnDisplaySize( ) throws SQLException | 取得 ResultSet 类对象的字段长度 |
| String getColumnName( int column) throws SQLException | 取得 ResultSet 类对象的字段名称 |
| String getColumnTypeName( int column) throws SQLException | 取得 ResultSet 类对象的字段类型名称 |
| String getTableName( int column) throws SQLException | 取得 ResultSet 类对象的字段所属数据表的名称 |
| boolean isCaseSensitive( int column) throws SQLException | 测试 ResultSet 类对象的字段是否区分大小写 |
| boolean isReadOnly( int column) throws SQLException | 测试 ResultSet 类对象的字段是否为只读 |

# 5.9　数据库连接池原理

　　数据库连接池的原理是优化数据库连接资源的使用和管理,以提高应用程序的性能和可扩展性。在传统的数据库访问模式中,每次用户请求都需要创建一个新的数据库连接,并在请求完成后关闭连接。这种方式在处理大量并发请求时会遇到性能瓶颈,因为频繁地创建和销毁连接会消耗大量的系统资源,并增加响应时间。

　　数据库连接池的工作原理如下:系统初始化时,连接池会预先创建一定数量的数据库连接,并将这些连接保存在连接池中。当应用程序需要访问数据库时,它不是直接创建一个新的连接,而是从连接池中请求一个已经创建好的连接。使用完毕后,应用程序不是关闭连接,而是使连接返回连接池,以便其他请求重用。这样就避免了频繁地创建和销毁连接的开销。

　　数据库连接池的基本思想就是为数据库连接建立一个"存储池"。连接池是一个可以存储多个数据库连接对象的容器,当程序需要连接数据库时,可直接从连接池中获取一个连接,使用结束时将连接还给连接池。这样一个连接可以被很多程序共享,无须在每次与数据库交互时都与其进行连接与断开操作,提高了数据库的访问速度。

　　数据库建立初期,预先在缓冲池中放入一定数量的连接,当需要建立数据库连接时,只需从连接池中申请一个,使用完毕后再将该连接作为公共资源保存在连接池中,以供其他连接申请使用。在这种情况下,当需要连接时,就不需要再重新建立连接,这样就在很大程度上提高了数据库连接处理的速度;同时,还可以通过设定连接池最大连接数防止系统无控制地与数据库连接;更为重要的是,可以通过连接池管理机制监视数据库的连接数量以及各连接的使用情况,为系统开发、测试及性能调整提供依据。

　　除了向连接池请求分配数据库连接外,连接池还负责按照一定的规则释放使用次数较多的连接,并重新生成新的连接实例,保持连接池中所有连接的可用性。

　　数据库连接池在初始化时将创建一定数量的数据库连接放到连接池中,这些数据库连

接的数量是由最小数据库连接数来设定的。无论这些数据库连接是否被使用,连接池都将一直保证至少拥有这么多的连接数量。连接池的最大数据库连接数限定了这个连接池能占有的最大连接数,当应用程序向连接池请求的连接数超过最大连接数时,这些请求将被加入等待队列中。

数据库连接池的最小连接数和最大连接数的设置要考虑下列几个因素:

(1)最小连接数是连接池一直保持的数据库连接,所以如果应用程序对数据库连接的使用量不大,将会有大量的数据库连接资源被浪费。

(2)最大连接数是连接池能申请的最大连接数,如果数据库连接请求超过此数,后面的数据库连接请求将被加入等待队列中,这会影响之后的数据库操作。

(3)超过最小连接数的连接请求等价于建立一个新的数据库连接。不过,这些大于最小连接数的数据库连接在使用完后不会马上被释放,它将被放到连接池中等待重复使用或是空闲超时后被释放。

下面举例说明连接池的运作。

假设设置的最小和最大的连接数分别为 10 和 20,那么应用一旦启动,首先打开 10 个数据库连接,但注意此时数据库连接池中正在使用的连接数为 0,因为并没有使用这些连接,因此空闲的连接数是 10。然后开始登录,假设登录代码使用了一个连接进行查询,那么此时数据库连接池中正在使用的连接数为 1,空闲数为 9。登录结束后,当前连接池中正在使用的连接数是多少?当然是 0,因为那个连接随着事务的结束已经返还给连接池了。假设同时有 11 个人在进行登录,这时连接池需要向数据库新申请一个连接,连同连接池中的 10 个一并送出,这个瞬间连接池中连接的使用数是 11 个,不过没关系,正常情况下过一会儿又会变成 0。如果同时有 21 个人登录,则第 21 个人就只能等前面的某个人登录完毕后释放连接给他。虽然这时连接池开启了 20 个数据库连接,但随着使用连接的释放,很可能正在使用的连接数已经降为 0,那 20 个连接不会一直保持,连接池会在一定时间内关闭一定量的连接,因为只需要保持最小连接数,而这个时间周期也是在连接池里配置的。

连接池技术的核心思想是连接复用,通过建立一个数据库连接池以及一套连接使用、分配和管理策略,使得该连接池中的连接得到高效、安全的复用,避免了数据库连接频繁建立、关闭的开销。

实际运行结果与普通的 JSP 访问数据的运行结果完全一致。它们之间的区别仅仅是数据库连接的获取方式,而对于具体的数据库操作处理是没有任何区别的。

需要注意的是 finally 中的 conn.close()的含义,这里的数据库连接对象是已经过封装了的对象,因此这里的 close 方法仅仅是将连接交还给连接池而已。至于连接池如何管理这些交还回来的连接,对连接池的使用者来说完全是透明的。

# 习　题　五

1. 简述 JDBC 框架的主要组成部分。

2. JDBC 驱动有哪 4 种类型? 这 4 种类型之间有什么区别?

3. 使用 JDBC 连接数据库一般需要哪几个步骤?

4. 如何在 Tomcat 中配置数据库连接池？

5. 简述 Statement 接口中定义的 execute 方法和 executeQuery 方法的使用场合、返回类型及意义。

6. 编写程序 showstud. jsp,页面显示学生表格,浏览数据库学生表数据,MySQL 数据库为 stuDB,用户名为 root,密码为 123,表名为 students。效果如下:

| 学号 | 姓名 | 性别 | 班级 | e-mail |
|------|------|------|------|--------|
| 1400100001 | 张三 | 男 | 软件 01 | zhangsan@ 163. com |

7. 写一段 JDBC 连接 MySQL 数据库的程序,实现用户登录,包括:

(1)建立 users 用户表 SQL 语句。

(2)login. htm 登录表单,提交至 check. jsp。

(3)check. jsp 进行用户验证,与数据库中的 users 表用户密码做对比,成功则将用户密码写入 session 并转到 loginsuccess. jsp,失败转回 login. htm。

(4)loginsuccess. jsp 登录成功页面,显示用户名和密码。

# 第6章　JavaBean 技术

【本章学习目标】

1. 掌握如何通过反射创建对象、访问属性以及调用方法；
2. 掌握如何通过内省访问 JavaBean 的属性；
3. 掌握如何通过 JSP 标签访问 JavaBean；
4. 掌握 BeanUtils 工具的使用方法。

在软件开发时，一些数据和功能需要在很多地方使用，为了方便对它们进行"移植"，Sun 公司提出了一种 JavaBean 技术，使用 JavaBean 可以对这些数据和功能进行封装，做到"一次编写，到处运行"。本章将针对 JavaBean、反射、内省、JSP 标签访问 JavaBean 及 BeanUtils 工具进行详细的讲解。

## 6.1　JavaBean 概述

JavaBean 是 Java 开发语言中一个可以重复使用的软件组件，它本质上是一个 Java 类。为了规范 JavaBean 的开发，Sun 公司发布了 JavaBean 的规范，它要求一个标准的 JavaBean 组件遵循一定的编码规范，具体如下。

（1）它必须具有一个公共的、无参的构造方法，这个方法可以是编译器自动产生的默认构造方法。

（2）它提供公共的 setter 方法和 getter 方法，让外部程序设置和获取 JavaBean 的属性。

为了让读者对 JavaBean 有一个直观的认识，接下来编写一个简单的 JavaBean。在 chapter08 工程下创建 cn. itcast. chapter08. javabean 包，在包下定义一个 Book 类，具体代码如例 6-1 所示。

【例 6-1】Book. java

```
1  package cn.itcast.chapter08.javabean;
2  public class Book {
3      private double price;
4      public double getPrice(){
5          return price;
```

```
6    }
7    public void setPrice(double price){
8        this.price=price;
9    }
10   }
```

在例 6-1 中,定义了一个 Book 类,该类就是一个 JavaBean,它没有定义构造方法,Java 编译器在编译时,会自动为这个类提供一个默认的构造方法。Book 类中定义了一个 price 属性,并提供了公共的 setPrice() 和 getPrice() 方法供外界访问这个属性。

### 6.1.1　JavaBean 的使用

JavaBean 是一种 Java 语言写成的可重用组件,它遵循特定的编码约定,使得 JavaBean 可以在不同的 Java 应用程序中或者在不同的 Java 框架中被轻松地使用和管理。

JavaBean 的使用通常涉及以下几个步骤:

(1)定义 JavaBean 类,它是一个公共类,有一个无参的公共构造函数,并且它的属性通常被定义为私有变量,通过公共的 getter 和 setter 方法来访问和修改这些属性。属性的命名通常遵循驼峰命名法,而 getter 和 setter 方法则根据属性的类型来命名,例如对于名为"name"的 String 类型属性,其 getter 方法命名为"getName()",setter 方法命名为"setName(String name)"。

(2)在应用程序中创建 JavaBean 实例,这通常通过 new 关键字和类的构造函数来完成。一旦创建了 JavaBean 实例,就可以通过调用其 setter 方法来设置属性值,这些方法允许开发者将数据传递给 JavaBean,从而对其进行初始化或者更新。

(3)可以使用 JavaBean 来执行业务逻辑或者作为数据模型进行数据传递。JavaBean 的属性可以通过其 getter 方法读取,这样可以在应用程序的不同部分之间传递数据,或者在用户界面中显示数据。

(4)JavaBean 还可以用于实现事件监听和处理机制,例如在 Java Swing 应用程序中,应用程序中的按钮点击事件可以通过 JavaBean 来处理。在这种情况下,JavaBean 需要实现特定的接口,并在事件发生时触发相应的方法。在 JavaWeb 应用程序中,JavaBean 常常用作模型,用于在视图层与控制器层之间传递数据。

(5)JavaBean 的生命周期管理通常由创建它的容器负责,例如在 Java EE 容器中,JavaBean 可以是 EJB(Enterprise JavaBean),其生命周期和事务管理由容器提供的服务来处理。

JavaBean 的使用简化了 Java 应用程序的开发,提高了代码的可读性和可维护性,并且它的标准化特性使得 JavaBean 可以被各种开发工具和框架所支持,从而增强了其在不同场景下的适用性。

### 6.1.2　访问 JavaBean 的属性

在讲解面向对象时,经常会使用类的属性。类的属性指的是类的成员变量。在 JavaBean 中同样也有属性,但是它与成员变量不是一个概念。它是以方法定义的形式出现的,这些方法必须遵循一定的命名规范。例如,在 JavaBean 中包含一个 String 类型的属性 name,那么在 JavaBean 中必须至少包含 getName()和 setName()方法中的一个。这两个方法的声明如下:

```
public String getName();
public void setName(String name);
```

关于上述两个方法的相关讲解具体如下。

(1)getName()方法:称为 getter 方法或者属性访问器,该方法以小写的 get 前缀开始,后跟属性名。属性名的第一个字母要大写,例如,nickName 属性的 getter 方法为 getNickName()。

(2)setName()方法:称为 settter 方法或者属性修改器,该方法必须以小写的 set 前缀开始,后跟属性名,属性名的第一个字母要大写,例如,nickName 属性的 setter 方法为 setNickName()。

如果一个属性只有 getter 方法,则该属性为只读属性;如果一个属性只有 setter 方法,则该属性为只写属性;如果一个属性既有 getter 方法,又有 setter 方法,则该属性为读写属性。通常来说,在开发 JavaBean 时,其属性都定义为读写属性。

需要注意的是,对于 JavaBean 属性的命名方式有一个例外情况,如果属性的类型为 boolean,它的命名方式应该使用 is/get 而不是 set/get。例如,有一个 boolean 类型的属性 married,该属性所对应的方法如下:

```
public boolean isMarried();    public void setMarried(boolean married);
```

从上面的代码可以看出,married 属性的 setter 方法命名方式没有发生变化,而 getter 方法变成了 isMarried。当然,如果一定要写成 getMarried()也是可以的,只不过 isMarried 更符合命名规范。

通过上面的学习,读者对 JavaBean 组件有了一个初步的了解。为了更加深刻地理解 JavaBean 属性的定义,接下来通过具体的案例来实现一个 JavaBean 程序。在 chapter08 工程的 cn. itcast. chapter08. javabean 包下定义一个类 Student,如例 6-2 所示。

【例 6-2】Student. java

```
1   package cn.itcast.chapter08.javabean;
2   public class Student {
3       private String sid;
4       private String name;
5       private int age;
6       private boolean married;
7       //age 属性的 getter 和 setter 方法
8       public int getAge(){
9           return age;
10      }
11      public void setAge(int age){
12          this.age=age;
13      }
14      //married 属性的 getter 和 setter 方法
```

```
15    public boolean isMarried(){
16        return married;
17    }
18    public void setMarried(boolean married){
19        this.married=married;
20    }
21    //sid 属性的 getter 方法
22    public String getSid(){
23        return sid;
24    }
25    //name 属性的 getter 方法
26    public String getName(){
27        return name;
28    }
29    //name 属性的 setter 方法
30    public void setName(String name){
31        this.name=name;
32    }
33    public void getInfo(){
34        System.out.print("我是一个学生");
35    }
36 }
```

在例 6-2 中定义了一个 Student 类,该类拥有 5 个属性,分别为 age、married、name、sid 和 info。其中,age 和 married 属性是可读写属性,name 是只写属性,sid 是只读属性,它们在类中都有命名相同的成员变量;而 info 属性是只读属性,但它没有命名相同的成员变量。

### 6.1.3　JavaBean 的使用

1. 在 JSP 中使用 JavaBean

jsp:useBean 指令指定 JSP 页面中包括的 JavaBean,具体语法格式如下:

```
<jsp:useBean id="beanid"scope="pagelrequest sessionlapplication"
class="package.class">
```

从上面的语法格式中可以看出,jsp:useBean 指令中有 6 个属性。接下来就针对这 6 个属性进行讲解。

(1)id:用于指定 JavaBean 实例对象的引用名称及其存储在域范围中的名称。

(2)scope:用于指定 JavaBean 实例对象所存储的域范围,其取值只能是 page、request、session 和 application 4 个值中的一个,其默认值是 page。

(3)page:JavaBean 只能在当前页面中使用。在 JSP 页面执行完毕后,该 JavaBean 将会被进行垃圾回收。

(4)request:JavaBean 在相邻的两个页面中有效。

（5）session：JavaBean 在整个用户会话过程中都有效。

（6）application：JavaBean 在当前整个 Web 应用的范围内有效。

page 作用域在这 4 种类型中范围是最小的，客户端每次请求访问时都会创建一个 JavaBean 对象。JavaBean 对象的有效范围是客户请求访问的当前页面文件，当客户执行当前的页面文件完毕后，JavaBean 对象结束生命。在 page 范围内，每次访问页面文件时都会生成新的 JavaBean 对象，原有的 JavaBean 对象已经结束生命周期。

当 scope 为 request 时，JavaBean 对象被创建后，它将存在于整个 request 的生命周期内，request 对象是一个内建对象，使用它的 getParameter 方法可以获取表单中的数据信息。

request 范围的 JavaBean 与 request 对象有着很大的关系，它的存取范围除了 page 外，还包括使用动作元素<jsp：include>和<jsp：forward>包含的网页，所有通过这两个操作指令连接在一起的 JSP 程序都可以共享同一个 JavaBean 对象。

当 scope 为 Session 时，JavaBean 对象被创建后将存在于整个 Session 的生命周期内。Session 对象是一个内建对象，当用户使用浏览器访问某个网页时，就创建了一个代表该链接的 Session 对象，同一个 Session 中的文件共享这个 JavaBean 对象。客户对应的 Session 生命周期结束时，JavaBean 对象的生命也就结束了。

在同一个浏览器内，JavaBean 对象存在于一个 Session 中。当打开新的浏览器时，就会开始一个新的 Session。每个 Session 中拥有各自的 JavaBean 对象。

当 scope 为 application 时，JavaBean 对象被创建后，它将存在于整个主机或虚拟主机的生命周期内，application 范围是 JavaBean 中生命周期最长的。同一个主机或虚拟主机中的所有文件共享这个 JavaBean 对象。

如果服务器不重新启动，scope 为 application 的 JavaBean 对象会一直存放在内存中，随时处理客户的请求，直到服务器关闭，它在内存中占用的资源才会被释放。在此期间，服务器并不会创建新的 JavaBean 组件，而是创建源对象的一个同步复本，任何复本对象发生改变都会使源对象随之改变，不过这个改变不会影响其他已经存在的复本对象。

程序 testbean. jsp 内容如下：

```
<% @ page language ="java"import ="java.util. *, com.util. *"pageEncoding ="
gb2312"% >
  <html>
   <head>
     <title>JSP 中 useBean 动作的使用</title>
   </head>


   <body>
   JSP 动作的使用<hr>      <jsp:useBean id="stu"class ="com.util.Student"scope ="
page">

   </jsp:useBean>


   <% int age=20
```

```
    char sex='男';
  % >


//name 属性的 getter 方法
publicString getName(){
return name;
}
<设定属性的值……hr><br>

    <jsp:setProperty name="stu"property="name"value="张三">
    <jsp:setProperty name="stu"property="no"value="20130615"/>
    <jsp:setProperty name="stu"property="sex"value="<% =sex% >">
    <jsp:setProperty name="stu"property="age"value="<% =age+1% >">
    <jsp:setProperty name="stu"property="sanHao"value="true"/>
    得到属性的值:<br>
    姓名:<jsp:getProperty name="stu"property="name"/><br>
    学号:<jsp:getProperty name="stu"property="no"><br>
    性别:<jsp:getProperty name="stu"property="sex"><br>
    年龄:<jsp:getProperty name="stu"property="age"/><br>
    是否三好:<jsp:getProperty name="stu"property="sanHao"/><br>

  </body>
</html>
```

运行 testbean.jsp 程序后出现如图 6-1 所示界面。

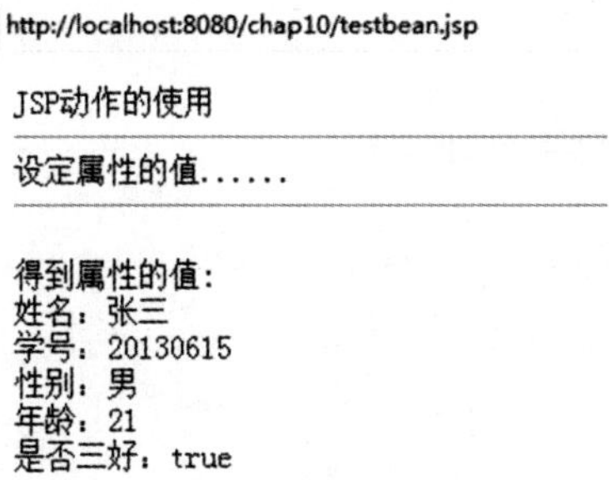

图 6-1　使用 JavaBean 在 JSP 中使用动作

2. 在 Servlet 中使用 JavaBean

在 Servlet 中使用 JavaBean,需要如下几个步骤:

(1)创建 JavaBean 类 Student。

(2)在 Servlet 中使用 Student 类,Servlet 代码如下:

```
package com.business;
import java.io.IOException;
import java.io.PrintWriter;
import javax.servlet.ServletException;
import javax.servlet.http.HttpServlet;
import javax.servlet.http.HttpServletRequest;
import javax.servlet.http.HttpServletResponse;
import com.util.Student;
public class BeanServlet extends HttpServlet{
    /* *
     * 使用JavaBean
     * /
    public void doGet ( HttpServletRequest request, HttpServletResponse response)
             throws ServletException, IOException{
        response.setContentType("text/html;charset=gb2312");
        PrintWriter out = response.getWriter();
        String name = "张三";
        String no = "20130101";
        char sex = '女';
        int age = 20;
        boolean sanHao = true;            //封装 Student 对象
        Student stu = new Student();
        stu.setName(name);
        stu.setNo(no);
        stu.setSex(sex);
        stu.setAge(age);
        stu.setSanHao(sanHao);

        //得到并输出对象的各个属性值
        out.println("姓名:"+stu.getName()+"<br>");
        out.println("学号:"+stu.getNo()+"<br>");
        out.println("性别:"+stu.getSex()+"<br>");
        out.println("年龄:"+stu.getAge()+"<br>");
        out.println("是否三好:"+stu.isSanHao()+"<br>");
    }

    public void doPost ( HttpServletRequest request, HttpServletResponse response)
    throws ServletException, IOException{
        doGet(request, response);
```

# 6.2　Java 反射

在 Java 中反射是极其重要的知识,在后期接触的大量框架的底层都运用了反射技术,因此掌握反射技术有助于我们更好地理解这些框架的底层原理,以便灵活地掌握框架的使用。接下来,本节将针对 Java 反射的相关知识进行详细讲解。

## 6.2.1　认识 Class 类

若想完成反射操作,首先必须认识 Class 类。一般情况下,需要在一个类的完整路径引入之后,才可以按照固定的格式产生实例化对象,但是在 Java 中允许通过一个实例化对象找到一个类的完整信息,这就是 Class 类的功能。

为了帮助读者快速了解什么是反射以及 Class 类的作用,接下来,我们通过例 6-3 来演示如何通过对象得到完整的"包. 类"名称。

【例 6-3】GetClassNameDemo. java

```
1  package cn.itcast.chapter08.javabean;
2  class X{}
3  public class GetClassNameDemo {
4      public static void main(String[] args){
5          X x=new X();
6          System.out.println(x.getClass().getName());
7      }
8  }
```

程序输出了对象所在的完整的"包. 类"名称。在例 6-3 中通过对象的引用 x 调用了 getClass()方法,该方法是从 Object 类中继承而来的,此方法的定义如下:

```
public final Class<? >getClass()
```

从上述定义中可以看出,该方法返回值的类型是 Class 类。这是因为 Java 中 Object 类是所有类的父类,所以,任何类的对象都可以通过调用 getClass()方法转变成 Class 类型来表示。需要注意的是,在定义 Class 类时使用了泛型声明,若想避免程序出现警告信息,可以在泛型中指定操作的具体类型。

Class 类表示一个类的本身,通过 Class 可以完整地得到一个类中的结构,包括此类中的方法定义、属性定义等。接下来列举一下 Class 类的常用方法,具体如表 6-1 所示。

表 6-1　Class 类的常用方法

| 方法声明 | 功能描述 |
| --- | --- |
| static ClassforName (String className) | 返回与带有给定字符串名的类或接口相关联的 Class 对象 |
| Constructor<? >[] getConstructors() | 返回一个包含某些 Constructor 对象的数组,这些对象反映此 Class 对象所表示类的所有公共构造方法 |

表 6-1　Class 类的常用方法

| 方法声明 | 功能描述 |
|---|---|
| Field[ ] getDeclnredField(String name) | 返回包含某些 Field 对象的数组,这些对象反映此 Class 对象所表示的类或接口所声明的所有字段。包括公共、保护、默认(包)访问和私有字段,但不包括继承的字段 |
| Field[ ] getFields() | 返回一个包含某些 Field 对象的数组,这些对象反映此 Class 对象所表示的类或接口的所有可访问公共字段,包括继承的公共字段 |
| Method[ ] getMethods() | 返回一个包含某些 Method 对象的数组,这些对象反映此 Class 对象所表示的类或接口(包括由该类或接口声明的以及从超类和超接口继承的那些类或接口)的公共成员方法 |
| Method getMethod (String name, Class<? >…parameterTypes) | 返回一个 Method 对象,反映此 Class 对象所表示的类或接口的指定公共成员方法 |
| Class<? >[ ] getInterfaces() | 返回该类所实现的接口的一个数组。确定此对象所表示的类或接口实现的接口 |
| String getName() | 以 String 的形式返回此 Class 对象所表示的实体(类、接口、数组类、基本类型或 void)名称 |
| Package getPackage() | 获取此类的包 |
| Class<? super T> getSuperclass() | 返回此 Class 所表示的实体(类、接口、基本类型或 void)的超类的 Class |
| T newInstance() | 创建此 Class 对象所表示类的一个新实例 |
| boolean isArray() | 判定此 Class 对象是否表示一个数组类 |

表 6-1 中,大部分方法都用于获取一个类的结构,这些常用方法就显得尤为重要。

在 Class 类中本身没有定义非私有的构造方法,因此不能通过 new 直接创建 Class 类的实例。获得 Class 类的实例有以下三种方式:

（1）通过"对象.getClass()"方式获取该对象的 Class 实例。

（2）通过 Class 类的静态方法 forName(),用类的全路径名获取一个 Class 实例。

（3）通过"类名.class"的方式获取 Class 实例;对于基本数据类型的封装类,还可以采用.TYPE 来获取相对应的基本数据类型的 Class 实例。

需要注意的是,通过 Class 类的 forName()方法相比其他两种方法更为灵活,因为其他两种方法都需要明确一个类,如果一个类操作不确定,使用起来可能会受到一些限制。但是 forName()方法只需要以字符串的方式传入即可,这样就让程序具备更大的灵活性,所以它也是三种方式中最常用的。

### 6.2.2　通过反射创建对象

当使用构造方法创建对象时,构造方法可以是有参数的,也可以是无参数的。同样,通过反射创建对象的方法也有两种,即无参构造方法和有参构造方法。下面针对这两种方法进行详细讲解。

1. 通过无参构造方法实例化对象

如果想通过 Class 类本身实例化其他类的对象,就可以使用 newInstance() 方法,但是必须保证被实例化的类中存在一个无参构造方法。接下来通过例 6-4 来演示如何通过无参构造方法实例化对象。

【例 6-4】ReflectDemo01. java

```
1  package cn.itcast.chapter08.reflection;
2  class Person {
3      private String name;              //定义属性 name,表示姓名
4      private int age;                  //定义属性 age,表示年龄
5      public String getName(){
6          return name;
7      }
8      public void setName(String name){   //设置 name 属性
9          this.name=name;
10     }
11     public int getAge(){
12         return age;
13     }
14     public void setAge(int age){        //设置 age 属性
15         this.age=age;
16     }
17     public String toString(){           //重写 toString()方法
18         return "姓名:"+this.name+",年龄:"+this.age;
19     }
20 }
21 public class ReflectDemo01 {
22     public static void main(String[] args)throws Exception{
23                                   //传入要实例化类的完整"包.类"名称
24         Class class = Class.forName("cn.itcast.chapter08.reflection.
Person");
25                                   //实例化 Person 对象
26         Person p=(Person)class.newInstance();
27         p.setName("李芳");
28         p.setAge(18);
29         System.out.println(p);
30     }
31 }
```

在例 6-4 中,第 24 行代码通过 Class. forName() 方法实例化 Class 对象,向方法中传入完整的"包. 类"名称的参数,第 26 行代码直接调用 newInstance() 方法实现对象的实例化操作。

**2. 通过有参构造方法实例化对象**

当通过有参构造方法实例化对象时,需要分为以下三个步骤完成:

(1)通过 Class 类的 getConstructors()方法取得本类中的全部构造方法;

(2)向构造方法中传递一个对象数组,里面包含构造方法中所需的各个参数;

(3)通过 Constructor 类实例化对象。

需要注意的是,Constructor 类表示的是构造方法,该类有很多常用的方法,具体如表6-2 所示。

表 6-2  Constructor 类的常用方法

| 方法声明 | 功能描述 |
|---|---|
| int getModifiers() | 获取构造方法的修饰符 |
| String getName() | 获得构造方法的名称 |
| Class<? >[]getParameterTypes() | 获取构造方法中参数的类型 |
| T newInstance(Object…initargs) | 向构造方法中传递参数,实例化对象 |

接下来,通过例6-5 来演示如何通过有参构造方法实例化对象。

【例 6-5】ReflectDemo02. java

```
1  package cn.itcast.chapter08.reflection;
2  import java.lang.reflect.Constructor;
3  class Person {
4      private String name;              //定义属性 name,表示姓名
5      private int age;                  //定义属性 age,表示年龄
6    public Person(String name, int age){
7          this.name=name;
8          this.age=age;
9      }
10 public String getName(){
11         return name;
12     }
13     public void setName(String name){//设置 name 属性
14         this.name=name;
15     }
16     public int getAge(){
17         return age;
18     }
19     public void setAge(int age){      //设置 age 属性
20         this.age=age;
21     }
22     public String toString(){         //重写 toString()方法
```

```
23           return "姓名:"+this.name+",年龄:"+this.age;
24      }
25 }
26 public class ReflectDemo02 {
27    public static void main(String[] args)throws Exception{
28                         //传入要实例化类的完整"包.类"名称
29         Class class = Class.forName("cn.itcast.chapter08.reflection.
Person");
30                              //通过反射获取全部构造方法
31         Constructor cons[]=class.getConstructors();
32                         //向构造方法中传递参数,并实例化 Person 对象
33                         //因为只有一个构造方法,所以数组角标为 0
34         Person p=(Person)cons[0].newInstance("李芳",30);
35         System.out.println(p);
36    }
```

在例 6-5 中,第 29 行代码用于获取 Person 类的 Class 实例;第 31 行代码通过 Class 实例取得了 Person 类中的全部构造方法,并以对象数组的形式返回;第 34 行代码用于向构造方法中传递参数,并实例化 Person 对象。由于在 Person 类中只有一个构造方法,所以直接取出对象数组中的第一个元素即可。

需要注意的是,在实例化 Person 对象时,必须考虑到构造方法中参数的类型顺序:第一个参数的类型为 String,第二个参数的类型为 Integer。

### 6.2.3　通过反射访问属性

通过反射不仅可以创建对象,还可以访问属性。在反射机制中,属性的操作是通过 Filed 类实现的,它提供的 set()和 get()方法分别用于设置和获取属性。需要注意的是,如果访问的属性是私有的,则需要在使用 set()或 get()方法前,使用 Field 类中的 setAccessible()方法将需要操作的属性设置成可以被外界访问的。

接下来,通过例 6-6 来演示如何通过反射访问属性。

【例 6-6】ReflectDemo03.java

```
1  package cn.itcast.chapter08.reflection;
2  import java.lang.reflect.Field;
3  class Person {
4     private String name;          //定义属性 name,表示姓名
5     private int age;              //定义属性 age,表示年龄
6     public String toString(){     //重写 toString()方法
7         return "姓名:"+this.name+",年龄:"+this.age;
8     }
9  }
```

```
10   public class ReflectDemo03 {
11     public static void main(String[] args)throws Exception{
12                                 //获取 Person 类对应的 Class 对象
13         Class class = Class.forName("cn.itcast.chapter08.reflection.
Person");
14                                 //创建一个 Person 对象
15       Object p=class.newInstance();
16                                 //获取 Person 类中指定名称的属性
17       Field nameField=class.getDeclaredField("name");
18                                 //设置通过反射访问该属性时取消权限检查
19       nameField.setAccessible(true);
20                                 //调用 set 方法为 p 对象的指定属性赋值
21       nameField.set(p, "李四");
22                                 //获取 Person 类中指定名称的属性
23       Field ageField=class.getDeclaredField("age");
24                                 //设置通过反射访问该属性时取消权限检查
25       ageField.setAccessible(true);
26                                 //调用 set 方法为 p 对象的指定属性赋值
27       ageField.set(p, 20);
28       System.out.println(p);
29     }
30   }
```

在例 6-6 中,第 3~9 行代码定义了一个 Person 类,类中定义了两个私有属性 name 和 age;第 10~30 行代码定义了 ReflectDemo03 类,其中第 19 行代码用于取消访问属性时的权限检查,第 21 行代码用于调用 set 方法为对象的指定属性赋值。

### 6.2.4 通过反射调用方法

当获得某个类对应的 Class 对象后,就可以通过 Class 对象的 getMethods() 方法或 getMethod() 方法获取全部方法或者指定方法,getMethod() 方法和 getMethods() 这两个方法的返回值,分别是 Method 对象和 Method 对象数组。每个 Method 对象都对应一个方法,程序可以通过获取 Method 对象来调用对应的方法。在 Method 里包含一个 invoke() 方法,该方法的定义具体如下:

```
public Object invoke(Object obj, Object...args)
```

在上述方法定义中,参数 obj 是该方法最主要的参数,它后面的参数 args 是一个相当于数组的可变参数,用来接收传入的实参。

接下来通过例 6-7 来演示如何通过反射调用方法。

【例 6-7】ReflectDemo04.java

```
1  package cn.itcast.chapter08.reflection;
2  import java.lang.reflect.Method;
3  class Person {
4      private String name;                    //定义属性 name,表示姓名
5      private int age;                        //定义属性 age,表示年龄
6      public String getName(){
7          return name;
8      }
9      public void setName(String name){   //设置 name 属性
10         this.name=name;
11     }
12     public int getAge(){
13         return age;
14     }
15     public void setAge(int age){        //设置 age 属性
16         this.age=age;
17     }
18     public String sayHello(String name,int age){
                                            //定义 sayHello()方法
19         return "大家好,我是"+name+",今年"+age+"岁!";
20     }
21 }
22 public class ReflectDemo04 {
23     public static void main(String[] args)throws Exception{
24                                 //实例化 Class 对象
25       Class class=Class.forName("cn.itcast.chapter08.reflection.Person");
26                                 //获取 Person 类中名为 sayHello 的方法,该
                                     方法有两个形参
27         Method md=class.getMethod("sayHello", String.class, int.class);
28                                 //调用 sayHello()方法
29         String result=(String)md.invoke(class.newInstance(), "张三",35);
30         System.out.println(result);
31     }
32 }
```

在例 6-7 中,第 25 行代码用于获取 Person 类的 Class 实例;第 27 行代码用于返回 sayHello()方法所对应的 Method 对象,由于 sayHello()方法本身要接收两个参数,因此在使用 Class 实例的 getMethod()方法时,除了需要指定方法名称外,也需要指定方法的参数类型;在第 29 行代码中,通过 Method 对象的 invoke()方法实现 sayHello()方法的调用,并接收 sayHello()方法所传入的实参。

## 6.3  内  省

JDK 中提供了一套 API 专门用于操作 Java 对象的属性,即内省(Introspector),它比反射技术操作更加简便。

### 6.3.1  什么是内省

在类 Person 中如果有属性 name,那么可以通过 getName() 和 setName() 来得到其值或者设置新的值,这是以前常用的方式。为了让程序员更好地操作 JavaBean 的属性,JDK 中提供了一套 API 用来访问某个属性的 getter 和 setter 方法,这就是内省。内省是 Java 语言对 JavaBean 类属性、事件和方法的一种标准处理方式,它的出现有利于操作对象属性,并且可以有效地减少代码量。

内省访问 JavaBean 有以下两种方法:

(1)先通过 java. beans 包下的 Introspector 类获得 JavaBean 对象的 BeanInfo 信息,再通过 BeanInfo 来获取属性的描述器(PropertyDescriptor),然后通过这个属性描述器就可以获取某个属性对应的 getter 和 setter 方法,最后通过反射机制来调用这些方法。

(2)直接通过 java. beans 包下的 PropertyDescriptor 类来操作 Bean 对象。

为了让读者更好地了解什么是内省,接下来通过一个案例来演示如何使用内省获得 JavaBean 中的所有属性和方法。在演示内省操作前首先需要定义一个 JavaBean,在 chapter08 工程的 cn. itcast. chapter08. javabean 包下定义 Person 类,如例 6-8 所示。

【例 6-8】Person. java

```
1    package cn.itcast.chapter08.javabean;
2    public class Person {
3    private String name;                  //定义属性 name,表示姓名
4    private int age;                      //定义属性 age,表示年龄
5    public String getName() {
6    return name;
7    }
8    public void setName(String name) {    //设置 name 属性
9    this.name = name;
10   }
11     public int getAge() {
12     return age;
13   }
14     public void setAge(int age) {       //设置 age 属性
15   this.age = age;
16   }
```

```
17    //重写 toString()方法
18     public String toString(){
19     return "姓名:"+this.name+",年龄:"+this.age;
20     }
21   }
```

然后针对上面的 JavaBean 来演示具体的内省操作,如例 6-9 所示。

【例 6-9】IntrospectorDemo01. java

```
1   package cn.itcast.chapter08.introspector;
2   import java.beans.BeanInfo;
3   import java.beans.Introspector;
4   import java.beans.PropertyDescriptor;
5   import cn.itcast.chapter08.javabean.Person;
6   public class IntrospectorDemo01 {
7   public static void main(String[] args)throws Exception {
8                              //实例化一个 Person 对象
9     Person beanObj = new Person();
10                             //依据 Person 产生一个相关的 BeanInfo 类
11    BeanInfo bInfoObject = Introspector.getBeanInfo(beanObj.getClass(),
12    beanObj.getClass().getSuperclass());
13    String str = "内省成员属性: \n";
14                             // 获取该 Bean 中的所有属性的信息, 以
                                PropertyDescriptor 数组的形式返回
15    PropertyDescriptor[] mPropertyArray = bInfoObject
16    .getPropertyDescriptors();
17    for(int i = 0; i<mPropertyArray.length; i++){
18                         //获取属性名
19    String propertyName = mPropertyArray[i].getName();
20                         //获取属性类型
21    Class propertyType = mPropertyArray[i].getPropertyType();
22                         //组合成"属性名(属性的数据类型)"的格式
23    str+=propertyName+"("+propertyType.getName()+") \n";
24    }
25    System.out.println(str);
26    }
27  }
```

在例 6-9 中,第 9 行代码用于创建 Person 类的对象;第 11、12 行代码通过内省调用 getBeanInfo()方法,获取 Person 类对象的 BeanInfo 信息;第 15、16 行代码通过 BeanInfo 获取属性的描述器;第 17~24 行代码遍历获取每个属性的信息。

### 6.3.2 修改 JavaBean 的属性

在 Java 中,还可以使用内省修改 JavaBean 的属性。接下来通过例 6-10 来演示如何使用内省修改 JavaBean 的属性。

【例 6-10】IntrospectorDe

```java
1   package cn.itcast.chapter08.introspector;
2   import java.beans.PropertyDescriptor;
3   import java.lang.reflect.Method;
4   import cn.itcast.chapter08.javabean.Person;
5   public class IntrospectorDemo02 {
6   public static void main(String[] args)throws Exception {
7   //创建 Person 类的对象
8     Person p=new Person();
9   //使用属性描述器获取 Person 类 name 属性的描述信息
10    PropertyDescriptor pd=new PropertyDescriptor("name",p.getClass());
11  //获取 name 属性对应的 setter 方法
12    Method methodName=pd.getWriteMethod();
13  //调用 setter 方法,并设置(修改)name 属性值
14    methodName.invoke(p, "小明");
15  //String 类型的数据,表示年龄
16    String val="20";
17  //使用属性描述器获取 Person 类 age 属性的描述信息
18    pd=new PropertyDescriptor("age",p.getClass());
19  //获取 age 属性对应的 setter 方法
20    Method methodAge=pd.getWriteMethod();
21  //获取属性的 Java 数据类型
22    Class class=pd.getPropertyType();
23  //根据类型来判断需要为 setter 方法传入什么类型的实参
24    if(class.equals(int.class)){
25  //调用 setter 方法,并设置(修改)age 属性值
26    methodAge.invoke(p, Integer.valueOf(val));
27    }else{
28    methodAge.invoke(p, val);
29    }
30    System.out.println(p);
31    }
32  }
```

在例 6-10 中,第 10 行代码通过 PropertyDescriptor 描述器获取 Person 类中 name 属性的描述信息;第 12 行代码用于获取 name 属性 setter 方法并传入实参;第 22~29 行代码用于获

取 age 属性的数据类型,然后根据类型来判断为 setter 传入什么类型的实参。需要注意的是,使用内省设置属性的值时,必须设置对应数据类型的数据,否则程序会出错。

### 6.3.3　读取 JavaBean 的属性

Java 的内省可以修改 JavaBean 的属性,使用 Property-Descriptor 类的 getWriteMethod()方法就可以获取属性对应的 setter 方法。在 JavaBean 中,属性的 getter 和 setter 方法是成对出现的,因此 Java 的内省也提供了读取 JavaBean 属性的方法,只要使用 PropertyDescriptor 类的 getReadMethod()方法即可。

接下来通过例 6-11 来演示如何通过内省读取 JavaBean 的属性。

【例 6-11】IntrospectorDemo03.java

```
1   package cn.itcast.chapter08.introspector;
2   import java.beans.PropertyDescriptor;
3   import java.lang.reflect.Method;
4   import cn.itcast.chapter08javabean.Person;
5   public class IntrospectorDemo03 {
6   public static void main(String[] args)throws Exception {
7       //创建 Person 类的对象
8     Person p=new Person();
9       //通过直接调用 setter 方法的方式为属性赋值
10      p.setName("李芳");
11      p.setAge(18);
12      //使用属性描述器获取 Person 类 name 属性的描述信息
13      PropertyDescriptor pd=new PropertyDescriptor("name",p.getClass());
14      //获取 name 属性对应的 getter 方法
15      Method methodName=pd.getReadMethod();
16      //调用 getter 方法,并获取 name 属性值
17      Object o=methodName.invoke(p);
18      System.out.println("姓名:"+o);
19      //使用属性描述器获取 Person 类 age 属性的描述信息
20      pd=new PropertyDescriptor("age",p.getClass());
21      //获取 name 属性对应的 setter 方法
22      Method methodAge=pd.getWriteMethod();
23      //调用 getter 方法,并获取 age 属性值
24      o=methodAge.invoke(p);
25      System.out.println("年龄:"+o);
26    }
27  }
```

在例 6-11 中,首先创建 Person 类的实例,再通过实例调用 setter 方法直接为属性赋值,然后通过内省读取设置后的属性值。第 17 行代码用于获取 Person 类中的 name 属性的描

述信息;第 22 行代码通过调用 getReadMethod() 方法获取 name 属性的 getter 方法;第 24 行代码通过调用 getter 方法获取 name 属性值。

# 6.4 使用 JSP 标签访问 JavaBean

为了在 JSP 页面中方便、快捷地访问 JavaBean,并且充分地利用 JavaBean 的特性,JSP 规范专门定义了三个 JSP 标签,即<jsp:useBean>、<jsp:setProperty>和<jsp:getProperty>,本节将分别对这三个标签进行详细的讲解。

## 6.4.1 <jsp:useBean>标签

<jsp:useBean>标签用于在某个指定的域范围( pageContext、request、session、application 等)中查找一个指定名称的 JavaBean 对象:如果存在,则直接返回该 JavaBean 对象的引用;如果不存在,则实例化一个新的 JavaBean 对象,并将它按指定的名称存储在指定的域范围中。<jsp:useBean>标签的语法格式如下:

```
< jsp: useBean  id ="beanInstanceName"[ scope ="|page |request |session |
application|"]|class ="package.class" |type ="package.class" |class ="package.class"
type =" package. class" |beanName =" |package. class |<% = expression% >|"type =
"package.class" | />
```

从上面的语法格式中可以看出<jsp:useBean>标签中有 5 个属性,接下来就针对这 5 个属性进行讲解。

(1)id:用于指定 JavaBean 实例对象的引用名称及其存储在域范围中的名称。

(2)scope:用于指定 JavaBean 实例对象所存储的域范围,其取值只能是 page、request、session 和 application 4 个值中的一个,其默认值是 page。

(3)type:用于指定 JavaBean 实例对象的引用变量类型,其必须是 JavaBean 对象的类名称、父类名称或 JavaBean 实现的接口名称。type 属性的默认值为 class 属性的设置值,当 JSP 容器将<jsp:useBean>标签翻译成 Servlet 程序时,它将使用 type 属性值作为 JavaBean 对象引用变量的类型。

(4)class:用于指定 JavaBean 的完整类名(即必须带有包名),JSP 容器将使用这个类名来创建 JavaBean 的实例对象或作为查找到的 JavaBean 对象的类型。

(5)beanName:用于指定 JavaBean 的名称,它的值也采用 a. b. c 的形式,这既可以代表一个类的完整名称,也可以代表 a/b/c. ser 这样的资源文件。beanName 属性值将被作为参数传递给 java. beans. Beans 类的 instantiate() 方法,创建出 JavaBean 的实例对象。需要注意的是,beanName 属性值也可以为一个脚本表达式。

在使用<jsp:useBean>标签时,id 属性必须指定,scope 属性可以不指定。如果没有指定 scope 属性,则会使用它的默认值 page。而对于 class、type、beanName 这三个属性,它们的使用方式有 4 种,可以参看<jsp:useBean>标签语法格式的第 4~7 行。为了更好地理解这三个属性的作用,接下来分别对它们的 4 种使用方式进行讲解。

1. 单独使用 class 属性

由于<jsp:useBean>标签会用到 JavaBean 组件,因此在使用标签之前,首先在 cn. itcast. chapter08. javabean 包下创建两个 JavaBean 类,即 Employee 和 Manager,Manager 类继承自 Employee 类。这两个类具体如例 6-12 和例 6-13 所示。

【例 6-12】Employee. java

```
1   package cn.itcast.chapter08.javabean;
2   public class Employee {
3   private String company;
4   public String getCompany(){
5   return company;
6   }
7   public void setCompany(String company){
8   this.company = company;
9   }
10  }
```

【例 6-13】Manager. java

```
1   package cn.itcast.chapter08.javabean;
2   public class Manager extends Employee {
3   private double bonus;
4   public double getBonus(){
5   return bonus;
6   }
7   public void setBonus(double bonus){
8   this.bonus = bonus;
9   }
10  }
```

然后,创建一个 useBean. jsp 文件,在文件中使用<jsp:useBean>标签,如例 6-14 所示。

【例 6-14】useBean. jsp

```
1   <% @ page language ="java" pageEncoding ="GBK"% >
2   <html>
3   <body>
4   <jsp:useBean id ="manager" scope ="page"
5   class ="cn.itcast.chapter08.javabean.Manager"/>
6   </body>
7   </html>
```

在例 6-14 中,使用了<jsp:useBean>标签,并设置了该标签的 id、scope 和 class 属性。为了了解标签中这三个属性的作用,在浏览器中访问 useBean. jsp 页面,然后在<Tomcat 安装目录>\work\Catalina\localhost\chapter08\org\apache\jsp 目录下查看 useBean. jsp 文件翻译成的 Servlet,可以看到如下所示<jsp:useBean>标签翻译成的 Java 代码:

```
… cn.itcast.chapter08.javabean.Managermanager = null;manager = (cn.itcast.
chapter08.javabean.Manager)_jspx_page_context.getAttribute("manager",javax.
servlet.jsp.PageContext.PAGE_SCOPE);if(manager = =null){manager =newcn.itcast.
chapter08.javabean. Manager ( );_jspx _page _context. setAttribute ("manager",
manager,javax.servlet.jsp.PageContext.PAGE_SCOPE);}…
```

从上面的代码中可以看到,JSP 容器首先定义一个引用变量 manager,manager 为 class 属性指定的类型,然后在 scope 属性指定的域范围中查找以 manager 为名称的 JavaBean 对象,如果该域范围中不存在指定 JavaBean 对象,JSP 容器会创建 class 属性指定类型的 JavaBean 实例对象,并用变量 manager 引用。需要特别注意的是,翻译成的 Servlet 代码中,用于引用 JavaBean 实例对象的变量名和 JavaBean 存储在域中的名称均为 id 属性设置的值 manager。

2. 单独使用 type 属性

将上面<jsp:useBean>标签中的 class 属性改成 type 属性,示例代码如下:

```
<jsp:useBeanid ="manager"scope ="page"type ="cn.itcast.chapter08.javabean.
Manager"/>
```

刷新浏览器再次访问 useBean. jsp 页面,可以发现浏览器出现了 500 异常。出现异常的原因是 manager 这个 JavaBean 对象没有找到。为了找出异常的根源,仍然去<Tomcat 安装目录>\work\Catalina\localhost\chapter08\org\apache\jsp 目录下查看 useBean. jsp 文件翻译成的 Servlet,可以看到如下所示<jsp:useBean>标签翻译成的 Java 代码:

```
… cn.itcast.chapter08.javabean.Managermanager = null;manager = (cn.itcast.
chapter08.javabean.Manager)_jspx_page_context.getAttribute("manager",javax.
servlet.jsp.PageContext.PAGE_SCOPE);if(manager = null){thrownewjava.lang.
InstantiationException("bean manager not found within scope");}…
```

从上面的代码可以看出,当只设置了 type 属性值时,JSP 容器会在指定的域范围中查找以 id 属性值为名称的 JavaBean 对象。如果对象不存在,JSP 容器不会创建新的 JavaBean 对象,而会抛出 InstantiationException 异常。了解了源代码,就不难理解在访问 useBean. jsp 页面时为什么会出现异常了。

为了解决这个问题,在<jsp:useBean>标签上面写一段 JSP 脚本片段,为 pageContext 域增加一个属性,属性的名称为"manager",值为 Manger 对象。JSP 脚本片段如下所示:

```
pageContext.setAttribute("manager",newcn.itcast.chapter08.javabean.Manager
());% >
```

刷新浏览器再次访问 useBean. jsp 页面,发现浏览器页面中的异常消失了。

需要注意的是,<jsp:useBean>标签的 type 属性值还可以指定为 JavaBean 的父类或者由 JavaBean 实现的接口。下面对 type 属性的值进行修改,将其设置为"cn. itcast. chapter08. javabean. Employee",访问 useBean. jsp 页面后,再次查看翻译的 Servlet 文件,可以看到如下所示<jsp:useBean>标签翻译成的 Java 代码:

```
…cn.itcast.chapter08.javabean.Employeemanager=null;manager=(cn.itcast.
chapter08.javabean.Employee)_jspx_page_context.getAttribute("manager",javax.
servlet.jsp.PageContext.PAGE_SCOPE);if(manager==null){thrownewjava.lang.
InstantiationException("beanmanagernotfoundwithinscope");}…
```

从上面的代码中可以看到,JSP 容器将 JavaBean 引用变量的类型指定为 type 属性的值"cn. itcast. chapter08. javabean. Employee",同时将从域范围中查找到的 JavaBean 也转换成 Employee 类型。

3. class 属性与 type 属性结合使用

由于 type 属性的默认值为 class 属性的设置值,也就是说在<jsp：useBean>标签中只要设置了 class 属性,就相当于设置了 type 属性的默认值,因此这种情况与第一种情况相同,这里就不再赘述了。

4. beanName 属性与 type 属性结合使用

将 useBean. jsp 页面中的 JSP 脚本片段去掉,并对<jsp：useBean>标签进行修改,使用 id、beanName 和 type 属性,示例代码具体如下：

```
<jsp:useBean id="manager" beanName="cn.itcast.chapter08.javabean.Manager"
        type="cn.itcast.chapter08.javabean.Manager"/>
```

在浏览器中访问 useBean. jsp 页面,然后查看翻译的 Servlet 文件,可以看到如下所示<jsp：useBean>标签翻译成的 Java 代码：

```
…Employeemanager=null;manager=(cn.itcast.chapter08.javabean.Employee)_
jspx_page_context .getAttribute("manager",javax.servlet.jsp.PageContext.PAGE_
SCOPE);if(manager==null){try{    manager=(cn.itcast.chapter08.javabean.
Employee)java.beans.Beans    .instantiate(this.getClass().getClassLoader(),"
cn.  itcast.  chapter08.  javabean.  Employee");  }  catch ( java. lang.
ClassNotFoundExceptionexc ) {thrownewInstantiationException ( exc. getMessage
());}catch(java.lang.Exceptionexc){thrownewjavax.servlet.ServletException("
Cannotcreatebeanofclass"+"cn.itcast.chapter08.javabean.Employee",exc);}_jspx_
page_context.setAttribute("manager",manager,javax.servlet.jsp.PageContext.PAGE
_SCOPE);}…
```

从上面的代码中可以看到,JSP 容器会在 scope 属性指定的域范围中查找以 id 属性值为名称的 JavaBean 对象。如果该域范围中不存在指定 JavaBean 对象,JSP 容器会将加载当前类的对象和 beanName 属性值作为参数传递给 java. beans. Beans 类的 instantiate()方法,去创建新的 JavaBean 实例对象,如果创建成功,JSP 容器会将该对象以 id 属性值为名称存储到 scope 属性指定的域范围中。至于 instantiate()方法如何创建 JavaBean 对象,这里就不再讲解了,有兴趣的读者可以自己去查看源代码。

在<jsp：useBean>标签中可以使用标签体,其格式如下：

```
<jsp:useBean…>    Body    </jsp:useBean>
```

在上述格式中,Body 部分的内容只在<jsp：useBean>标签创建 JavaBean 实例对象时才执行,如果在<jsp：useBean>标签的 scope 属性指定的域范围中存在以 id 属性值为名称的

JavaBean 对象,则<jsp:useBean>标签的标签体 Body 将被忽略。接下来,通过一个案例对上述说法进行验证,其步骤如下所示。

(1)修改 useBean. jsp 页面中的<jsp:useBean>标签,为其增加标签体,具体示例代码如下:

```
<jsp:useBeanid ="manager"scope ="page"class ="cn.itcast.chapter08.
javabean.Manager "> 这里是标签体的内容    </jsp:useBean>
```

(2)在浏览器中访问 useBean. jsp 页面,浏览器中显示了<jsp:useBean>标签体的内容,这是因为在访问 useBean. jsp 页面时,由于在当前 pageContext 域范围中不存在名称为"manager"的 Manager 对象,useBean. jsp 将创建该 JavaBean 对象并执行<jsp:useBean>标签体中的内容。刷新浏览器再次访问 useBean. jsp 页面,可以看到浏览器仍然会显示标签的内容,这是因为 Manager 对象是存储在 pageContext 域中的,而 pageContext 域只在当前 JSP 页面中有效,每次访问 useBean. jsp 页面时,都会创建一个新的 pageContext 对象和 Manager 对象。

(3)修改 useBean. jsp 页面中的<jsp:useBean>标签,将 scope 属性的值设置为 session,具体示例代码如下:

```
< jsp: useBeanid =" manager" scope =" session" class =" cn. itcast. chapter08.
javabean.Manager">
这里是标签体的内容  </jsp:useBean>
```

使用浏览器访问修改过的 useBean. jsp 页面,浏览器中会显示<jsp:useBean>标签的标签体内容。刷新浏览器,再次访问 useBean. jsp 页面,可以看到浏览器中不再显示标签体内容。这是因为在第一次访问 useBean. jsp 页面时,JSP 容器创建 JavaBean 对象保存在 session 域中,当再次访问 useBean. jsp 页面时,由于在当前会话中,存储在 session 域范围中的 JavaBean 对象为所有 JSP 页面共享,所以,<jsp:useBean>标签的这次执行过程将不再创建 JavaBean 对象,<jsp:useBean>标签体中的内容也就不会被执行。

### 6.4.2 <jsp:setProperty>标签

通过 6.4.1 节的学习,了解到<jsp:useBean>标签可以创建 JavaBean 对象。但是,要想为 JavaBean 对象设置属性,还需要通过<jsp:setProperty>标签来实现。<jsp:setProperty>标签的语法格式如下:

```
<jsp:setPropertyname ="beanInstanceName"
|property ="propertyName"value ="|string |<% =expression% >|"
|property ="propertyName"param ="parameterName" |property ="propertyName |*" | />
```

从上面的语法格式中可以看出,<jsp:setProperty>标签中有 4 个属性,接下来就针对这 4 个属性进行讲解。

(1)name:用于指定 JavaBean 实例对象的名称,其值应该与<jsp:useBean>标签的 id 属性值相同。

(2)property:用于指定 JavaBean 实例对象的属性名。

（3）param：用于指定请求消息中参数的名字。在设置 JavaBean 的属性时，如果请求参数的名字与 JavaBean 属性的名字不同，可以使用 param 属性，将其指定的参数的值设置给 JavaBean 的属性。如果当前请求消息中没有 param 属性所指定的请求参数，那么<jsp：setProperty>标签什么事情也不做，它不会将 null 值赋给 JavaBean 属性，所设置的 JavaBean 属性仍将等于其原来的初始值。

（4）value：用于指定为 JavaBean 实例对象的某个属性设置的值。其值可以是一个字符串，也可以是一个 JSP 表达式。如果 value 属性的设置值是字符串，那么它将被自动转换成所要设置的 JavaBean 属性的类型。例如，如果 JavaBean 的属性为 int 类型，而 value 属性的设置值为"123"，则 JSP 容器会调用 Integer. valueOf 方法将字符串"123"转换成 int 类型的整数 123，然后调用 setter 方法将 123 设置为 JavaBean 属性的值。如果 value 属性的设置值是一个表达式，那么该表达式的结果类型必须与所要设置的 JavaBean 属性的类型一致。需要注意的是，value 属性与 param 属性不能同时使用。

在使用<jsp：setProperty>标签时，name 属性和 property 属性必须指定，property 属性可以单独使用，也可以与 value 属性或者 param 属性配合使用，下面就对 property 属性的三种使用方式进行讲解。

1. property 属性单独使用

在单独使用 property 属性时，property 的属性值可以设置为 JavaBean 的一个属性名，也可以设置为一个星号（＊）通配符。接下来就分别针对这两种情况进行介绍。

（1）proeprty 的属性值为 JavaBean 的属性 aBean 的一个属性名时，JSP 容器会将请求消息中与 property 属性值同名的参数的值赋给 JavaBean 对应的属性。为了更好地理解这种情况，接下来通过一个案例进行演示。在 chapter08 工程下创建一个 setProperty. jsp 文件，文件中使用<jsp：useBean>标签和<jsp：setProperty>，其代码如例 6-15 所示。

【例 6-15】setProperty. jsp

```
1   <% @ page language="java" pageEncoding="GBK"
2   import="cn.itcast.chapter08.javabean.Manager"% >
3   <html>
4   <body>
5   <jsp:useBean id="manager" class="cn.itcast.chapter08.javabean.Manager"/>
6   <jsp:setProperty name="manager" property="bonus"/>
7   <% 8manager=(Manager)pageContext.getAttribute("manager");
9   out.write("bonus 属性的值为:"+manager.getBonus());
10  % >
11  </body>
12  </html>
```

在例 6-15 中，第 5 行代码使用<jsp：useBean>标签创建了一个 Manager 对象，并以"manager"为名称存储在 pageContext 域中；第 6 行代码使用<jsp：setProperty>标签，设置 property 属性的值为 Manager 对象的属性 bonus；第 8、9 行代码通过 JSP 脚本片段从 pageContext 域中取出 Manager 对象，然后向浏览器输出 Manager 对象的 bonus 属性值。

在浏览器地址栏中输入 URL 地址 http://localhost:8080/chapter08/setProperty.jsp? bonus=800.0 访问 setProperty.jsp 页面,浏览器中显示的 bonus 属性的值为 800.0,与 URL 地址中参数 bonus 的值一致。这是因为在<jsp:setProperty>标签中,property 属性的值为 Manager 对象的属性 bonus,JSP 容器会在请求参数中寻找 bonus 参数,如果找到则把 bonus 参数的值赋给 Manager 对象的 bonus 属性。如果没有 bonus 参数或者 bonus 参数的值为空字符串(""),那么 JSP 容器不会对 Manager 对象的 bonus 属性值进行修改。

下面将例 6-15 中的 Manager 类进行修改,在定义 bonus 属性时赋初始值为 500.0,如例 6-16 所示。

【例 6-16】Manager.java

```
1   package cn.itcast.chapter08.javabean;
2   public class Manager extends Employee {
3   private double bonus=500.0;
4   public double getBonus(){
5   return bonus;
6   }
7   public void setBonus(double bonus){
8   this.bonus=bonus;
9   }
10  }
```

在浏览器地址栏中输入"http://localhost:8080/chapter08/setProperty.jsp? bonus="访问 setProperty.jsp 页面,当 URL 地址中 bonus 参数的值为空字符串时,JSP 容器不会对 Manager 对象的 bonus 属性进行修改,其值还是初始值 500.0。

(2)当 property 的属性值为星号(*)通配符时,JSP 容器会在请求消息中查找所有的请求参数,如果有参数的名字与 JavaBean 对象的属性名相同,则 JSP 容器会将参数的值设置为 JavaBean 对象对应属性的值。接下来通过一个案例对 property 属性的这种情况进行演示。修改 setProperty.jsp 文件,将<jsp:setProperty>标签中的 property 属性设置为星号(*),并在 JSP 脚本片段中输出 Manager 对象的 bonus 和 company 属性的值,修改后的 setProperty.jsp 文件如例 6-17 所示。

【例 6-17】setProperty.jsp

```
1   <%@ page language="java"pageEncoding="GBK"
2   import="cn.itcast.chapter08.javabean.Manager"%>
3   <html>
4   <body>
5   <jsp:useBean id="manager" class="cn.itcast.chapter08.javabean.Manager"/>
6   <jsp:setProperty name="manager" property="*"/>
7   <%
8   manager=(Manager)pageContext.getAttribute("manager");
9   out.write("bonus 属性的值为:"+manager.getBonus()+"<br />");
```

```
10  out.write("company 属性的值为:"+manager.getCompany());
11  %>
12  </body>
13  </html>
```

在浏览器地址栏中输入 URL 地址"http:// localhost:8080/chapter08/setProperty.jsp?
bonus=800.0&company=itcast&address=beijing"访问 setProperty.jsp 页面,浏览器中显示出
了 bonus 属性和 company 属性的值。这是因为在访问 setProperty.jsp 的 URL 地址中指定了
bonus、company 和 address 三个参数,JSP 容器将这三个参数进行遍历,发现参数 bonus 和
company 与 Manager 对象的属性匹配,所以将这两个参数的值赋给 Manager 对象对应的
属性。

2. property 属性与 param 属性配合使用

在实际开发中,很多时候服务器需要使用表单传递的数据为 JavaBean 对象的属性赋
值,但是如果表单中表单项 name 属性的值不能与 JavaBean 中的属性名对应,那么该如何对
JavaBean 对象的属性赋值呢? 要想实现上述功能,就需要在<jsp:setProperty>标签中使用
param 属性,JSP 容器会将 param 属性指定的参数的值赋给 JavaBean 的属性。

接下来,通过一个案例来演示这种情况。对 setProperty.jsp 文件进行修改,在其中增加
一个表单,并在<jsp:setProperty>标签中使用 property 属性和 param 属性,修改后的
setProperty.jsp 文件如例 6-18 所示。

【例 6-18】setProperty.jsp

```
1  <%@ page language="java" pageEncoding="GBK"
2  import="cn.itcast.chapter08.javabean.Manager"%>
3  <html>
4  <body>
5  <form action="">
6  公司<input  type="text" name="corp"><br/>
7  奖金<input  type="text" name="reward"><br/>
8  <input type="submit" value="提交">
9  </form>
10  <jsp:useBean id="manager" class="cn.itcast.chapter08.javabean.Manager"/>
11  <jsp:setProperty name="manager" property="company" param="corp"/>
12  <jsp:setProperty name="manager" property="bonus" param="reward"/>
13  <%
14  manager=(Manager)pageContext.getAttribute("manager");
15  out.write("bonus 属性的值为:"+manager.getBonus()+"<br/>");
16  out.write("company 属性的值为:"+manager.getCompany());
17  %>
18  </body>
19  </html>
```

例 6-18 中,两个表单项的 name 的属性值分别为 corp 和 reward,当提交表单时,它们会

作为参数"corp = value&reward = value"添加到 URL 地址后面。由于这两个参数的名字与 Manager 对象的属性名不同,因此需要在<jsp:setProperty>标签中使用 param 属性,指定将参数 corp 和 reward 的值分别赋给 Manager 对象的 company 属性和 bonus 属性。

在浏览器地址栏中输入 URL 地址"http://localhost:8080/chapter08/setProperty.jsp"访问 setProperty.jsp 文件,由于访问 setProperty.jsp 页面的 URL 地址没有带参数,因此 Manager 对象的 bonus 属性和 company 属性分别为默认值 500.0 和 null。

在表单的"公司"文本框和"奖金"文本框中分别填入"itcast"和"1000.0",单击"提交"按钮,可以看到 JSP 容器将表单传递的数据分别赋给了 Manager 对象的 company 属性和 bonus 属性。

3. property 属性与 value 属性配合使用

当 property 属性与 value 属性配合使用时,JSP 容器会使用 value 属性的值为 JavaBean 的属性赋值,即使在访问的 URL 地址中传入了与 JavaBean 属性对应的参数,JSP 容器也会将它们忽略。

接下来通过一个案例来演示上述情况。对 setProperty.jsp 页面进行修改,将页面中的表单删除,并在<jsp:setProperty>标签中使用 value 属性,修改后的 setProperty.jsp 文件如例6-19 所示。

【例 6-19】setProperty.jsp

```
1  <%@ page language="java" pageEncoding="GBK"
2  import="cn.itcast.chapter08.javabean.Manager"%>
3  <html>
4  <body>
5  <jsp:useBean id="manager" class="cn.itcast.chapter08.javabean.Manager"/>
6    <jsp:setProperty name="manager" property="company" value="itcast"/>
7  <jsp:setProperty name="manager" property="bonus" value="1000.0"/>
8  <%
9  manager=(Manager)pageContext.getAttribute("manager");
10 out.write("bonus 属性的值为:"+manager.getBonus()+"<br />");
11 out.write("company 属性的值为:"+manager.getCompany());
12 %>
13 </body>
14 </html>
```

在浏览器中输入 URL 地址"http://localhost:8080/chapter08/setProperty.jsp? company =baidu&bonus=750.0"访问 setProeprty.jsp 文件,在访问 setProperty.jsp 文件时,URL 地址中指定了 company 参数和 bonus 参数,但由于在<jsp:setProperty>标签中使用了 value 属性,JSP 容器会使用 value 属性的值为 JavaBean 对象的属性进行赋值,而将 URL 地址中的参数忽略。

value 属性的值还可以通过 JSP 动态元素来指定,如果要为 JavaBean 对象中引用类型成员变量赋值,例如,为 Manager 类中 Date 类型的成员变量 birthday 赋值,就需要使用这种方式。

接下来通过一个案例来演示上述情况。对 Manager 类进行修改,为其增加一个可读写的属性 birthday,其代码如例 6-20 所示。

【例 6-20】Manager. java

```
1  package cn.itcast.chapter08.javabean;
2  import java.util.Date;
3  public class Manager extends Employee {
4    private double bonus = 500.0;
5    private Date birthday;
6    public Date
7    return birthday;
8    }
9    public void setBirthday(Date birthday){
10   this.birthday = birthday;
11   }
12   public double getBonus(){
13   return bonus;
14   }
15   public void setBonus(double bonus){
16   this.bonus = bonus;
17   }
18 }
```

对 setProperty. jsp 文件进行修改,将 value 属性的值设置为一个 Date 对象,使用该值为 Manager 对象的 birthday 属性赋值。修改后的 setProperty. jsp 文件如例 6-21 所示。

【例 6-21】setProperty. jsp

```
1  <% @ page language ="java" pageEncoding ="GBK"
2  import ="cn.itcast.chapter08.javabean.Manager" import ="java.util.Date"
3  import ="java.text.SimpleDateFormat"% >
4  <html>
5  <body>
6  <%
7  Date date = new Date();
8  pageContext.
9    % >
10 <jsp:useBean id ="manager" class ="cn.itcast.chapter08.javabean.Manager"/>
11 <jsp:setProperty name ="manager" property ="birthday" value ="${date }"/>
12   <%
13 manager =(Manager)pageContext.getAttribute("manager");
```

```
14    String formatDate=
15    new SimpleDateFormat("yyyy-MM-dd hh:mm:ss").
16    format(manager.getBirthday());
17    out.write("birthday 属性的值为:"+formatDate);
18    %>
19    </body>
20    </html>
```

在浏览器地址栏中输入 URL 地址"http://localhost:8080/chapter08/setProperty.jsp"访问 setProperty.jsp 页面,可以看到 ${date} 获取 pageContext 对象设置的值,并将这个值通过<jsp:setProperty>的 value 属性赋给 Manager 对象的 birthday 属性,所以浏览器中显示出 birthday 属性的值为一个字符串形式的 Date 日期。

### 6.4.3 <jsp:getProperty>标签

为了获取 JavaBean 的属性值,JSP 规范提供了<jsp:getProperty>标签,它可以访问 JavaBean 的属性,并把属性的值转换成一个字符串发送到响应输出流中。如果 JavaBean 的属性值是一个引用数据类型的对象,<jsp:getProperty>标签会调用该对象的 toString()方法;如果 JavaBean 的属性值为 null,<jsp:getProperty>标签将会输出字符串"null"。<jsp:getProperty>标签的语法格式如下:

```
<jsp:getProperty name="beanInstanceName" property="PropertyName"/>
```

从上面的语法格式中可以看出,<jsp:getProperty>标签中有两个属性,其含义具体如下所示。

(1)name:用于指定 JavaBean 实例对象的名称,其值应该与<jsp:useBean>标签的 id 属性值相同。

(2)property:用于指定 JavaBean 实例对象的属性名。

需要注意的是,在使用<jsp:getProperty>标签时,它的 name 属性和 property 属性都必须设置,不能省略。

至此,用于在 JSP 页面中操作 JavaBean 的三个标签都学习完了。

接下来编写一个案例,在这个案例中将<jsp:useBean>、<jsp:setProperty>和<jsp:getProperty>这三个标签配合使用,其步骤如下。

(1)编写 JavaBean 类 User,在 User 类中定义 name、gender、education 和 email 这 4 个可读写属性,具体如例 6-22 所示。

【例 6-22】User.java

```
1    package cn.itcast.chapter08.javabean;
2    public class User {
3      private String name;
4      private String gender;
5      private String education;
```

```
6    private String email;
7    public String getName(){
8  return name;
9    }
10   public void setName(String name){
11   this.name=name;
12   }
13   public String getGender(){
14   return gender;
15   }
16   public void setGender(String gender){
17  this.gender=gender;
18   }
19   public String getEducation(){
20   return education;
21   }
22   public void setEducation(String education){
23   this.education=education;
24   }
25   public String getEmail(){
26   return email;
27   }
28   public void setEmail(String email){
29   this.email=email;
30   }
31   }
```

（2）编写注册表单页面 login. jsp，用于填写用户信息，具体如例 6-23 所示。

【例 6-23】login. jsp

```
1  <%@ page language="java" pageEncoding="GBK"%>
2  <html>
3  <head>
4  <title>注册信息</title>
5  </head>
6  <body>
7  <form action="/chapter08/userInfo.jsp" method="post">
8  姓名:<input type="text" name="name"/><br/>
9  性别:<input type="radio" name="gender" value="man"
10  checked="checked"/>man
```

```
11  <input type="radio" name="gender" value="woman"/>woman  <br/>
12  学历:<select name="education">
13  <option value="select">请选择</option>
14  <option value="high_school_student">
15  high_school_student</option>
16  <option value="undergraduate">undergraduate</option>
17  <option value="graduate">graduate</option>
18  <option value="doctor">doctor</option>
19  </select>  <br/>
20  邮箱:<input type="text" name="mail"/><br/>
21  <input type="submit" value="提交"/>
22  </form>
23  </body>
24  </html>
```

需要注意的是,例 6-23 中的表单项名称 name、性别 gender、学历 education 与 User 对象的属性名称一致,而邮箱名称 mail 与 User 对象的属性名称不一致。

(3)编写处理表单的页面 userInfo. jsp,在 userInfo. jsp 中使用三个标签将表单提交信息封装到一个 User 对象中,同时将这些信息在浏览器页面中显示出来。userInfo. jsp 文件如例 6-24 所示。

【例 6-24】userInfo. jsp

```
1   <%@ page language="java" pageEncoding="GBK"%>
2   <html>
3   <head>
4   <title>用户信息</title>
5   </head>
6   <body>
7   <jsp:useBean id="user" class="cn.itcast.chapter08.javabean.User"/>
8   <jsp:setProperty name="user" property="*"/>
9   <jsp:setProperty name="user"  property="email" param="mail"/>
10  姓名:<jsp:getProperty name="user" property="name"/><br/>
11  性别:<jsp:getProperty name="user" property="gender"/><br/>
12  学历:<jsp:getProperty name="user" property="education"/><br/>
13  邮箱:<jsp:getProperty name="user" property="email"/>
14  </body>
15  </html>
```

在例 6-24 中,使用了两个<jsp:setProperty>标签:第一个标签将 property 属性的值设置为星号( * ),它用于设置 User 对象中与请求参数同名的属性的值;第二个标签中设置了 param 属性,它将 name 属性值为 mail 的表单项传递的值赋给 User 的 e-mail 属性。在代码的第 10 ~ 13 行,使用 4 个<jsp:getProperty>标签分别获得 User 对象属性的值并输出到浏览器页面。

（4）在浏览器地址栏中输入 URL 地址"http://localhost:8080/chapter08/login. jsp"访问
login. jsp,并填入用户信息, 单击"提交"按钮,可以看到浏览器显示出了 User 对象 4 个属性
的值。

由程序的运行结果可以看出,<jsp:useBean>、<jsp:setProperty>和<jsp:getProperty>这三
个标签配合使用,成功完成了 JSP 标签访问 JavaBean 实现提交用户信息的功能。

## 习　题　六

1. 简述 JDBC 连接数据库的基本步骤。
2. 执行动态 SQL 语句的接口是什么?
3. JDBC 中提供的两种实现数据查询的方法分别是什么?
4. Statement 类中的 executeQuery()和 executeUpdate()两个方法,区别是什么?

# 第 7 章　Servlet 基础知识

【本章学习目标】

1. 了解 Servlet；
2. 掌握 Servlet 生命周期；
3. 掌握开发 Servlet 的步骤。

Servlet 是用 Java 编写的服务器端程序，它与协议和平台无关。Servlet 可以动态地扩展 Java 的功能，并采用"请求-响应"模式提供 Web 服务。Servlet 与 JSP 交互，为开发 Web 服务提供了优秀的解决方案。

## 7.1　Servlet 简介

### 7.1.1　Servlet 基本概念

Servlet 是 JavaWeb 技术的核心基础，掌握 Servlet 的工作原理是对 JavaWeb 技术开发人员的基本要求。

Servlet 是遵循 Java Servlet 规范的 Java 类，由 Web 服务器的 JVM 执行，被用来扩展 Web 服务器的功能，是在 Web 服务器中符合"请求-响应"访问模式的应用程序，可以接收来自 Web 浏览器或其他 HTTP 客户程序的请求，并将响应结果返回给客户端。Servlet 通常用于在服务器完成访问数据库、调用 JavaBean 等业务性操作。

Servlet 类的继承关系如下：

```
java.lang.Object
javax,servlet.GenericServlet
javax.servlet.http.HttpServlet
org.apache.jasper.runtime.HttpJspBase
```

由 JSP 程序转换的 Servlet，都是 HttpJspBase 类的子类。

Servlet 的核心方法是 service。每当一个客户请求一个 HttpServlet 对象，该对象的 service 方法就要被调用，而且系统会自动传递给该 service 方法一个 ServletRequest（请求对象，即 JSP 中的 request）和一个 ServletResponse（响应对象，即 JSP 中的 response）作为参数。其中 ServletRequest 对象实现了 HttpServletRequest 接口，它封装了浏览器向服务器发送的请求；而 ServletResponse 则实现了 HttpServletResponse 接口，它封装了服务器向浏览器返回的信息。这两个类都是实现了 javax. Servlet 包中的顶层接口的类。默认的 service 服务功能是调用与 HTTP 请求方法相应的 doGet 或 doPost。如果 HTTP 请求方法为 GET，则默认情况下调用 doGet；如果 HTTP 请求方法为 POST，则默认情况下调用 doPost。由于 service 方法会自动调用与请求方法相对应的 doGet 或 doPost，所以，在实际编程中，不需要编写 service 方法，只需编写相应的 doGet 和 doPost。

### 7.1.2　Servlet 设计步骤

1. 使用向导创建 Servlet 模板

MyEclipse 提供了创建 Servlet 的模板，可以很方便地创建 Servlet。设计 Servlet 的步骤如下：

（1）创建 Servlet 类，该类继承自 javax. servlet. http. HttpServlet；

（2）写 doGet 和 doPost；

（3）在 web. xml 文件中注册 Servlet，这一注册工作也可由 Servlet 创建向导自动完成。

下面通过一个简单的例子说明在 MyEclipse 中利用向导创建 Servlet 的设计步骤。

2. 设置 web. xml 注册信息

File Path of web. xml 文本框的内容指示配置文件 web. xml 的路径，使用默认值即可。Servlet/JSP Class Name、Servlet/JSP Name、Servlet/JSP Mapping URL 等文本框信息将由 Servlet 生成向导自动在配置文件 web. xml 中进行注册。

Servlet/JSP Mapping URL 设置了访问此 Servlet 时的相对 URL 映射路径，它决定了 Servlet 的访问路径，必须以斜杠“/”起始，这个起始的斜杠“/”表示项目的根路径。需要注意的是，这里的 Mapping URL 地址不代表 Servlet 的实际存储路径，只表示访问这个 Servlet 时使用的相对路径。有时会根据实际需要对此进行修改。

用户可以像请求 JSP 一样直接请求服务器上的 Servlet，而 Servlet 的完整访问路径是由项目根路径（即 Servlet 的相对基准路径）与 Servlet 的相对映射 URL“合成”得到的。

Servlet 的相对映射 URL 路径是由 web. xml 文件中“<url-pattern></url-pattern>”配置项决定的。

Mapping URL 设置的内容为/servlet/HelloServlet，因此访问该 Servlet 时，将项目的根路径/servlet/HelloServlet 与这个相对映射 URL http://localhost:8080/bookstore/合成，即得到访问这个 Servlet 的目标 URL 为 http://localhost:8080/bookstore/servlet/HelloServlet。

如果将 Mapping URL 修改为/abc/HelloServlet，也是可以访问该 Servlet 的，只是要在浏览器地址栏中输入“http://localhost:8080/bookstore/abc/HelloServlet”。可见，MappingURL 的设置决定了访问这个 Servlet 的 URL 地址，而与该 Servlet 的存储位置无关。Servlet 的存储位置由<servlet-class>servlettest. HelloServlet</servlet-class>配置项描述。

在 JSP 页面中通过链接语句访问此 Servlet 时，要注意最终生成的目标 URL 必须与 Servlet 的访问路径一致，否则会因找不到目标而失败。

向导生成后，也可以直接在 web. xml 配置文件中通过修改<url-pattern>的内容来改变 Mapping URL 的相对映射地址。

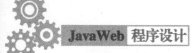

单击 Finish 按钮后,就在 servlettest 包中由向导自动创建了一个 HelloServlet. java,同时,自动在 web. xml 中将该 Servlet 进行了注册,打开 Web-INF\web. xml 文件可以看到 HelloServlet 的注册信息已经填入其中。

web. xml 文件中的<servlet></servlet>这段代码定义了 Servlet 的名称及其对应的 Servlet 类路径;<servlet-mapping></servlet-mapping>这段代码定义了访问这个 Servlet 的 URL 映射路径。

HelloServlet 在 web. xml 文件中的注册信息如下:

```xml
<servlet>
<description>This is the description of my J2EE component</description>
<display-name>This is the display name of my J2EE component</display-name>
<servlet-name>HelloServlet </servlet-name>
<servlet-class>servlettest.HelloServlet</servlet-class>
</servlet>:
<servlet mapping
<servlet name HelloServlet </servlet-name>
<url-pattern >/servlet/Helloservlet </url-pattern>
</servlet-mapping>
```

到此 HelloServlet 已经初步建成,此时,观察 HelloServlet. java 类由向导自动生成的 doGet 方法,代码如下:

```java
public void doGet(HttpServletRequest request, HttpServletResponse response)
throws ServletException, IOException{
response.setContentType("text/html");
PrintWriter out = response.getWriter();
out.println("<!DOCTYPE HTML PUBLIC \"-/W3C/DTD HTML 4.01 Transitional/EN\">");
out.println("<HTML>");
out.println("<HEAD><TITLE>A Servlet</TITLE></HEAD>");
out.println("<BODY>");
out.print("This is");
out.print(this.getClass());
out.println(", using the GET method");
out.println("</BODY>");
out.println("</HTML>");
out.flush();
out.close();
```

在使用 Servlet 时,必须确认该 Servlet 已经在服务器的配置文件 web. xml 中做了相应配置。

在浏览器地址栏中输入"http://localhost:8080/bookstore/servlet/HelloServlet"即可访问 Helloservlet。Helloservlet 自动调用 doGet 方法对请求进行响应。

从以上代码中可以看出 Servlet 就是一个 Java 类。与一般 Java 类不同的是,它具有

Web 服务功能。Servlet 程序中使用 PrintWriter 对象 out 拼写完整的 HTML 文件,作为对客户请求的响应。这里拼写的 HTML 文件在 Servlet 向浏览器响应后,可在浏览器菜单栏下的"查看→源文件"中查看到。

3. 业务逻辑设计

接下来完善 doGet 和 doPost,重写此方法来完成自己的业务逻辑。一般只需要重写其中的一个方法,如重写 doGet;而 doPost 直接调用 doGet 即可,除非 Servlet 对于 GET 请求与 POST 请求的处理方式不一致。

程序(/bookstore 项目/src/servlettest/HelloServlet. java)的清单:

```
package servlettest;
import java.io.IOException;
import java.io.PrintWriter;
import javax.servlet.ServletException;
import javax.servlet.http.HttpServlet;
import javax.servlet.http.HttpServletRequest;
import javax.servlet.http.HttpServletResponse;
public class HelloServlet extends HttpServlet
public HelloServlet(){
super();}
public void destroy(){
super.destroy();}
public void doGet(ttpServletRequest request,ttpServletResponse response)
throws ServletException, IOException{
request.setCharacterEncoding("utf-8");
response.setContentType("text/html;charset=utf-8");
PrintWriter out = response.getWriter();
out.println("<HTML>");
out.println("<HEAD><TITLE>A Servlet </TITLE></HEAD >")
out.println("<BODY>");
String name = request.getParameter("name");
out.print("你好! 欢迎"+ name+"使用 servlet! <br>");
out.print("你请求的 servlet 是:"+this.getClass();
out.println("</BODY>");
out.println("</HTML>);
out.Flush();
out.close();}
public void doPost(HttpServletRequest request, HttpServletResponse response)
throws ServletException, IOException{
doGet(request,response);
public void init()throws Ser:vletException}
```

### 4. 使用 Servlet

再写一个 JSP 程序。用户在 JSP 页面的表单中输入姓名,提交给服务器上的 Servlet 处理,再由该 Servlet 动态生成对用户的响应。

程序(/bookstore 项目/WebRoot/test/servletTest. jsp)的清单:

```
<% @ page coritentType ="text/html;charSet =utf-8"pageEncoding ="utf-8"% >
<html>
<head><title>第一个 Servlet 示例</title></head>
<body>
<form method ="postaction =./servlet/HelloServlet"><palign ="left">
请输入姓名:<input type ="text"name ="name" size ="20"></p>
<input type ="submit" value ="提交">
</form>
</body>
</html>
```

JSP 页面访问 Servlet 时采用的是相对地址,最终生成的目标 URL 必须与 Servlet 所固有的访问路径一致。而 Servlet 所固有的访问路径由 web. xml 中的<url-pattern>配置项决定。

语句 action ="./servlet/HelloServlet"给出目标的相对 URL。"./"表示当前的 JSP 所在路径的上一级路径,最终生成的访问 Servlet 的目标 URL 由当前 JSP 页面的相对基准 URL 路径与链接中的相对路径"合成"而得,即为 http://localhost: 8080/bookstore/servlet/HelloServlet。

如果使用下列语句利用<base href>标签设定了页面基准路径:

```
<% String path request.getContextPath();
String basePath =request.getScheme()+"://"+request.getServerName()+":"+
request.getServerPort()+patht"/";% >
<base href ="< = basePath&>">
```

此时,JSP 页面中链接的相对基准路径变为项目的根路径,action 中的相对 URL 就要做相应修改,成为如下形式:

```
<form method ="postaction ="./servlet/Helloservlet">
```

## 7.2　Servlet 工作原理

### 7.2.1　Servlet 的功能

Servlet 的功能是,在启用 Java 的 Web 服务器或应用服务器上运行并扩展该服务器的功能。Java Servlet 对于 Web 服务器,犹如 Java Applet 对于 Web 浏览器。Servlet 装入 Web 服务器并在 Web 服务器内执行,而 Applet 是装入 Web 浏览器并在 Web 浏览器内执行。在 Java Servlet API 中定义一个 Servlet,就是在 Java 与服务器之间形成一个标准接口,所以

Servlet 具有跨服务器平台的特性。

当客户机发送请求至服务器时,服务器可以将请求信息发送给 Servlet,并让 Servlet 建立起服务器返回给客户机的响应。当启动 Web 服务器或客户机第一次请求服务时,可以自动装入 Servlet。装入后,Servlet 继续运行,直到其他客户机发出请求。

Servlet 的功能比较强大,主要完成下面的工作:

(1)创建并返回一个完整的 HTML 页面,此页面包含基于客户请求性质的动态内容。

(2)创建可嵌入现有 HTML 页面中的一部分 HTML 页面或 HTML 片段。

(3)与其他服务器资源进行通信,包括数据库和基于 Java 的应用程序。

(4)使用多个客户机处理连接,接收多个客户机的输入,并将结果广播到多个客户机上。例如,Servlet 可以作为多个参与者的游戏服务器。

(5)当允许在单连接方式下传送数据时,在浏览器上打开服务器至 Applet 的新连接,并将该连接保持在打开状态。在允许客户机和服务器简单、高效地执行会话的情况下,Applet 也可以启动客户浏览器与服务器之间的连接。可以通过定制协议或标准(如 IOP)进行通信。

(6)使用 MIME 类型过滤处理特殊应用的数据,例如图像转换和服务器包括通信协议(SSI)等。

(7)将定制的处理提供给所有服务器的标准例行程序。例如,Servlet 可以修改认证用户的方式。

### 7.2.2　Servlet 技术的优点

Servlet 程序在服务器运行,可以动态地生成 Web 页面。与传统的 CGI 以及其他类似技术相比,Java Servlet 具有更高的效率,更容易使用,功能更强大,有更好的可移植性,更节约成本。具体来说,Servlet 的主要优点如下:

1. 高效

在 Servlet 中,每个请求由一个轻量级的 Java 线程(而不是重量级的操作系统进程)处理。在传统 CGI 中,如果有 $N$ 个并发的对同一 CGI 程序的请求,则该 CGI 程序的代码在内存中将重复装载 $N$ 次;而在 Servlet 中,处理请求的是 $N$ 个线程,只需一份 Servlet 类代码即可实现。在性能优化方面,Servlet 也比 CGI 有着更多的选择,比如缓冲以前的计算结果,保持数据库连接的活动等。

2. 方便

Servlet 提供了大量的实用工具,例如自动地解析和解码 HTML 表单数据、读取和设置 HTTP 头、处理 Cookie、跟踪会话状态等,为程序员提供了极大的便利。

3. 功能强大

在 Servlet 中可以完成许多 CGI 程序很难完成的任务,例如 Servlet 能够直接与 Web 服务器交互,而普通的 CGI 程序则不能。Servlet 还能够在各个程序之间共享数据,使得数据库连接池之类的功能很容易实现。

4. 可移植性好

Servlet 是用 Java 语言编写的,在 Servlet API 中提供了完善的标准,所以编写的 Servlet

程序无须任何实质上的改动,就可以移植到 Apache、Microsoft IIS 或者 Web Start。几乎所有的主流服务器都直接或通过插件支持 Servlet。

5. 节省投资

Servlet 不仅用于廉价甚至免费的 Web 服务器,现有的服务器也使用 Servlet,并且这部分功能往往是免费的,或只需要极少的投资。

### 7.2.3　Servlet 的持久性

很多专家都在考虑 Servlet 在 Java 程序中能活多久的问题,它的生命周期究竟是怎么一回事? Servlet 的生命周期在将它装入 Web 服务器的内存时开始,在终止或重新装入 Servlet 时结束。Servlet 的持久性主要分为初始化、请求处理、终止几个阶段。

JSP 本质上就是 Servlet,开发者编写的 JSP 页面由 Web 容器编译成对应的 Servlet,当 Servlet 在容器中运行时,Servlet 实例的创建及销毁等都不是由程序员决定的,而是由 Web 容器进行控制的。

对于程序员来说,通常在如下两个时机创建 Servlet 实例。

(1)客户端第一次请求某个 Servlet 时,系统创建该 Servlet 的实例,大部分的 Servlet 都是这种 Servlet。

(2)Web 应用启动时立即创建 Servlet 实例,即 load-on-startup Servlet。每个 Servlet 的运行都必须遵循如下生命周期。

①创建 Servlet 实例。

②Web 容器调用 Servlet 的 init 方法,对 Servlet 进行初始化。

③Servlet 经过初始化后会一直存在于容器中,功能是响应客户端请求。如果客户端发送 GET 请求,容器调用 Servlet 的 doGet 方法处理并响应请求;如果客户端发送 POST 请求,容器调用 Servlet 的 doPost 方法处理并响应请求,或者统一使用方法 service() 来响应用户的请求。

④Web 容器决定销毁 Servlet 时,先调用 Servlet 的 destroy 方法,通常在关闭 Web 应用时销毁 Servlet。

## 7.3　开发 Servlet 的基本步骤

要开发一个 Servlet 非常简单,因为 Servlet 本身就是一个简单的 Java 类。下面首先介绍如何开发一个 Servlet 程序,接着重点介绍 Servlet 的生命周期,最后介绍 Servlet 开发中的一些常用知识,如 HttpServlet 常用方法和 Servlet 常用接口。

### 7.3.1　开发一个 Servlet 程序

既然 Servlet 本身就是一个简单的 Java 类,那么它的创建方式就与普通类基本一样了,不同的是所有的 Servlet 必须继承 HttpServlet 类。

**范例 1：**

HelloServlet.java

　　在这段代码里，我们主要演示如何定义一个 Servlet 以及添加 doGet 方法，并通过获得输出流在网页上输出一个"Hello,Servlet!"字符串。

```
1   package com.sanqing.servlet
2   import java.io.IOException;
3   import java.io.PrintWriter;
4   import javax.servlet.ServletException;
5   import javax.servlet.http.HttpServlet;
6   import javax.servlet.http.HttpServletRequest;
7   import javax.servlet.http.HttpServletResponse;
8   public class HelloServlet extends HttpServlet{
9     protected void doGet(HttpServletRequest req,HttpServletResponse resp)
10           throws ServletException,IOException{
11        resp.setContentType("text/html");    //设置 HTTP 响应头的 Content-Type 字段
                                                    值
12        PrintWriter out=resp.getWriter();    //获得输出流 out
13        out.println("Hello,Servlet!")        //输出到网页上
14      }
15  }
```

导入必须的类。例如所有的 Servlet 必须继承 HttpServlet，所以必须导入 HttpServlet 类。

　　代码第 8 行声明了该类的名称为 HelloServlet，该类继承了 HttpServlet 类。用来响应客户端发送的 get 方法的请求。该方法包括两个参数：一个参数为 req，该参数相当于 JSP 中的 request 内置对象；另一个参数为 resp，该参数相当于 JSP 中的 response 内置对象。代码第 11 行通过 resp 参数设置 HTTP 响应头的 Content-Type 字段值，表示响应的文件为一个 HTML 页面。代码第 12 行通过 resp 参数获得输出流，通过调用其 println 方法来实现向页面输出。

　　Servlet 具体如何执行呢？这时首先需要在 web.xml 文件中配置 Servlet，配置完成后才能进行访问并执行。其配置代码如下：

```
1    <!--定义 Servlet 本身-->
2    <servlet>
3      <!--指定 Servlet 的名称-->
4      <servlet-name>HelloServlet</servlet-name>
5      <!--指定 Servlet 类的全名-->
6      <servlet-class>com.sanqing.servlet.HelloServlet</servlet-class>
7    </servlet>
8    <!--定义 Servlet 映射信息-->
9    <servlet-mapping>
10     <!--指定 Servlet 的名称-->
11     <servlet-name>HelloServlet</servlet-name>
```

```
12        <!--指定在浏览器中访问的 Servlet 的 URL -->
13        <url-pattern>/servlet/helloServlet</url-pattern>
14      </servlet-mapping>
```

代码第 2 行添加了一个节点,在该节点下添加了两个子节点,分别用来指定 Servlet 的名称和 Servlet 类的全名。代码第 9 行添加了一个节点,在该节点下添加了两个子节点,分别用来配置 Servlet 的名称和 URL 映射地址。

打开 IE 浏览器,在浏览器地址栏中输入 http://localhost:8080/JavaWeb05/servlet/helloServlet。

### 7.3.2　Servlet 生命周期

Java 中类是有生命周期的,而 Servlet 也是一个 Java 类,所以它同样具有生命周期。其从生成到销毁必须经过如下几个步骤:

(1)将 Servlet 加载到 Servlet 引擎(也叫作 Servlet 加载器)中;

(2)加载完成后,立即调用其 init()方法来进行初始化操作;

(3)通过提供的响应方法来处理客户端的请求,如 get 方式的请求则调用其 doGet 方法,post 方式的请求则调用其 doPost 方法;

(4)调用 destroy()方法进行销毁操作;

(5)通过垃圾收集器进行收集清理。

**范例 2:**

ServletLifeCycle.java

在这段代码里,我们主要演示 Servlet 的生命周期,为了能够看出每个时期的效果,在每个时期使用一个打印语句。

```
1   package com.sanqing.servlet;
2   import java.io.IOException;
3   import javax.servlet.ServletException;
4   import javax.servlet.http.HttpServlet;
5   import javax.servlet.http.HttpServletRequest;
6   import javax.servlet.http.HttpServletResponse;
7   public class ServletLifeCycle extends HttpServlet{
8     public void init()throws ServletException{
9       System.out.println("Servlet 初始化!")        }初始化方法
10    }
10    }
11    protected void doGet(HttpServletRequest req,
      HttpServletResponse resp)
12      throws ServletException,IOException{            get 请求响应
13    System.out.println("Servlet 执行 get 方式请求响应!");
14
```

```
15    public void destroy(){
16    System.out.println("Servlet 销毁!");    } 销毁方法
17    }
18  }
```

代码第 8 行定义了一个 init() 方法,该方法为初始化方法,当 Servlet 加载完成后就会马上调用其完成初始化。为了能够看到初始化情况,在代码第 9 行添加了一个打印语句,只要调用了 init() 方法就将在服务器控制台打印输出"Servlet 初始化!"语句。代码第 11 行定义了一个 doGet() 方法,当客户端向该 Servlet 发送 get 方式请求时,将调用该方法来完成请求响应。代码第 12 行定义了一个 destroy() 方法,当移除该 Web 项目或者关闭服务器时,将调用该方法来销毁 Servlet。

打开 IE 浏览器,在浏览器地址栏中输入"http://localhost:8080/JavaWeb05/servlet/servletLifeCycle"。

执行该 Servlet,这时会在 Tomcat 服务器控制台输出。

### 7.3.3　HttpServlet 常用方法

HttpServlet 接口除了采用 init() 和 destroy() 方法处理 Servlet 初始化和销毁外,还采用一些常用方法,如 doGet 方法、doPost 方法以及 Service 方法等。

(1) doGet 方法用来处理客户端的 HTTP GET 请求。如果客户端发送其他请求,如 HTTP POST,服务端将会出现异常。doGet 方法只能处理客户端浏览器直接访问和表单 GET 方式提交的请求。

(2) doPost 方法用来处理客户端的 HTTP POST 请求。如果客户端浏览器通过 HTTP POST 请求来访问 Servlet,而在 Servlet 类中并没有 doPost 方法,这时在客户端浏览器将会弹出异常消息。doPost 方法只能处理表单 POST 方式提交的请求,不能处理客户端浏览器直接访问。

(3) Service 方法用来同时处理 HTTP GET 和 HTTP POST 请求,包括客户端浏览器直接访问以表单 GET 方式提交或者以表单 POST 方式提交的表单。

**范例 3:**

TestGetPost.java

在这段代码里,我们主要演示 Servlet 中 doGet 方法、doPost 方法以及 service 方法对于 HTTP 的不同请求的响应情况。

```
1  package com.sanqing.servlet;
2  import java.io.IOException;
3  import java.io.PrintWriter;
4  import javax.servlet.ServletException;
5  import javax.servlet.http.HttpServlet;
6  import javax.servlet.http.HttpServletRequest;
7  importjavax.servlet.http.HttpServletResponse;
8  public class TestGetPost extends HttpServlet{
```

```
 9      protected void doGet(HttpServletRequest req,HttpServletResponse resp)
                                                    //doGet 方法
10        throws ServletException,IOException{
11        resp.setContentType("text/html;charset=UTF-8");
                                                    //设置 Content-Type 字段值
12        PrintWriter out=resp.getWriter();         //获得 PrintWriter 对象
13        out.println("调用 doGet 方法<br>");
14      }
15      protected void doPost ( HttpServletRequest req, HttpServletResponse
resp)
                                                    //doPost 方法
16        throws ServletException,IOException{
17        resp.setContentType("text/html;charset=UTF-8");
                                                    //设置 Content-Type 字段值
18        PrintWriter out=resp.getWriter();         //获得 PrintWriter 对象
19        out.println("调用 doPost 方法<br>");
20      }
21      protected void service ( HttpServletRequest req, HttpServletResponse
resp)
                                                    //service 方法
22        throws ServletException,IOException{
23        resp.setContentType("text/html;charset=UTF-8");
                                                    //设置 Content-Type 字段值
```

代码第 9 行定义了一个 doGet 方法，在该方法中内容通过 resp 参数设置响应文件的文档类型。这里统一设置为"text/html"，表示为 HTML 文件，charset 属性用来设置字符集，这里设置为"UTF-8"。代码第 12 行通过 resp 参数获得输出流，在页面上输出"调用 doGet 方法"语句。代码第 15 行和 21 行分别定义了 doPost 方法和 service 方法，同样在该方法中获得输出流，并进行输出。

打开 IE 浏览器，在浏览器地址栏中输入"http://localhost:8080/JavaWeb05/servlet/testGetPost"。

添加一个 JSP 页面 PostForm. jsp，在该页面中包含一个表单，其代码如下：

```
1  <form action="servlet/testGetPost"method="post">
2    <input type="submit"value="提交">
3  </form>
```

代码第 1 行添加了一个<form>表单，设置其提交地址 action 为 servlet/testGetServlet。设置其 method 为 post，表示使用 POST 方式进行提交。

单击表单中的"提交"按钮，这时打开页面。修改表单的提交方式为 GET，这时再提交表单。

从前面的范例中可以看出，使用不同的提交方式，将调用 Servlet 中的不同处理方法。

# 7.4 Servlet 的生命周期

Servlet 的生命周期从 Web 服务器启动运行时开始,以后会不断处理来自浏览器的访问请求,并将响应结果通过 Web 服务器返回给客户端,直到 Web 服务器停止运行,Servlet 才会被清除。

Servlet 运行在 Servlet 容器中,其生命周期由容器来管理。Servlet 的生命周期通过 javax. servlet. Servlet 接口中的 init( )、service( )和 destroy( )方法来表示。

Servlet 的生命周期包含下面 4 个阶段。

## 7.4.1 加载和实例化

Servlet 容器负责加载和实例化 Servlet。当 Servlet 容器启动或响应第一个请求时,创建 Servlet 实例。当 Servlet 容器启动后,它必须知道所需的 Servlet 类在什么位置,Servlet 容器可以从本地文件系统、远程文件系统或者其他网络服务中通过类加载器加载 Servlet 类,成功加载后,容器创建 Servlet 的实例。因为容器通过 Java 的反射 API 来创建 Servlet 实例,调用的是 Servlet 的默认构造方法(即不带参数的构造方法),所以我们在编写 Servlet 类时,不应该提供带参数的构造方法。有时,还在 web. xml 文件中为 Servlet 设置<load-on-startup>元素。例如:

```
servlet
<servlet-name> HelloServlet </servlet-name>
<servlet -class servlet.HelloServlet </servlet-class
<load-on-startup> 0</load-on-startup>
</servlet>
<servlet-mapping>
<servlet-name> HelloServlet </servlet-name>
<url-pattern>/HelloServlet </url-pattern>
</servlet-mapping>
```

其中,<load-on-startup>元素表示 Servlet 容器是否在启动时就加载了这个 Servlet。当值为 0 或大于 0 时,表示容器在应用启动时就加载了这个 Servlet;当值为一个负数或没有指定时,则指示容器在该 Servlet 被客户端请求时才加载。正数的值越小,启动该 Servlet 的优先级越高。

Servlet 容器根据 web. xml 配置信息加载 Servlet 类,Servlet 容器使用 Java 类加载器加载 Servlet 的 Class 文件。注意,Servlet 只需要被加载一次,然后将实例化该类的一个实例或多个实例。在默认情况下,Servlet 实例在第一个请求到来时创建,以后复用。

当 Servlet 被实例化后,Servlet 容器将调用 Servlet 的 init(ServletConfig config)方法来为实例进行初始化,在 Servlet 的生命周期中,该方法执行一次。

用户写的 Servlet 类都是 HttpServlet 的子类,而 HttpServlet 类又是抽象类 GenericServlet

的子类。GenericServlet 类里面有成员变量 ServletConfig 和成员方法 init(ServletConfig) 与 init()。其中,init(ServletConfig)是供 Servlet 容器(如 Tomcat)调用的,ServletConfig 对象包含了初始化参数和容器环境的信息,并负责向 Servlet 传递信息,在初始化时,将会读取配置信息,完成相关工作,init()对于一个 Servlet 只可以被调用一次。如果用户需要做些 Servlet 的初始化工作,可在 init()中完成。

事实上 Servlet 从被 web. xml 解析到完成初始化,这个过程非常复杂,中间有很多过程,包括各种容器状态转化引起监听事件的触发、各种访问权限的控制和一些不可预料错误发生的判断行为等。这里只对一些关键环节进行阐述,以便有一个总体脉络。

### 7.4.2 初始化

在 Servlet 实例化之后,容器将调用 Servlet 的 init()方法初始化这个对象。初始化的目的是让 Servlet 对象在处理客户端请求前完成一些初始化的工作,如建立数据库的连接,获取配置信息等。对于每一个 Servlet 实例,init()方法只被调用一次。在初始化期间,Servlet 实例可以使用容器为它准备的 ServletConfig 对象从 Web 应用程序的配置信息(在 web. xml 中配置)中获取初始化的参数信息。在初始化期间,如果发生错误,Servlet 实例可以抛出 ServletException 异常或者 UnavailableException 异常来通知容器。ServletException 异常用于指明一般的初始化失败,例如没有找到初始化参数;而 UnavailableException 异常用于通知容器该 Servlet 实例不可用。例如,数据库服务器没有启动,数据库连接无法建立,Servlet 就可以抛出 UnavailableException 异常,向容器指出它暂时或永久不可用。

### 7.4.3 请求处理

Servlet 容器调用 Servlet 的 service()方法对请求进行处理。要注意的是,在 service()方法被调用之前,init()方法必须成功执行。在 service()方法中,Servlet 实例通过 ServletRequest 对象得到客户端的相关信息和请求信息,在对请求进行处理后,调用 ServletResponse 对象的方法设置响应信息。在 service()方法执行期间,如果发生错误,Servlet 实例可以抛出 ServletException 异常或者 UnavailableException 异常。如果 UnavailableException 异常指示了该实例永久不可用,那么 Servlet 容器将调用实例的 destroy()方法,释放该实例。此后对于该实例的任何请求,都将收到容器发送的 HTTP 404(请求的资源不可用)响应。如果 UnavailableException 异常指示了该实例暂时不可用,那么在暂时不可用的时间段内,对于该实例的任何请求,都将收到容器发送的 HTTP 503(服务器暂时忙,不能处理请求)响应。

### 7.4.4 服务终止

当容器检测到一个 Servlet 实例应该从服务中被移除的时候,容器就会调用实例的 destroy()方法,以便让该实例可以释放它所使用的资源,保存数据到持久存储设备中。当需要释放内存或者容器关闭时,容器就会调用 Servlet 实例的 destroy()方法。在 destroy()方法调用之后,容器会释放这个 Servlet 实例,该实例随后会被 Java 的垃圾收集器所回收。如果再次需要这个 Servlet 处理请求,Servlet 容器会创建一个新的 Servlet 实例。

在整个 Servlet 的生命周期过程中,创建 Servlet 实例、调用实例的 init()和 destroy()方法都只进行一次。当初始化完成后,Servlet 容器会将该实例保存在内存中,通过调用它的 service()方法,为接收到的请求服务。下面给出 Servlet 整个生命周期过程的 UML 序列图, 如图 7-1 所示。

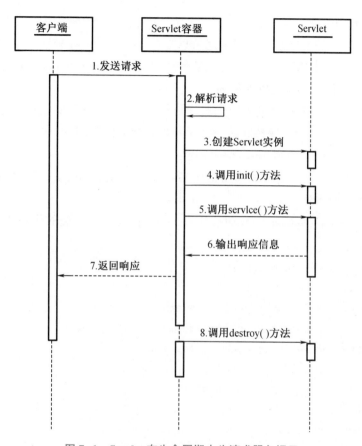

图 7-1  Servlet 在生命周期内为请求服务提示

如果需要让 Servlet 容器在启动时即加载 Servlet,可以在 web. xml 文件中配置<load-on-startup>元素。

## 7.5  Servlet 的创建方法

Servlet 的创建十分简单。第一种创建方法是先创建一个普通的 Java 类,使这个类继承 HttpServlet 类,再手动配置 web. xml 文件注册 Servlet 对象。此方法操作比较烦琐,因此在快速 开发中通常不被采纳,而是采用第二种方法——直接通过 IDE 集成开发工具进行创建。

使用 IDE 集成开发工具创建 Servlet 比较简单,适合初学者。本节以 Eclipse 开发工具 为例,创建方法如下:

(1)创建一个动态 Web 项目,然后在包资源管理器中的新建项目名称节点上,单击鼠标 右键,在弹出的快捷菜单中选择"新建/Servlet"菜单项,将打开 Create Servlet 对话框,在该对

话框的 Java package 文本框中输入包 com. mingrisoft, 在 Class Name 文本框中输入类名 FirstServlet, 其他的采用默认。

(2) 单击"下一步"按钮, 进入指定配置 Servlet 部署描述信息页面, 在该页面中采用默认设置。

在 Servlet 开发中, 如果需要配置 Servlet 的相关信息, 可以在所示窗口中进行配置, 如描述信息、初始化参数、URL 映射。其中描述信息指对 Servlet 的一段描述文字; 初始化参数指在 Servlet 初始化过程中用到的参数, 这些参数可以使用 Servlet 的 init 方法进行调用; URL 映射是指通过哪一个 URL 来访问 Servlet。

(3) 单击"下一步"按钮, 将进入用于选择修饰符、实现接口和要生成的方法的对话框。在该对话框中, 修饰符和接口保持默认, 在"继承的抽象方法"复选框中选中 doGet 和 doPost 复选框, 单击"完成"按钮, 完成 Servlet 的创建。

选择 doPost 与 doGet 复选框的作用是让 Eclipse 自动生成 doGet() 与 doPost() 方法, 实际应用中可以选择多个方法。

Servlet 创建完成后, Eclipse 将自动打开该文件。创建 Servlet 类的代码如下:

```
package com.mingrisoft;
import java.io.IOException;
import javax.servlet.ServletException;
import javax.servlet.annotation.WebServlet;
import javax.servlet.http.HttpServlet;
import javax.servlet.http.HttpServletRequest;
import javax.servlet.http.HttpServletResponse;
/* *    * Servlet 实现类 FirstServlet
 * /    @ WebServlet("/FirstServlet")
public class FirstServlet extends HttpServlet {
private static final long serialVersionUID = 1L;
/* *       *@ see HttpServlet#HttpServlet()
 * 构造方法
 * /          public FirstServlet() {
super();
}
protected void doGet(HttpServletRequest request, HttpServletResponse response)
throws ServletException, IOException {                   //业务处理
}
protected void doPost(HttpServletRequest request, HttpServletResponse
response) throws ServletException, IOException {
                    //业务处理
}
}
```

使用开发工具创建 Servlet 非常简单, 本实例中使用的是 Eclipse IDE for Java EE 工具。

其他开发工具操作步骤大同小异,按提示操作即可。

# 7.6　Servlet API 的层次结构

Servlet API 包含于两个包中,即 javax. servlet 包和 javax. servlet. http 包。

## 7.6.1　javax. servlet 包

javax. servlet 包所包含的接口和类的含义如下:

- interface Servlet:此接口定义了所有 Servlet 必须实现的方法。
- interface ServletResponse:此接口定义了用于由 Servlet 向客户端发送的响应。
- interface ServletRequest:此接口定义了用于向 Servlet 容器传递客户请求的信息。
- interface ServletContext:此接口定义于 Servlet 与其运行环境通信的一系列方法。
- Interface ServletConfig:此接口由 Servlet 引擎用于 Servlet 初始化时,向 Servlet 传递信息。
- class GernericServlet:此类实现了 Servlet 接口,定义了一个通用的、与协议无关的 Servlet。
- class ServletInputStream:此类定义了一个输入流,用于由 Servlet 从中读取客户请求的二进制数据。
- class ServletOutputStream:此类定义了一个输出流,用于由 Servlet 向客户端发送二进制数据。

## 7.6.2　javax. servlet. http 包

javax. servlet. http 包所包含的接口和类的含义如下:

- interface HttpServletRequest:继承了 ServletRequest 接口,为 HTTPServlet 提供请求信息。
- interface HttpServletResponse:继承了 ServletResponse 接口,为 HTTPServlet 输出响应信息提供支持。
- interface HttpSession:为维护 HTTP 用户的会话状态提供支持。
- interface HttpSessionBindingListener:使得某对象在加入一个会话或从会话中删除时能够得到通知。
- interface HttpSessionContext:由 Servlet 2. 1 定义,该对象在新版本中已不被支持。
- class Cookie:用于 Servlet 中使用 Cookie 技术。
- class HttpServlet:定义了一个抽象类,继承 GenericServlet 抽象类,应被 HTTPServlet 继承。
- class HttpSessionBindingEvent:定义了一种对象,当某一个实现了 HttpSessionBind-ingListener 接口的对象被加入会话或从会话中删除时,会收到该类对象的一个句柄。
- class HttpUtils:提供了一系列便于编写 HTTPServlet 的方法。

# 7.7　Servlet 中 API 简介

Javax. servlet. http 包是 javax. servlet 包的扩展,Servlet 主要应用于 HTTP 方面的编程,因此 javax. servlet. http 包内的很多类、接口都是在 javax. servlet 包相对应接口的基础上添加对 HTTP/1.1 协议的支持而成的。HttpServlet 类是其中最主要的类,如果理解了 HttpServlet 类和接口 HttpServletRequest、HttpServletResponse 之间的关系,也就理解了 Servlet 的工作过程。

## 7.7.1　HttpServlet 类概述及使用方法

HttpServlet 是一个类,它继承了 GenericServlet,而 GenericServlet 实现了 Servlet,因此 HttpServlet 也能实现 Servlet 的功能。

1. HttpServlet 类概述

HttpServlet 类是 Servlet 容器中最重要的一个类,其主要功能是处理 Servlet 请求和回应处理结果。HttpServlet 首先必须读取 HTTP 请求的内容。Servlet 容器负责创建 HttpServlet 对象,并把 HTTP 请求直接封装到 HttpServlet 对象中,这样做大大简化了 HttpServlet 解析请求数据的工作量。HttpServlet 的作用比 Servlet 更加强大,它能够更快速地处理 Http 请求,能够更快速地根据请求方式(Get、Post)来处理 Http 请求,继承 HttpServlet 后不用重写 Service 方法,也不用去实现 init 等方法。这些都在 HttpServlet 和 GenericServlet 有了默认实现。HttpServlet 是针对处理 Http 请求而设计的一个类。

HttpServlet 容器响应 Web 客户请求流程如下:

(1)Web 客户向 Servlet 容器发出 HTTP 请求;

(2)Servlet 容器解析 Web 客户的 HTTP 请求;

(3)Servlet 容器创建 HttpServletRequest 对象,在这个对象中封装 HTTP 请求信息;

(4)Servlet 容器创建一个 HttpServletResponse 对象;

(5)Servlet 容器调用 HttpServlet 的 service 方法,把 HttpServletRequest 和 HttpServletResponse 对象作为 service 方法的参数传给 HttpServlet 对象;

(6)HttpServlet 调用 HttpServletRequest 的有关方法,获取 HTTP 请求信息;

(7)HttpServlet 调用 HttpServletResponse 的有关方法,生成响应数据;

(8)Servlet 容器把 HttpServlet 的响应结果传给 Web 客户。

HttpServlet 类是一个抽象类,当创建一个具体的 Servlet 类时必须继承此类,同时要覆盖 HttpServlet 的部分方法,如覆盖 doGet 或 doPost。HttpServlet 类的 doGet 和 doPost 的原型如下:

```
public void doGet(ttpServletRequest request,HttpServletResponse response)
throws ServletException,IOException{…}
public void doPost(HttpServletRequest request,HttpServletResponse response)
throws ServletException, IOException{…}
```

从以上代码中可以看到方法中的两个形参:一个是 HttpServletRequest 的实例;另一个是 HttpServletResponse 的实例。这两个参数都是由 Servlet 容器对数据进行封装后传递过来的,一个用来处理请求;另一个用来处理回应。表 7-1 列举了 HttpServlet 类的主要方法。

表 7-1　HttpServlet 类的主要方法

| 方法 | 说明 |
| --- | --- |
| protected void doDelete(HttpServletRequest request, HttpServletResponse response) throws ServletException, IOException; | 被这个类的 service 方法调用,用来处理一个 HTTPDELETE 操作。这个操作允许客户端请求从服务器上删除 URL 指定的资源。这一方法的默认执行结果是返回一个 HTTP BAD_REQUEST 错误。当需要处理 DELETE 请求时,必须重载这一方法 |
| protected void doGet(HttpServletRequest request, HttpServletResponse response) throws ServletException, IOException; | 被这个类的 service 方法调用,用来处理一个 HTTPGET 操作。这个操作仅允许客户端从一个 HTTP 服务器获取资源。这个 GET 操作不能修改存储的数据,改变数据的请求需要使用其他方法。对这个方法的重载将自动地支持 HEAD 方法。这一方法的默认执行结果是返回一个 HTTP BADREQUEST 错误 |
| protected void doHead ( HttpServletRequest request, HttpServletResponse response) throws ServletException, IOException; | 被这个类的 service 方法调用,用来处理一个 HTTPHEAD 操作。默认的情况是,这个操作会按照一个无条件的 GET 方法来执行,该操作不向客户端返回任何数据,而仅仅是返回包含内容长度的头信息,与 GET 操作一样,这个操作应该是安全且没有负面影响的。这个方法的默认执行结果是自动处理 HTTP HEAD 操作,它不需要被一个子类执行 |
| protected void doOptions(HttpServletRequest request, HttpServletResponse response)throws ServletException, IOException; | 被这个类的 service 方法调用,用来处理一个 HTTPOPTION 操作。这个操作自动地决定支持哪一个 HTTP 方法。例如,在一个 HttpServlet 的子类中重载了 doGet 方法,doOptions 会返回下面的头: GET、HEAD、TRACE、OPTIONS。一般不需要重载这个方法 |
| protected void doPost ( HttpServletRequest request, HttpServletResponse response)throws ServletException, IOException; | 这个方法用来处理一个 HTTP POST 操作。这个操作包含了请求体的数据,Servlet 可以按照这些请求进行操作,如对数据进行修改、对数据进行换算等。这一方法的默认执行结果是返回一个 HTTP BAD_REQUEST 错误。当需要处理 POST 操作时,读者必须在 HttpServlet 的子类中重载这一方法 |
| protected void doPut(HttpServletRequest request, HttpServletResponse response)throws ServletException, IOException; | 这个方法用来处理一个 HTTP PUT 操作。这个操作类似于通过 FTP 发送文件,它可能会对数据产生影响。这一方法的默认执行结果是返回一个 HTTPBAD_REQUEST 错误。当需要处理 PUT 操作时,必须在 HttpServlet 的子类中重载这一方法 |

表 7-1(续)

| 方法 | 说明 |
|---|---|
| protected void doTrace (HttpServletRequest request, HttpServletResponse response)throws ServletException, IOException; | 被这个类的 service 方法调用,用来处理一个 HTTPTRACE 操作。这个操作的默认执行结果是产生一个响应,这个响应包含反映 trace 请求中发送的所有头域的信息 |
| protected long getLastModified (HttpServletRequest request); | 返回这个请求实体的最后修改时间。为了支持 GET 操作,必须重载这一方法,以精确地反映最后的修改时间。这将有助于浏览器和代理服务器减少服务器和网络资源的装载量,从而有助于服务器更加高效地工作。返回的数值是自 1970-01-01(GMT)以来的毫秒数。默认的执行结果是返回一个负数,这标志着最后修改时间未知 |

2. HttpServlet 类的使用方法

(1)创建一个类继承 HttpServlet,并重写它的 doGet 和 doPost 方法。

```java
public class ServletDemo extends HttpServlet {
    @Override
    protected void doPost(HttpServletRequest request, HttpServletResponse
response) throws ServletException, IOException {
        System.out.println("执行了 post 方法");
    }

    @Override
    protected void doGet(HttpServletRequest request, HttpServletResponse
response) throws ServletException, IOException {
        System.out.println("执行了 get 方法");
    }
}
```

使用 post 请求时会执行 doPost 方法,使用 Get 请求时会执行 doGet 方法。但是如果想让 Get 和 Post 请求都执行同一个方法,就可参考以下写法:

```java
    @Override
    protected void doPost(HttpServletRequest request, HttpServletResponse
response) throws ServletException, IOException {
        System.out.println("执行了 post 方法");
        doGet(request,response);//post 请求也转移到 doGet 方法中
    }

    @Override
```

```
    protected void doGet(HttpServletRequest request, HttpServletResponse
response) throws ServletException, IOException{
        System.out.println("执行了 get 方法");
    }
```

（2）启动 Tomcat。

Get 请求：

在网址输入对应的 Servlet 就是 Get 请求。本书为"http://localhost：8017/qjq/ServletDemo"，结果如下：

Post 请求：

一般 web 项目都会自动创建一个 Index.jsp，在 index.jsp 中创建一个 form 表单并制定 method 为 post。

```
  <body>
<!--action 是你的 servlet 访问路径-->
    < form method ="post" action ="$|pageContext. request. contextPath|/
ServletDemo">
    <input type="submit" value="post 请求">
    </form>
  </body>
```

然后启动 tomcat，输入网址"http://localhost：端口号/项目名称/"。本书用"http://localhost：8017/qjq/"来访问这个 index.jsp 后，点击 post 请求按钮发送 post 请求。

### 7.7.2　HttpServletRequest 接口

HttpServletRequest 接口继承自 ServletRequest 接口，ServletRequest 接口中定义了一些获取请求信息的方法。

ServletRequest 接口主要有以下一些方法：

● public Enumeration getAttributeNames()：该方法可以获取当前 HTTP 请求过程中所有请求变量的名字。

● public String getCharacterEncoding()：该方法用于获取客户端请求的字符编码。

● public String getContentType()：该方法用于获取 HTTP 请求的类型，返回值是 MIME 类型的字符串，如 text/html。

● public void setAttribute(String name，Object o)：该方法用于设定当前 HTTP 请求过程请求变量的值，第一个参数是请求变量的名称；第二个参数是请求变量的值，如果已经存在同名的请求变量，它的值将会被覆盖掉。

● public Object getAttribute(String name)：该方法用于获取当前请求变量的值，参数是请求变量的名称。

● public ServletInputStream getInputStream()：该方法可以获取客户端的输入流。

● public String getParameter(String name)：该方法可以获取客户端通过 HTTPPOST/GET 方式传递过来的参数的值，getParameter 方法的参数是客户端所传递参数的名称，这些名称在 HTML 文件<form>标记中使用 name 属性指定。

● public String[] getParameterValues(String name):如果客户端传递过来的参数中,某个参数有多个值(如复选框),可通过该方法获得一个字符串数组。

● public String getRemoteAddr():该方法返回当前会话中客户端的 IP 地址。

● public String getScheme():该方法用于获取客户端发送请求的模式,返回值可以是 HTTP、HTTPS、FTP 等。

● public String getServerName():该方法用于获取服务器的名称。

● public int getServerPort():该方法用于获取服务器响应请求的端口号。

以上是 ServletRequest 接口中的主要方法,除此之外,还有很多其他方法,在此不一一介绍,有兴趣的读者可以查看 Servlet API 帮助文档。

HttpServletRequest 接口自然继承了 ServletRequest 接口中的所有方法。

在 HttpServletRequest 接口和 ServletRequest 接口基础上增加了以下方法:

● public Cookie[] getCookies():该方法可以获取当前会话过程中所有的存在 Cookie 对象,返回值是一个 Cookie 类型的数组。

● public String getHeader(String name):该方法可以获取特定的 HTTP Header 的值。

● public String getMethod():该方法返回客户端发送 HTTP 请求所有的方式,返回值一般是 GET 或 POST 等。

● public String getServletPath():该方法获得当前 Servlet 程序的真实路径。

### 7.7.3　ttpServletResponse 接口

HttpServletResponse 接口继承自 ServletResponse 接口,ServletResponse 接口可以发送 MIME 编码数据到客户端,服务器在 Servlet 程序初始化以后,会创建 ServletResponse 接口对象,作为参数传递给 service 方法。

ServletResponse 接口主要有以下方法:

● public String getCharacterEncoding():该方法可以获取向客户端发送数据的 MIME 编码类型,如 text/html 等。

● publicServletOutputStream getOutputStream():该方法返回 ServletOutputStream 对象,此对象可用于向客户端输出二进制数据。

● public PrintWriter getWriter():该方法可以打印各种数据类型到客户端。

● public void setContentType(String type):该方法指定向客户端发送内容的类型,如"setContentType("text/html");"。

HttpServletResponse 接口在 ServletResponse 接口基础上增加了以下方法:

● public void addcookie(Cookie cookie):该方法的作用是添加一个 Cookie 对象到当前会话中。

● public void sendRedirect(String location):该方法的作用是使当前页面重定向到另一个 URL。

### 7.7.4　ServletConfig 接口

在 Servlet 的初始化中,使用的参数就是 ServletConfig。init 方法将保存这个对象,以便能够用方法 getServletConfig 返回。每一个 ServletConfig 对象对应着一个唯一的 Servlet。

该类的主要方法及其说明如表 7-2 所示。

表 7-2　ServletConfig 类的主要方法及其说明

| 方法 | 说明 |
| --- | --- |
| public String getInitParameter(String name) | 这个方法返回一个包含 Servlet 指定的初始化参数的 String。如果这个参数不存在,则返回空值 |
| public Enumeration getInitParameterNames() | 这个方法返回一个列表 String 对象,该对象包括 Servlet 的所有初始化参数名。如果 Servlet 没有初始化参数,该方法会返回一个空的列表 |
| public ServletContext getServletContext() | 返回这个 Servlet 的 ServletContext 对象 |

### 7.7.5　ervletContext 接口

每个 Web 应用只有一个 ServletContext 实例(Servlet 的环境对象),通过此接口实例可以访问 Web 应用的所有资源,也可以用于不同的 Servlet 间的数据共享,但不能与其他 Web 应用交换信息。ServletContext 类的主要方法如表 7-3 所示。

表 7-3　ServletContext 类的主要方法

| 方法 | 说明 |
| --- | --- |
| public Object getAttribute(String name) | 返回 Servlet 环境对象中指定的属性对象。如果该属性对象不存在,返回空值。这个方法可以访问有关这个 Servlet 引擎的在该接口的其他方法中未提供的附加信息 |
| public Enumeration getAttributeNames() | 返回一个 Servlet 环境对象中可用的属性名的列表 |
| public ServletContext getContext (String uripath) | 返回一个 Servlet 环境对象,这个对象包含了特定 URL 路径的 Servlet 和资源,如果该路径不存在,则返回一个空值。URL 路径格式是/dir/dir/filename. ext。出于安全考虑,如果通过这个方法访问一个受限制的 Servlet 的环境对象,则会返回一个空值 |
| public int getMajorVersion() | 返回 Servlet 引擎支持的 Servlet API 的主版本号。例如,对于 2.1 版,这个方法会返回一个整数 2 |
| public int getMinorVersion() | 返回 Servlet 引擎支持的 Servlet API 的次版本号。例如,对于 2.1 版,这个方法会返回一个整数 1 |

表 7-3（续）

| 方法 | 说明 |
|---|---|
| public String getMimeType(Stringfile) | 返回指定文件的 MIME 类型,如果这种 MIME 类型未知,则返回一个空值。MIME 类型是由 Servlet 引擎的配置决定的 |
| public String getRealPath(String path) | 一个符合 URL 路径格式指定的虚拟路径的格式是/dir/dir/filename.ext。用这个方法,可以返回与一个符合该格式与虚拟路径相对应的真实路径 String。这个真实路径的格式应该适用于运行这个 Servlet 引擎的计算机(包括其相应的路径解析器)。如果这一从虚拟路径转换成实际路径的过程不能执行,该方法将会返回一个空值 |
| publicURL getResource(Stringuripath) | 返回一个 URL 对象,该对象表明一些环境变量的资源。这些资源位于给定的 URL 地址(格式为/dir/dir/filename.ext)的 Servlet 环境对象。如果给定路径的 Servlet 环境没有已知的资源,该方法会返回一个空值。这个方法与 java.lang.Class 的 getResource 方法不同。java.lang.Class 的 getResource 方法通过装载类来寻找资源,而这个方法允许服务器生成环境变量并分配给任何资源的任何 Servlet |
| publicInputStream getResourceAsStream (Stringuripath) | 返回一个 InputStream 对象,该对象引用指定 URL 的 Servlet 环境对象的内容。如果没找到 Servlet 环境变量,就会返回空值。这个方法是一个通过 getResource 方法获得 URL 对象的方便的途径。注意,当使用这个方法时,meta-information(如内容长度、内容类型)会丢失 |
| publicRequestDispatcher getRequestDispatcher(String uripath) | 如果在这个指定的路径下能够找到活动的资源(如一个 Servlet、JSP 页面、CGI 等)就返回一个特定 URL 的 RequestDispatcher 对象;否则,就返回一个空值,Servlet 引擎负责用一个 request dispatcher 对象封装目标路径。这个 request dispatcher 对象可以用来完成请求的传送 |
| public String getServerInfo() | 返回一个 String 对象,该对象至少包括 Servlet 引擎的名字和版本号 |
| public void log(Stringmsg); public void log (String msg, Throwable t) | 把指定的信息写到一个 Servlet 环境对象的 log 文件中。被写入的 log 文件由 Servlet 引擎指定,但通常这是一个事件 log。当这个方法被一个异常调用时,log 中将包括堆栈跟踪,这种用法将被废弃 |
| public void setAttribute(Stringname, Object o) | 给 Servlet 环境对象中的对象指定一个名称 |
| public void removeAttribute(String name) | 从指定的 Servlet 环境对象中删除一个属性 |

### 7.7.6 HttpSession 接口

1. HttpSession 接口简介

除了 ServeletContext 接口外,另一个比较重要的接口是 HttpSession 接口,这个接口被 Servlet 引擎用来建立浏览器客户端和 HTTP 会话之间的连接。这种连接一般会在多个请求中持续一段给定的时间。表 7-4 给出了 HttpSession 接口的主要方法及其说明。

表 7-4　HttpSession 接口的主要方法及其说明

| 方法 | 说明 |
|---|---|
| public long getCreationTime( ) | 返回建立 session 的时间,这个时间表示自 1970 - 01 - 01 (GMT)以来的毫秒数 |
| public String getId( ) | 返回分配给这个 session 的标识符。一个 HTTP session 的标识符是一个由服务器来建立和维持的唯一字符串 |
| public long getLastAccessedTime( ) | 返回客户端最后一次发出与这个 session 有关的请求的时间,如果这个 session 是新建立的,则返回-1。这个时间表示为自 1970-01-01(GMT)以来的毫秒数 |
| public int getMaxInactiveInterval( ) throws IllegalStateException | 返回一个秒数,这个秒数表示客户端在不发出请求时,session 被 Servlet 维持的最长时间。在这个时间之后,session 可能被 Servlet 引擎终止。如果这个 session 不会被终止,则这个方法返回 - 1。当 session 无效后再调用这个方法会抛出一个 IllegalStateException |
| public Object getValue(String name) throws IllegalStateException | 返回一个标识为 name 的对象,该对象必须是一个已经绑定到 session 上的对象。如果不存在这样的绑定,返回空值。当 session 无效后再调用这个方法会抛出一个 IllegalStateException |
| public String [ ] getValueNames ( ) throws IllegalStateException | 以一个数组返回绑定到 session 上所有数据的名称。当 session 无效后再调用这个方法会抛出一个 IllegalStateException |
| public void invalidate( ) | 这个方法会终止该 session。所有绑定在该 session 上的数据都会被清除, 并通过 HttpSessionBindingListener 接口的 valueUnbound 方法发出通告 |
| publicbooleanisNew( )throws IllegalStateException | 返回一个布尔值以判断这个 session 是不是新的。如果一个 session 已经被服务器建立但是还没有收到相应客户端的请求,则这个 session 将被认为是新的。这意味着,这个客户端还没有加入会话。在它发出下一个请求时还不能返回适当的 session 认证信息。当 session 无效后再调用这个方法会抛出一个 IllegalStateException |

表 7-4(续)

| 方法 | 说明 |
|------|------|
| public void putValue(Stringname, Objectvalue) throws IllegalStateException | 绑定给定名字的对象到 session 中。已存在的同名的绑定会被重置,这时会调用 HttpSessionBindingListener 接口的 valueBound 方法。当 session 无效后再调用这个方法会抛出一个 IllegalStateException |
| public void removeValue（String name）throws IllegalStateException | 取消给定名字的对象在 session 上的绑定。如果未找到给定名字的绑定的对象,这个方法什么也不会做,这时会调用 HttpSessionBindingListener 接口的 valueUnbound 方法。当 session 无效后再调用这个方法会抛出一个 IllegalStateException |
| public int setMaxInactiveInterval(int interval) | 设置一个秒数,这个秒数表示客户端在不发出请求时,session 被 Servlet 维持的最长时间 |
| public HttpSessionContext getSessionContext() | 返回 session 在其中得以保持的环境变量。这个方法已经不再使用 |

### 2. Servlet 应用举例

（1）利用 Servlet 实现验证码功能

验证码的主要作用是强制人机交互,抵御来自机器的自动化攻击,有效地防止黑客对注册用户采用特定程序暴力破解方式进行不断的登录尝试。

验证码是将一串随机产生的数字或符号生成一幅图片,图片里加上一些干扰像素(防止 OCR),由用户肉眼识别其中的验证码信息,输入表单提交验证,验证成功后才能使用某项功能。因为验证码是一个混合了数字或符号的图片,人眼看起来都费劲,机器识别起来就更困难。像在百度贴吧等登录发帖前,要输入验证码,这样就可以防止大规模匿名回帖。

在用户登录例子基础上增加了验证码功能,其中验证码的生成由 Servlet 实现。例子中有两个 JSP 文件和一个生成验证码的 Servlet 文件,login. jsp 为登录页面,用于输入用户登录的信息。如果登录名为 admin,密码为 123,则将登录名和用户输入的验证码存入 session 中,跳转到 checkUser. jsp 页面。故意将验证码输错,以便理解数据关系。

首先设计生成验证码的 Servlet。该 Servlet 首先生成随机数,再使用 awt 图形包中相应类将随机数绘制成图形向 JSP 页面输出,同时将生成的验证码数据保存在 session 中,供程序将其与用户输入的验证码比对验证。

程序中使用了 java. awt. image. BufferedImage 类生成图片,BufferedImage 是抽象类 Image 的子类,它在 Image 的基础上增加了缓存功能,由 BufferedImage 类生成的图片在内存里有一个图像缓冲区,利用这个缓冲区可以很方便地操作这个图片,通常用来进行图片修改操作,例如大小变换、图片变灰、设置图片透明或不透明等。

BufferedImage 的构造方法为:

```
BufferedImage(int width,int height,int imageType)
```

其中,width 为生成图片的宽度;height 为生成图片的高度;imageType 为图片颜色类型常量。

代码(/jspweb 项目/src/util/ImageServlet. java)的清单:

```
package util;
import java.awt.Color;
import java.awt.Font;
import java.awt.Graphics;
import java.awt.image.BufferedImage;
import java.io.IOException;
import java util.Random;
import javax.imaeio.ImageIo;
import javax.servlet.ServletException;
import javax.servlet.http.EttpServlet;
import javax.servlet.http.HttpServletRecuest;
import javax.servlet.http.HttpServletResponse;
import javax.servlet.http.HttpSession;
public class ImageServlet extends Httpservletpublic ImageServlet(){
super();}
@Override
public void destroy(){
super.destroy();}
@Override
public void doGet(HttpServletRequest request, HttpServletResponse response)
throws ServletException, IOException{
response.setContentType("text/html;charset=utf-8"); int width=78;
int height=20; //创建对象
BufferedImage bim= new BufferedImage(68,20, BufferedImage.TYPE_INT_RGB);
// *获取图片对象 bim 的图形上下文对象 g,这个 g 的功能如同一支绘图笔,程序中使用这支笔来
绘制、修改图片对象 bim * /
Graphics g=bim.getGraphics();
Random rm= new Random();
g.setColor(new Color(rm.nextInt(100),205,rm.nextInt(100)));
g.fillRect(0, 0, width, height);
StringBuffer sbf =new StringBuffer("");          //输出数字
for(int i=0;i<4; i++){
g.setColor(Color.black);
g.setFont(new Font("华文隶书",Font.BOLD |Font.ITALIC, 22));
int n=rm.nextInt(10);
sbf.append(n);
g.drawString(""+n, i15+5,18);                     //生成的验证码保存到 session 中
HttpSession session=request.getSession(true);
session.setAttribute("piccode",sbf);             //禁止缓存
```

```
response.setHeader("Prama", "no-cache");
response.setHeader("Coche-Control", "no-cache");
response.setDateHeader("Expires",0);
response.setContentType("image/jpeg");
/将 bim 图片以"JPG"格式返回给浏览器
ImageIO.write(bim, "JPG",response,getOutputStream();
response.getOutputStream().close(); }
@Override
public void doPost(HttpServletRequest request, HttpServletResponse response)
throws ServletException,IOException{
doGet(request, response);}
@Override
public void init() throws ServletException{ }
```

该 Servlet 在 web.xml 文件中的注册信息如下：

```
<servlet>
<servlet-name>ImageServlet</servlet-name>
<servlet-class>util.ImageServlet </servlet-class>
</servlet>
servlet-mapping
servlet-name ImageServlet </servlet-name
<url-pattern >/ImageServlet </url-pattern>
</servlet-mapping>
```

　　下面的 JSP 程序，在用户登录页面中增加了调用 ImageServlet 生成验证码功能，用户输入的验证码和程序生成的验证码均转交给 logok.jsp 页面显示。

　　程序(/jspweb 项目/ch07/login.jsp)的清单：

```
<%@ page language="java"import="java,util.pageEncoding=ghk"% >
<%
String path request.getContextPath();
String basePath=request.getScheme()+"://"+request.getServerName()+":"+
request.getServerPort()+ path+"/"; % >
<html>
<script type="text/javascript">
function reloadImage(t){t.src="./ImageServlet? flag="+Math.random(); }
</script>
<head> <base href ="<= basePath>"></head>
<body> <center>
<form action="ch07/checkUser.jsp" method="post">
<table>
<tr><td colspan="2" align ="center">用户登录</td></tr>
```

```
<tr><td>登录名:</td><td><input type="text"name="user"></td></tr>
<tr><td>密码</td>
<td><input type="password"name="password"></td></tr>
<tr><td>验证码</td>
<td><input type="text"name="checkcode">
<img src="./ImageServlet" align="middle" alt="看不清,点击这里!"
onclick="reloadImage(this)"></td></tr>
<tr><td colspan="2"align="center">
<input type="submit"value="登录"></td></tr>
</table>
</form></center>
</body>
</html>
```

程序(/jspweb 项目/ch07/checkUser,jsp)的清单:

```
<% pagelanguage ="java"import ="java.sal."content.Type ="text/html;charset
utf-8"% >
<jsp:useBean,id="db"class ="bean.DBcon"scope="request"/>
<html>
<head><title>登录验证页面[checkUser.jsp]</title></head>
<body>
<%
request.setCharacterEncoding(utf-8);          //解决 post 提交的中文乱码
String username=request.getParameter("user");
String password=request.getParameter("password");
String checkcode=request.getParameter("checkcode");
String piccode=request.getSession().getAttribute("piccode").toString();% >
你输入的验证码是:<% =checkcode <br
由 Servlet 生成的验证码是:<=piccode><br><br>
你输入的用户名是:<% =username ><br
你输入的密码是:<=password% ><br><hr>
<%                                      //到 books 数据库的 userinfo
                                         表中核对用户信息
Connection con =db.getConnction();
Statementstmt=con.createStatement();
String sql="select * from userinfo";        //对 userinfo 表的查询"
sql+=" where loginname= "+ username+ "and password="+ password+ "";
ResultSet rs= stmt.executeQuery(sql);
if(checkcode.equals(piccode)&&rs.next())      //验证通过
| session.setAttribute("userName",username);    //将用户名保存到 session 中
out.print("<font color=green>恭喜你,通过验证! </font><br><br>");
```

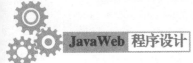 

```
out.print("<a href=main.jsp>转向主页面</ /a>");}
//response.sendRedirect("main.jsp");                      //或直接转向主页面}
else{                                                     //验证未通过
out.print("<font color = red>遗憾! 验证码错误或无此用户或密码有误,登录失败!
</font>
<br>");  out.print("< a href=ogin.jsp>重新登录</ /a>");}%>
</body>
</html>
```

（2）利用 Servlet 实现文件上传功能

在许多 Web 应用中都需要为用户提供通过浏览器上传文档资料的功能,如上传邮件附件、个人相片、共享资料等。对于文件上传功能,浏览器端提供了较好的支持,只要将 FORM 表单的 enctype 属性设置为 multipart/form-data 即可;但在 Web 服务器中获取浏览器上传的文件,需要进行复杂的编程处理。为了简化和帮助 Web 开发人员接收浏览器上传的文件,一些公司和组织专门开发了文件上传组件。这里以 commons-fileupload 为例,分析 Apache 文件上传组件的设计思路和实现方法。

Apache 文件上传组件可以用来接收浏览器上传的文件,该组件由多个类共同组成,但是对于使用该组件来实现文件上传功能的应用开发来说,只需要了解和使用其中的三个类:DiskFileUpload、FileItem 和 FileUploadException。

可以从"http://jakarta. apache. org/commons/fileupload"下载到 Apache 文件上传组件的二进制发行包,文件名为 commons-fileupload-1. 3. zip。从该压缩包中解压出文件 commons-fileupload-1. 3. jar,用该组件可实现一次上传一个或多个文件,并可限制文件大小。在 MyEclipse 开发环境中将 commons-fileupload-1. 3. jar 复制到项目工程的 WebRoot\Web-INF\lib\中。

下面介绍 Apache 文件上传组件的 DiskFileUpload、FileItem 和 FileUploadException 这三个类。

①DiskFileUpload 类。

DiskFileUpload 类是 Apache 文件上传组件的核心类。DiskFileUpload 类中的几个常用的方法如下:

第一, setSizeMax 方法。

setSizeMax 方法用于设置允许浏览器上传文件的大小限值,以防止客户端故意通过上传特大的文件来塞满服务器的存储空间,单位为字节。setSizeMax 方法的完整语法定义如下:

```
public vaid setSizeMax( long sizeMax)
```

如果请求消息中的实体内容的大小超过了 setSizeMax 方法的设置值,该方法将会抛出 FileUploadException 异常。

第二, setSizeThreshold 方法。

Apache 文件上传组件在解析和处理上传内容时,需要临时保存解析出的数据。因为 Java 虚拟机默认可以使用的内存空间是有限的(一般不大于 100 MB),超出限制时将会发生 java. lang. OutOfMemoryError 错误。如果上传的文件很大,如上传 800 MB 的文件,在内存中将无法保存该文件内容,Apache 文件上传组件将用临时文件来保存这些数据;但如果上传的文件很小,如上传 10 KB 的文件,显然将其直接保存在内存中更加有效。setSizeThreshold 方法用于设置是否使用临时文件保存解析出的数据的那个临界值,该方法传入的参数的单位是字节。SetSizeThreshold 方法的完整语法定义如下:

```
public void setSizeThreshold(int sizeThreshold)
```

第三,setRepositoryPath 方法。

setRepositoryPath 方法用于设置 setSizeThreshold 方法中提到的临时文件的存放目录,这里要求使用绝对路径。setRepositoryPath 方法的完整语法定义如下:

```
public void setRepositoryPath(String repositoryPath)
```

如果不设置存放路径,那么临时文件将被储存在 java. io. tmpdir 这个 JVM 环境属性所指定的目录中,tomcat 将这个属性设置为"{tomcat 安装目录}/temp/"目录。

第四,parseRequest(HttpServletRequest req)方法。

这是 DiskFileUpload 类的重要方法,它对 HTTP 请求消息进行解析,如果请求消息中的实体内容的类型不是 multipart/form-data,该方法将抛出 FileUploadException 异常。parseRequest 方法解析出 FORM 表单中每个字段的数据,并将它们分别包装成独立的 FileItem 对象,然后将这些 FileItem 对象加入一个 List 类型的集合对象中返回。parseRequest 方法的完整语法定义如下:

```
public List parseRequest(HttpServletRequest req)
```

parseRequest 方法还有一个重载方法,该方法集中处理上述所有方法的功能。其完整语法定义如下:

```
parseRequest(HttpServletRequest req, int sizeThreshold, long sizeMax, String
path)
```

这两个 parseRequest 方法都会抛出 FileUploadException 异常。

第五,isMultipartContent 方法。

该方法用于判断请求中的内容是否是 multipart/form-data 类型,是则返回 true,否则返回 false。isMultipartContent 方法是一个静态方法,不用创建 DiskFileUpload 类的实例对象即可被调用。isMultipartContent 方法的完整语法定义如下:

```
public static final boolean isMultipartContent(HttpServletRequest req)
```

第六,setHeaderEncoding 方法。

对于浏览器上传给 Web 服务器各个表单字段的描述头内容,Apache 文件上传组件都需要将它们转换成字符串形式返回,setHeaderEncoding 方法用于设置转换时所使用的字符集编码。setHeaderEncoding 方法的完整语法定义如下:

```
public void setHeader Encoding(String encoding)
```

其中,encoding 参数用于指定将各个表单字段的描述头内容转换成字符串时所使用的字符集编码。注意,如果在使用 Apache 文件上传组件时遇到了中文字符的乱码问题,一般都没有正确调用 setHeaderEncoding 方法。

②FileItem 类。

FileItem 是一个接口,在应用程序中使用的实际上是该接口一个实现类,该实现类的名称并不重要,程序可以采用 FileItem 接口类型来对它进行引用和访问,为了便于讲解,这里将 FileItem 实现类称为 FileItem 类。FileItem 类用来封装单个表单字段元素的数据,一个表单字段元素对应一个 FileItem 对象,通过调用

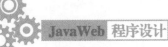

FileItem 对象的方法可以获得相关表单字段元素的数据。对于 multipart/form-data 类型的 FORM 表单,浏览器上传的实体内容中的每个表单字段元素的数据之间用字段分隔界线进行分割,两个分隔界线间的内容称为一个分区,每个分区中的内容可以被看作两部分,一部分是对表单字段元素进行描述的描述头,另一部分是表单字段元素的主体内容。主体部分有两种可能性,要么是用户填写的表单内容,要么是文件内容。FileItem 类对象实际上就是对一个分区数据进行封装的对象,它内部用了两个成员变量来分别存储描述头和主体内容,其中保存主体内容的变量是一个输出流类型的对象。当主体内容小于 DiskFileUpload. setSizeThreshold 方法设置的临界值时,这个流对象就关联到一片内存,主体内容将会被保存在内存中。当主体内容超过 DiskFileUpload. setSizeThreshold 方法设置的临界值大小时,这个流对象就关联到硬盘上的一个临时文件,主体内容将被保存到该临时文件中。临时文件的存储目录由 DiskFileUpload. setRepositoryPath 方法设置,临时文件名的格式为 upload_00000005(8 位或 8 位以上的数字). tmp,FileItem 类内部提供了维护临时文件名中的数值不重复的机制,以保证临时文件名的唯一性。

FileItem 类中的几个常用方法如下。

第一,isFormField 方法。

isFormField 方法用于判断 FileItem 类对象封装的数据是属于一个普通表单字段,还是属于一个文件表单字段,如果是普通表单字段则返回 true,否则返回 false。isFormField 方法的完整语法定义如下:

```
public boolean isFormField()
```

第二,getName 方法。

getName 方法用于获得文件上传字段中的文件名。如果 FileItem 类对象对应的是普通表单字段,getName 方法将返回 null。getName 方法的完整语法定义如下:

```
public String getName()
```

**注意**:如果用户使用 Windows 系统上传文件,浏览器将传递该文件的完整路径,如果用户使用 Linux 或 UNIX 系统上传文件,浏览器将只传递该文件的名称部分。

第三,getFieldName 方法。

getFieldName 方法用于返回表单字段元素的 name 属性值,也就是返回各个描述头部分中的 name 属性值。getFieldName 方法的完整语法定义如下:

```
public String getFieldName()
```

第四,write 方法。

write 方法用于将 FileItem 对象中保存的主体内容保存到某个指定的文件中。如果 FileItem 对象中的主体内容保存在某个临时文件中,在该方法顺利完成后,该临时文件有可能会被清除。该方法也可将普通表单字段内容写入一个文件中,但它的主要用途是将上传的文件内容保存在本地文件系统中。write 方法的完整语法定义如下:

```
public void write(File file)
```

第五,getString 方法。

getString 方法用于将 FileItem 对象中保存的主体内容作为一个字符串返回,它有两个重载的定义形式:

```
public java.lang.String getString()
public java.lang.String getString(java.lang.String encoding)
```

前者使用默认的字符集编码将主体内容转换成字符串;后者使用参数指定的字符集编码将主体内容转换成字符串。如果在读取普通表单字段元素的内容时出现了中文乱码现象,则可以调用第二个 getString 方法,并为之传递正确的字符集编码名称。

第六,getContentType 方法。

getContentType 方法用于获得上传文件的类型。如果 FileItem 类对象对应的是普通表单字段,该方法将返回 null。getContentType 方法的完整语法定义如下:

```
public String getContentType()
```

第七,isInMemory 方法。

isInMemory 方法用于判断 FileItem 类对象封装的主体内容是存储在内存中,还是存储在临时文件中,如果存储在内存中返回 true,否则返回 false。isInMemory 方法的完整语法定义如下:

```
public boolean isInMemory()
```

第八,delete 方法。

delete 方法用于清空 FileItem 类对象中存放的主体内容,如果主体内容被保存在临时文件中,delete 方法将删除该临时文件。尽管 Apache 组件使用了多种方式来尽量及时清理临时文件,但当系统出现异常时,仍有可能造成有的临时文件被永久保存在硬盘中。在有些情况下,可以调用这个方法来及时删除临时文件。delete 方法的完整语法定义如下:

```
public void delete()
```

(3)FileUploadException 类

在文件上传过程中,可能发生各种各样的异常,如网络中断、数据丢失等。为了对不同异常进行合适的处理,Apache 文件上传组件还开发了 4 个异常类,其中 FileUploadException 是其他异常类的父类,其他几个类只是被间接调用的底层类,对于 Apache 组件调用人员来说,只需对 FileUploadException 异常类进行捕获和处理即可。

下面的例子中,使用 Apache 文件上传组件,采用 JSP+Servlet 技术实现文件上传功能。

首先,将 commons-fileupload-1.3.jar 复制到 WebRoot\Web-INF\lib\中。在 D 盘新建文件夹 upfile,上传的文件保存在 D:\upfile 文件中。

其次,设计一个 Servlet(FileUploadServlet.java)类,该 Servlet 类接收浏览器传来的文件,保存到服务器上指定的文件夹中。

代码(bookstore 项目/src/servlettest/FileUploadServlet.java)的清单:

```java
package servlettest;
import java.io.File;
import java.io.IOException;
import java.io.Printwriter;
import java.util.Iterator;
import java.util.List;
import javax.servlet.ServletException;
import javax.servlet.http.HttpServlet;
import javax.servlet.http.HttpServletRequest;
import javax.servlet.http.HttpServletResponse;
import org.apache.commons.fileupload.DiskFileUpload;
import org.apache.commons.fileupload.FileItem;
import org.apache.commons.fileupload.FileUploadException;
public class FileUploadServlet extends HttpServlet{
```

```
public FileUploadServlet()|
super(); |
public void destroy()|
super.destroy(); |
public void doGet(HttpServletRequest request, HttpServletResponse response)
throws ServletException,IOException|
response.setContentType("text/html;charset=utf-8");
PrintWriter out = response.getWriter();
/设置保存上传文件的目录
String uploadDir ="d:/upfile";/文件上传后的保存路径
out.println("上传文件存储目录!"+uploadDir);
File fUploadDir = new File(uploadDir);
if(! fUploadDir.exists())|
if(! fUploadDir.mkdir( ) |
out.println("无法创建存储目录d:/upfile!");
return; | |
if(! DiskFileUpload.isMultipartContent(request)|
out.println("只能处理multipart/form-data 类型的数据!");return;
DiskFileUpload fu = new DiskFileUpload();
fu.setSizeMax(1024 * 1024 * 200);/最多上传200MB 数据
fu.setSizeThreshold(1024 * 1024);/超过 1MB 的数据采用临时文件缓存
/fu.setRepositoryPath(...);              //设置临时文件存储位置(如不设置,则采用默
                                          认位置)
fu.setHeaderEncoding("utf-8");          //设置上传的文件字段的文件名所用的字符集
                                          编码
List fileItems = null;                   //创建文件集合,用于保存浏览器表单传来的文
                                          件 try
|fileItems = fu.parseRequest(request);|
catch(FileUploadException e)
|out.println("解析数据时出现如下问题:");
e.printStackTrace(out);
return;|                                 //下面通过迭代器逐个将集合中的文件取出,
                                          保存到服务器上
Iterator it = fileItems.iterator();      //创建迭代器对象 it
while(it.hasNext())
FileItem fitem=(FileItem)it.next();      //由迭代器取出文件项
if(! fitem.isFormField())                //忽略其他不属于文件域的那些表单信息
try|
String pathSrc=fitem.getName();          //文件名为空的文件项不处理
if(pathSrc.trim().equals(""))continue;   //确定最后的"\"位置,以此获取不含路径的
                                          文件名
```

```
int start = pathSrc.lastIndexOf('\\'); //获取不含路径的文件名
String fileName = pathSrc.substring(start+1);
File pathDest.= new File(uploadDir, fileName);       //构建目标文件对象
fitem.write(pathDest); //将文件保存到服务器上 }
catch(Exception e)
{ out.println("存储文件时出现如下问题:");
e.printStackTrace(out);
return;finally //总是立即删除保存表单字段内容的临时文件
{fitem.delete();}}
response.sendRedirect("./test/fileupload_list.jsp");}
public void doPost(HttpServletRequest request, HttpServletResponse response)
throws ServletException,IOException{
doGet(request, response);}
public void init() throws ServletException()
```

web. xml 中 Servlet 配置信息如下 :

```
<servlet>
<servlet-name>FileUploadServlet</servlet-name>
servlet-class servlettest.FileUploadServlet </servlet -class>
</servlet> <servlet-mapping>
<servlet-name>FileUploadServlet </servlet-name>
<url-pattern >servlet /leUploadServlet </url-pattern>
</servlet-mapping>
```

再设计一个 JSP(fileupload. jsp)文件,用于向服务器传送文件。

代码(bookstore 项目/WebRoot/test/filcupload. jsp)的清单 :

```
<% @ page language="java% >
<% @ page contentType="text /html;charset =gb2312% >
<html>
<head><title>文件上传</title></head>
<body bgcolor ="#FFFFFF" text ="#000000" leftmargin ="0" topmargin ="40"
marginwicth=o"marginheight ="o">
<center><h1>文件上传</h1>
<form name="uploadform" method ="POST" action =". \servlet \FileUploadServlet"
ENCTYPE ="multipart /form-data">
<table border ="3" width ="450" cellpadding ="4"
cellspacing ="2" bordercolor ="#9BD7FF">
<tr><td colspan ="2">
文件 1:<input type ="file"name ="file1" size ="40"></td></tr><tr><td colspan =
"2">
文件 2:<input type ="file"name ="file2" size ="40"></td></tr><tr><td colspan =
"2">
文件 3:<input type ="file"name ="file3" size ="40"></td></tr></table><br><br>
```

```
<table><tr><td align ="center">
<input type="submit" name="submit" value="开始上传"/></td></tr>
</table></Form ></center></body></html>
```

用于显示文件上传结果的 JSP(fileupload_list.jsp),文件如下。

代码(bookstore 项目/WebRoot/test/fileupload_list.jsp)的清单:

```
<% @ page content Type ="text/html;charset GB2312 import =java.io."% >
<html> <head><title>文件目录</title></head>
<body><font size =4 color =red>已上传的文件目录列表</font><br>
<font size =5 color =blue><%   String path ="d:/upfile";
File fl = new File(path);  File filelist[]= fl.listFiles();
out.println("服务器上上传文件的保存路径:"+path+"<br><br>");
for(int i =0; i < filelist.length; i++)
|out println((i+1)+":"+filelist[i].getName()+"Snbsp;Snbspi<br>");
                                        //如果是图片文件,可用以下语句显示图片
/out.println("< img src=images \"+filelist[i].getName()+"><br><br>");|
% ></body>  </html>
```

(4)利用 Servlet 结合 Ajax 实现无刷新页面更新功能

Ajax(Asynchronous JavaScript and XML)是异步的 JavaScript 和 XML。Ajax 最大的优点是在不重新加载整个页面的情况下,可以与服务器交换数据并更新部分网页内容,Ajax 不需要任何浏览器插件,但需要用户允许 JavaScript 在浏览器上执行。

Ajax 技术的核心是 XMLHttpRequest 对象,可以通过使用 XMLHttpRequest 对象获取到服务器的数据,然后再通过 DOM 将数据在页面中呈现。虽然名字中包含 XML,但 Ajax 与数据格式无关,所以这里的数据格式可以是字符串、XML 或 JSON 等。

Ajax 的工作原理简单来说是通过 XMLHttpRequest 对象来向服务器发送异步请求,从服务器获得数据,然后用 Javascript 来操作 DOM 而更新页面。其中最关键的一步就是从服务器中获得请求数据。

XMLHttpRequest 对象具有如下属性:

- onreadystatechange:每次状态改变所触发事件的处理程序。
- responseText:从服务器进程返回的数据的字符串形式。
- responseXML:从服务器进程返回的 DOM 兼容的文档数据对象。
- status:从服务器返回的数字代码,例如常见的 404(未找到)和 200(已就绪)。
- status Text:伴随状态码的字符串信息。
- readyState:对象状态值,取值含义如下。

0 未初始化状态。对象已建立,但是尚未初始化(尚未调用 open 方法)。

1 初始化状态。对象已建立,但是尚未调用 send 方法。

2 发送数据状态。send 方法已调用,但是当前的状态及 HTTP 头未知。

3 数据传送状态。已经收到部分响应数据。

4 数据传送完成状态。收到全部响应数据。

由于在 IE 浏览器和其他浏览器之间存在差异,所以创建一个 XMLHttpRequest 对象需要使用不同的方法。

完整实现一个 Ajax 异步调用和局部刷新,通常需要以下六个步骤:

第一,创建 XMLHttpRequest 对象,也就是创建一个异步调用对象;

第二,创建一个新的 HTTP 请求,并指定该 HTTP 请求的方法、URL 及验证信息;

第三,设置响应 HTTP 请求状态变化的函数;

第四,发送 HTTP 请求;

第五,获取异步调用返回的数据;

第六,使用 JavaScript 和 DOM 实现局部刷新。

下面程序示例的功能是利用 Ajax 和 Servlet 实现多行表格页面无刷新更新操作。这是一个多行的表格,在表格的某一列填写数据,由 XMLHttpRequest 对象将该数据提交给服务器上的 Servlet。Servlet 接收用户数据进行业务处理,处理完毕后向浏览器返回字符串信息,浏览器监视 XMLHttpRequest 对象的 readyState 状态,通过 responseText 获取来自服务器返回的字符串数据信息,使用 JavaScript 来操作 DOM,将收到的字符串填写到当前行的另一列中,实现无刷新更新页面的功能。

代码(/jspweb 项目/src/util/TableajaxServlet. java)的清单:

```java
package util;  import java.io.IOException;  import java.io.PrintWriter;
import javax.servlet.ServletException;
import javax.servlet.http.HttpServlet;
import javax.servlet.htto.HttpServletRequest;
import javax.servlet.http.HttpServletResponse;
public class TableajaxServlet extends HttpServlet
public TableajaxServlet()
super();
public void destroy() {
super.destroy();}
public void doGet(HttpServletRequest request, HttpServletResponse response)
throws ServletException, IOException{
doPost(request, response);
public void doPost(HttpServletRequest request, HttpServletResponse response)
throws ServletException,IOException{
response.setContentType("text/html");
response.setCharacterEncoding("gbk");
PrintWriter out = response.getWriter();
String value= request.getParameter("value"); //后台其他业务处理(略)
out.print(value);                             //向浏览器返回字符串
out.flush();
out.close();
public void init() throws ServletException{ }
}
```

代码(jspweb/WebRoot/ch07/table_ajax.jsp)的清单:

```
<% page language ="java"import ="java.util."pageEncoding =UTE-8>
<! DOCTYPE HTML PUBLIC "-/W3C//DTD HTML 4.01 Transitional//EN">
<html><head>
<title>无刷新多行表格操作示例</title></head>
script language ="javascr ipt">
var xmlhttp;//XMLHttprequest 对象
var value;//用户在表格某列输入的值
var myid;//表格某列输入域的 ID
function createxMIHttpRequest(){//声明创建 XMT ttprequest 对象的
                              方法
if(window.Activexobject){
xmlhttp = new ActiveXObject("Microsoft.XMLHTTP");else
xmlhttp = new XMLHttpRequest();}
function startRequest(id){myid=id;
value=document.getElementById(myid+"c").value;      //获取第 c 列输入的值
if (value =="")}
alert("value 不能为空哦!");
return false;}
var url =="./TableajaxServlet? value ="+ value;
createXMLHttpRequest();//创建 XMLHttprequest 对象 xmlhttp
//设置状态改变时所调用的函数,注意这里只能是方法名
xmlhttp.onreadystatechange=stateChange;
xmlhttp.open("GET", url, true);                  //设置请求参数
xmlhttp.send(null);                              //向服务器 Servlet 发送请求
//定义 XMLHttprequest 对象的 readyState 状态改变时所调用的函数 stateChange()
function stateChange(){
if(xmlhttp.readyState = = 4){
if(xmlhttp.status ==200){
document.getElementById(myid+"b").innerHTML=xmlhttp.responseText;}
}</script><body ><div align ="center">
<font color ="blue" size="6">无刷新多行表格操作示例</font>
<table class ="table table-hover"border ="1px"><tr>
<td>标题 A</td><td>标题 B</td><td> 标题 C</td>
<% for( int i =0;i<70;i++){% ><tr>
<td id="<% =i%>a">>8 =i% 列 A</td><td id="< =i>b">< =i>列 B</td>
<td>请输入:<input type="text" maxlength ="10" size="10"id="<% =i% >c">
<input type="submit" value ="提交" onclick= startRequest(<% =i% >)>
</td><% }% ></table></div></body></html>
```

本例中,给表格的所有行的列都添加了 id 属性,使用序号加字母组合作为 id,不同列的 id 由序号数字加 a、b、c 作区分。服务器上的 Servlet 以字符串形式返回一个值。浏览器端利用 Ajax 技术,使用 xmlhttp.

responseText 方法获取服务器返回的数据，并将该数据"无刷新"地写入"b"列中。如果要从服务器获取多个值，则 Servlet 以 XML 组织数据，用户端采用 xmlhttp. responseXML 方法获取。

# 7.8　获取资源路径及实现 Servlet 的转发

servlet 中的请求转发主要有三种方式：

一是 forward：指转发，将当前 request 和 response 对象保存，交给指定的 url 处理。并没有表示页面的跳转，所以地址栏的地址不会发生改变。

二是 redirect：指重定向，包含两次浏览器请求，浏览器根据 url 请求一个新的页面，所有的业务处理都转到下一个页面，地址栏的地址会发生改变。

三是 include：指包含，即包含 url 中的内容，进一步理解为，将 url 中的内容包含进当前的 servlet 当中来，并用当前 servlet 的 request 和 respose 来执行 url 中的内容处理业务，所以不会发生页面的跳转，地址栏地址不会发生改变。

测试如下：

首先编写三个 html 界面，分别是登录界面 login. html、登录成功界面 success. html 和登录失败界面 fail. html。

之后，处理登录逻辑的 servlet 类，Java 代码如下：

```java
    protected void service ( HttpServletRequest request, HttpServletResponse
response) throws ServletException, IOException {
        request.setCharacterEncoding("gbk");
        response.setCharacterEncoding("gbk");
        response.setContentType("text/html;charset=gbk");
        String username = request.getParameter("username");
        String password = request.getParameter("password");
        PrintWriter pw = response.getWriter();
        pw.write("include 包含");
        if(username.equals("123")&&password.equals("123")){
                            //include 测试
            request.getRequestDispatcher("/success.html").include(request,
response);


        }else{
                            // 在 sendRedict 中 url 前必须加上当前 web
                            程序的路径名
            response.sendRedirect(request.getContextPath()+"/fail.html");
        }
    }
```

运行后如果输入正确的用户名、密码，则执行 include 方法，界面显示"登录成功！"，并且地址栏地址未改变；若是输入错误登录名或者密码，界面显示"登录失败！"，并且地址栏地址改变。其中要注意的是，

sendRedirect 方法中在要跳转的页面 url 前必须加上当前 web 程序路径名,这个路径可以通过 request. getContextPath( )得到。

如果把其中 include 方法改为 forward 方法,则 Java 代码如下:

```
if(username.equals("123")&&password.equals("123")){
        request.getRequestDispatcher("/success.html").forward(request,
response);

    }else{
      //在 sendRedict 中 url 前必须加上当前 web 程序的路径名
       response.sendRedirect(request.getContextPath()+"/fail.html");
    }
```

登录时输入正确信息,则跳转的页面地址不变,显示"登录成功",不包含 url 中的内容。

# 7.9　JSP 设计模式

## 7.9.1　Jsp 设计模式

1. JSP+JavaBean 模式

在这种模式中,JSP 页面独自响应请求并将处理结果返回给客户,所有的数据库操作通过 JavaBean 来实现。

大量地使用这种模式,常会导致在 JSP 页面中嵌入大量的 Java 代码,当需要处理的商业逻辑非常复杂时,这种情况就会变得很糟糕。大量的 Java 代码使得 JSP 页面变得非常臃肿。前端的页面设计人员稍有不慎,就有可能破坏关系到商业逻辑的代码。

这种情况在大型项目中经常出现,造成了代码开发和维护的困难,同时会导致项目管理的困难,因此这种模式只适用于中小规模的项目。

2. MVC 模式

MVC 模式即 Model-View-Controller 模式。在这种模式中,通过 JSP 技术来表现页面,通过 Servlet 技术来完成大量的事务处理工作,实现用户的商业逻辑。

在这种模式中,Servlet 用来处理请求的事务,充当了控制器(Controller 即"C")的角色,Servlet 负责响应客户对业务逻辑的请求并根据用户的请求行为,决定将哪个 JSP 页面发送给客户。JSP 页面处于表现层,也就是视图(View 即"V")的角色。JavaBean 则负责数据的处理,也就是模型(Model 即"M")的角色。

## 7.9.2　MVC 架构

Model-View-Controller 架构模式是 20 世纪 80 年代中期在 Smalltalk-80 GUI(一种经典的面向对象程序设计语言)实验室被发明的。

根据 MVC 模式,一个软件应该将商务逻辑和显示分开。分开有许多好处,最主要的有两个方面:

(1)同一个的商务逻辑层可能会对应多个显示层,如果将商务逻辑层和显示层放在一起,再添加一个显示层就会极大地增加组件的复杂性。一个商务逻辑对应两个显示层的例子是:银行账户的商务逻辑层对应 ATM 和 Internet 两个显示层。

(2)通常情况下,每次修改显示层的时候一般并不需要修改商务逻辑层。

# 习　题　七

1. web. xml 文件的用途是什么?

2. Servlet 有哪些接口? 这些接口都有什么作用?

3. 如何指定项目默认页面?

4. 如何使用过滤器? 过滤器中有哪些方法,它们运行的顺序是什么?

# 第 8 章　Servlet 过滤器

【本章学习目标】

1. 掌握过滤器的定义、作用与设计方法；
2. 熟悉过滤器的体系结构；
3. 掌握使用过滤器解决常见问题的方法。

## 8.1　Servlet 过滤器概述及其体系结构

　　Servlet 过滤器是可插入的 Web 组件,实现 Web 应用程序中的预处理和后期处理逻辑。过滤器支持 Servlet 和 JSP 页面的基本请求处理功能,如日志记录、性能、安全、会话处理、XSLT 转换等。Servlet 过滤器是小型的 Web 组件,拦截请求和响应,以便查看、提取或以某种方式操作正在客户机和服务器之间交换的数据。

　　过滤器是 Web 程序中的可重用组件,在 Servlet 2.3 规范中被引入,应用十分广泛,给 JavaWeb 程序的开发带来了更加强大的功能。本节将介绍 Servlet 过滤器的结构体系及其在 Web 项目中的应用。

### 8.1.1　Servlet 过滤器概述

　　Servlet 过滤器是客户端与目标资源间的中间层组件,用于拦截客户端的请求与响应信息,如图 8-1 所示。当 Web 容器接收到一个客户端请求时,将判断此请求是否与过滤器对象相关联,如果相关联,则将这一请求交给过滤器进行处理。在处理过程中,过滤器可以对请求进行操作,如更改请求中的信息数据。在过滤器处理完之后,再将这一请求交给其他业务进行处理。当所有业务处理完成,需要对客户端进行响应时,容器又将响应交给过滤器进行处理,过滤器完成处理后将响应发送到客户端。

　　在 Web 程序开发过程中,可以放置多个过滤器,如字符编码过滤器、身份验证过滤器等。Web 容器对多个过滤器的应用如图 8-1 所示。

　　在多个过滤器的处理方式中,容器首先将客户端请求交给第一个过滤器处理,处理完之后交给下一个过滤器处理,以此类推,直到最后一个过滤器。当需要对客户端回应时,如图 8-2 所示,将按照相反的方向对回应进行处理,直到交给第一个过滤器,最后发送到客户端回应。

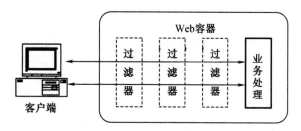

图 8-1　多个过滤器的应用

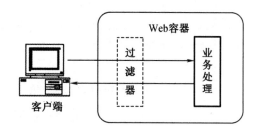

图 8-2　过滤器的应用

　　Filter 的基本工作原理:当在 web. xml 中注册了一个 Filter 来对某个 Servlet 程序进行拦截处理时,这个 Filter 就成为 Servlet 容器与该 Servlet 程序的通信线路上的一道关卡,该 Filter 可以对 Servlet 容器发送给 Servlet 程序的请求和 Servlet 程序回送给 Servlet 容器的响应进行拦截,决定是否将请求继续传递给 Servlet 程序,以及对请求和响应信息是否进行修改,在一个 Web 应用程序中可以注册多个 Filter 程序,每个 Filter 程序都可以对一个或一组 Servlet 程序进行拦截。若有多个 Filter 程序对某个 Servlet 程序的访问过程进行拦截,当针对该 Servlet 的访问请求到达时,Web 容器将把这些 Filter 程序组合成一个 Filter 链(过滤器链)。Filter 链中各个 Filter 的拦截顺序与它们在应用程序的 web. xml 中映射的顺序一致。

　　Servlet 过滤器能够对 Servlet 容器的请求和响应对象进行检查和修改。Servlet 过滤器本身并不生成请求和响应对象,只提供过滤作用。Servlet 过滤器能够在调用请求的 Servlet 之前检查 Request 对象,修改 Request Header 和 Request 对象本身的内容;阻止资源调用,转到其他资源,返回一个特定的状态码或生成替换输出。在 Servlet 被调用之后检查 Response 对象,修改 Response Header 和 Response 内容。Servlet 过滤器过滤的资源可以是 Servlet、JSP 和 HTML 等。

　　Servlet 过滤器执行流程如图 8-3 所示。

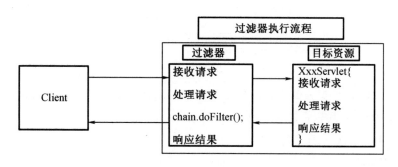

图 8-3　Servlet 过滤器的执行流程

　　过滤器的主要作用是将请求进行过滤处理,然后将过滤后的请求交给下一个资源。其本质是 Web 应用的一个组成部件,承担了 Web 应用安全的部分功能,阻止不合法的请求和非法的访问。一般客户端发出请求后会交给 Servlet,如果过滤器存在,则客户端发出的请求都先交给过滤器,然后交给 Servlet 处理。

　　如果一个 Web 应用中使用一个过滤器不能解决实际的业务需求,那么可以部署多个过滤器对业务请求进行多次处理,这样就组成了一个过滤器链。Web 容器在处理过滤器时将按过滤的先后顺序对请求进行处理,在第一个过滤器处理请求后,会传递给第二个过滤器进行处理,以此类推,直到传递到最后一个过滤器为止,再将请求交给目标资源进行处理。目标资源在处理经过过滤的请求后,其回应信息再从最后一个过滤器依次传递给第一个过滤器,最后传送到客户端。

　　过滤器的使用场景有登录权限验证、资源访问权限控制、敏感词汇过滤、字符编码转换等,其优势在于代码复用,不必每个 Servlet 中还要进行相应的操作。

　　过滤器主要有以下几方面应用:
- 权限检查:根据请求过滤非法用户。
- 记录日志:记录指定的日志信息。
- 解码:对非标准的请求解码。
- 解析 XML:与 XSLT 结合生成 HTML。
- 设置字符集:解决中文乱码问题。

### 8.1.2　Servlet 过滤器体系结构

　　Servlet 过滤器用于拦截传入的请求和传出的响应,并监视、修改正在通过的数据流。过滤器是自包含的组件,可以在不影响 Web 应用程序的情况下添加或删除它们。一个过滤器可以过滤任意多个资源,一个资源也可以被任意多个过滤器过滤。如果过滤器有多个,则过滤顺序与在 web.xml 中配置的顺序一致。Web 资源(S)与过滤器(f)的关系如图 8-4 所示。

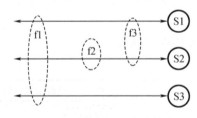

图 8-4　Web 资源与过滤器的关系

图 8-4 中,S1、S2、S3 分别代表资源,f1、f2、f3 分别代表过滤器。它们的关系如下:
- 过滤器 f1 被关联到资源 S1、S2、S3。
- f1、f2、f3 将依次作用于资源 S2。
- f1、f3 将依次作用于 S1。

以资源 S2 为例分析过滤器的工作原理。客户要访问资源 S2,就要依次经过过滤器 f1、

f2 和 f3,最后才能访问资源 S2。客户的请求信息必须经过每个过滤器的处理,如果有一个过滤器不能通过,则请求信息将无法到达资源 S2。在请求信息到达资源 S2 后,S2 要送回一个响应信息,响应信息返回过程中也要通过过滤器,请求信息经过几个过滤器,回应信息也要经过几个过滤器,只是回应信息经过过滤器的次序与请求信息的正好相反。S2 的响应信息首先经过 f3,然后是 f2 和 f1。

由此可见,一个 Web 资源(Servlet、JSP、HTML)可以配置一个过滤器,或配置由多个过滤器组成的过滤器链,当然也可以没有过滤器。

## 8.2　Servlet 过滤器的特性

上一节我们初步认识了 Servlet 及其体系结构,总体上对 Servlet 有了一个初步的认识,本节我们来学习 Servlet 几个重要的特性及其用法。

### 8.2.1　过滤器的核心对象

过滤器对象 jakarta. servlet. Filter 是接口,与其相关的对象还有 FilterConfig 与 FilterChain,分别作为过滤器的配置对象与过滤器的传递工具。在实际开发中,定义过滤器对象只需要直接或间接地实现 Filter 接口即可。

Servlet 过滤器的整体工作流程如图 8-5 所示。

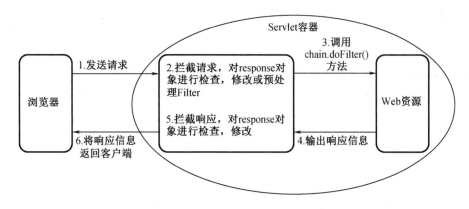

图 8-5　Servlet 过滤器的整体工作流程

客户端请求访问容器内的 Web 资源。Servlet 容器接收请求,并针对本次请求分别创建一个 request 对象和一个 response 对象。请求到达 Web 资源之前,先调用 Filter 的 doFilter() 方法检查 request 对象,修改请求头和请求正文,或对请求进行预处理操作。在 Filter 的 doFilter()方法内,调用 FilterChain. doFilter()方法将请求传递给下一个过滤器或目标资源。在目标资源生成响应信息返回客户端之前,处理控制权会再次回到 Filter 的 doFilter()方法,执行 FilterChain. doFilter()后的语句,检查 response 对象,修改响应头和响应正文。响应信息返回客户端。

### 8.2.2 过滤器的创建与配置

创建一个过滤器对象需要实现 Filter 接口,同时实现 Filter 的 3 个方法。

- init()方法:初始化过滤器。
- destroy()方法:过滤器的销毁方法,主要用于释放资源。
- doFilter()方法:过滤处理的业务逻辑,在请求过滤处理后,需要调用 chain 参数的 doFilter()方法将请求向下传递给下一个过滤器或者目标资源。

示例代码如下:

```java
public class FilterDemo implements Filter {
@Override
public void init(FilterConfig filterConfig)throws ServletException
Filter.super.init(filterConfig);
System.out.println("init 初始化方法……");
@Override
public void doFilter(ServletRequest servletRequest, ServletResponse
servletResponse,FilterChainfilterChain)throwsIOException,ServletException
                                                              //过滤处理
System.out.println("doFilter 过滤处理前……");
filterChain.doFilter(servletRequest, servletResponse);
System.out.println("doFilter 过滤处理后……");}
@Override
public void destroy() {
Filter.super.destroy();                                       //释放资源
System.out.println("destroy 销毁处理…….");
```

过滤器的配置主要分为两个步骤,分别是声明过滤器和创建过滤器映射。

示例代码(web.xml)如下:

```xml
<!--过滤器声明-->
<filter>
<!--过滤器名称-->
<filter-name>demo</filter-name>
<!--过滤器的完整类名-->
<filter-class>com.vincent.servlet.FilterDemo</filter-class>
<init-param>
<param-name>count</param-name>
<param-value>10</param-value>
</init-param> </filter>
<!--过滤器的映射-->
<filter-mapping>
<!--过滤器名称-->
```

```
<filter-name>demo</filter-name>
<url-pattern>/index.jsp</url-pattern>
</filter-mapping>
```

<filter>标签用于声明过滤器的对象,在这个标签中必须配置两个元素:<filter-name>和<filter-class>,其中<filter-name>为过滤器的名称,<filter-class>为过滤器的完整类名。

<filter-mapping>标签用于创建过滤器的映射,其主要作用是指定 Web 应用中 URL 应用对应的过滤器处理。在<filter-mapping>标签中需要指定过滤器的名称和过滤器的 URL 映射,其中<filter-name>用于定义过滤器的名称,<url-pattern>用于指定过滤器应用的 URL。

**注意**:</filter-mapping>标签中的<filter-name>用于指定已定义的过滤器的名称,必须与<filter>标签中的<filter-name>一一对应。

### 8.2.3　字符编码过滤器

字符编码过滤器,顾名思义就是用于解决字符编码的问题,通俗地讲就是解决 Web 应用中的中文乱码问题。

前面我们提到过解决中文乱码的方法,如设置 URIEncoding、设置 CharacterEncoding、设置 ContentType 等。这几种解决方法都需要按照一定的规则去配置或者编写代码,一旦出现代码遗漏或者字符设置不一样,就会出现中文乱码问题,所以为了应对这种情况,字符集过滤器应运而生。

示例代码如下:

```
public class CharacterEncodingFilter implements Filter {
@Override
public void init(FilterConfig filterConfig) throws ServletException {
Filter.super.init(filterConfig);
@Override
public void doFilter(ServletRequest servletRequest, ServletResponse
servletResponse,FilterChainfilterChain)throws
IOException, ServletException//
```

因为这个过滤器是基于 HTTP 请求来进行的,所以需要将 ServletRequest 转换成:

```
HttpServletRequest
HttpServletRequest request =(HttpServletRequest) servletRequest;
request.setCharacterEncoding("UTF-8");
HttpServletResponse response=(HttpServletResponse) servletResponse;
response.setContentType("text/html;charset=UTF-8");
filterChain.doFilter(request, response);
@Override
public void destroy(){ Filter.super.destroy();
```

通过示例可以看出,过滤器的作用不局限于拦截和筛查,它还可以实现很多其他功能,即过滤器可以在拦截一个请求(或响应)后,对这个请求(或响应)进行其他的处理后再予以放行。

## 8.3　过滤器的生命周期

启动 Servlet 容器,即 Tomcat 启动后就会加载 Servlet 类,形成 Servlet 实例。此时服务器收在一个等待的状态,当客户端向服务器发送请求时,服务器会产生一个线程,该线程调用前面创建的实例的 service 方法。多个并发请求一般会导致多个线程同时调用 service。service 会调用相应的方法服务,并返回结果。Servlet 作为一种在 Servlet 容器中运行的组件,必然有一个从创建到删除的过程,这个过程称为 Servlet 的生命周期。Servlet 生命周期由 Web 容器负责,Servlet 生命周期定义了一个 Servlet 如何被加载、初始化,以及怎样接收请求、响应请求、提供服务、终结卸载的整个过程。Servlet 的生命周期起始于它被装入 Web 服务器内存之时,并在被终止或重新转入 Servlet 时结束。每个 Servlet 都要经历这样的过程。Servlet 活动示意图如图 8-6 所示。

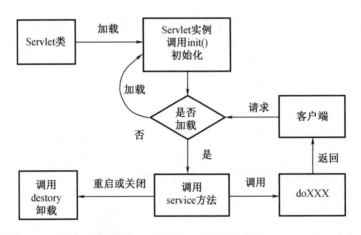

图 8-6　Servlet 活动示意图

### 8.3.1　加载 Servlet

加载 Servlet 由 Servlet 容器负责,不同的服务器加载和实例化 Servlet 的时间可能稍有不同,Tomcat 是在如下时刻加载和实例化 Servlet 的。

如果某个 Servlet 配置了自动装入选择,则在启动服务器时自动加载。

如果没有设置自动装入,在服务器启动后,客户端首次向 Servlet 发送请求时,需要重新加载 Servlet。

在 Servlet 容器启动时,容器会去查找配置文件 Web. xml。除了<servlet>的子标签<servlet-name>和<servlet-class>这两个比较常见的外,标签<load-on-startup>也比较有用,此标签就是用来标记是否在容器启动的时候加载这个 servlet,如:

```
<load-on-startup>value</load-on-startup>
```

### 8.3.2　init( )

Servlet 被实例化后,Servlet 容器调用每个 Servlet 的 init(ServletConfig config)来为每个实例初始化,该方法就是接口 Servlet 所定义的方法,所有的 Servlet 都会有此方法。ServletConfig 的对象 config 定义了需要用于初始化 Servlet 的所有参数,这些参数从 Web. xml 配置文件中获得。有时候希望在 Servlet 首次载入时,执行复杂的初始化任务,但并不是想每个请求都重复这些任务。init 方法就是专门为这种情况设计的,它在初次创建时被调用,之后每个请求不再调用这个方法。

### 8.3.3　service( )

服务器收到客户的请求后,会为每个请求创建一个 HttpServletRequest 对象和一个 HttpServletResponse 对象,HttpServletRequest 代表请求对象,其中包含了客服端的请求信息。HttpServletResponse 为响应对象,给客户端服务就是通过此对象实现的。同时服务器对每一个请求产生一个新的线程,调用 sercvice 方法,检查 HTTP 请求的类型(GET、POST、PUT、DELETE 等),并相应调用 doGet、doPost、doPut、doDelete 等方法,同时将刚才产生的请求对象和响应对象以参数的形式传递给这些函数。这就是为什么前面例子中 doGet、doPost 等方法都有两个参数的缘故。调用 doXXX 完毕后,将结果返回给客户端。service 方法可以执行多次。

### 8.3.4　destroy( )

destroy()方法是 Servlet 生命周期中的一个重要环节,它允许 Servlet 在从服务中被移除之前执行必要的清理工作。服务器可能会基于多种原因决定移除载入的 Servlet 实例,比如管理员手动要求移除,或者服务器长时间处于空闲状态而自动进行资源回收。在移除 Servlet 实例之前,服务器会调用 Servlet 的 destroy()方法,这使得 Servlet 有机会进行一系列的清理操作,包括关闭数据库连接,关闭打开的文件,停止后台运行的线程,将 cookie 列表和单击计数等状态信息写入磁盘,以及执行其他任何必要的清理活动。如果 Servlet 负责跟踪单击次数或 cookie 值列表等数据,开发者应该定期将这些数据写入磁盘,以确保数据的安全。当 Servlet 的 destroy()方法被调用后,Servlet 的实例就可以被垃圾回收器回收,结束其存在。

在 Servlet 生命周期的几个阶段中,能够重复执行的是请求处理 service 方法,该方法主要对客户端请求做出响应。而加载、初始化(init)、终结(destroy)方法仅能执行一次。

## 8.4　过滤链、过滤器的分类及使用方法

Filter 是如何实现拦截的?

Filter 接口中有一个 doFilter 方法,当我们编写好 Filter 并配置对哪个 Web 资源进行拦截后,Web 服务器每次在调用 Web 资源的 service 方法之前,都会先调用一下 filter 的

doFilter 方法,因此,在该方法内编写代码可达到如下目的:

(1)调用目标资源之前,让一段代码执行;

(2)是否调用目标资源(即是否让用户访问 web 资源);

(3)调用目标资源之后,让一段代码执行。

Web 服务器在调用 doFilter 方法时,会传递一个 filterChain 对象进来,filterChain 对象是 filter 接口中最重要的一个对象,它也提供了一个 doFilter 方法,开发人员可以根据需求决定是否调用此方法。若调用该方法,则 Web 服务器就会调用 Web 资源的 service 方法,即 Web 资源就会被访问;否则 Web 资源不会被访问。

### 8.4.1 Filter 开发流程

1. Filter 开发步骤

Filter 开发分为以下两个步骤:

(1)编写 java 类实现 Filter 接口,并实现其 doFilter 方法。

(2)在 web.xml 文件中使用<filter>和<filter-mapping>元素对编写的 filter 类进行注册,并设置它所能拦截的资源。

过滤器范例:

```java
import java.io.IOException;
import javax.servlet.Filter;
import javax.servlet.FilterChain;
import javax.servlet.FilterConfig;
import javax.servlet.ServletException;
import javax.servlet.ServletRequest;
import javax.servlet.ServletResponse;
/* *
 * @ author yangcq
 * @ description 过滤器 Filter 的工作原理
 * /
public class FilterTest implements Filter{

    public void destroy() {
        System.out.println("----Filter 销毁----");
    }

    public void doFilter(ServletRequest request, ServletResponse response,
FilterChain filterChain) throws IOException, ServletException {
                                        //对 request、response 进行一些预处理
        request.setCharacterEncoding("UTF-8");
        response.setCharacterEncoding("UTF-8");
        response.setContentType("text/html;charset=UTF-8");
```

```
        System.out.println("----调用 service 之前执行一段代码----");
        filterChain.doFilter(request, response);      //执行目标资源,放行
        System.out.println("----调用 service 之后执行一段代码----");
    }


    public void init(FilterConfig arg0) throws ServletException {
        System.out.println("----Filter 初始化----");
    }
}
```

在 web. xml 中配置过滤器:

```
<? xml version ="1.0" encoding="UTF-8"? >
<web-app version="3.0"
    xmlns="http://java.sun.com/xml/ns/javaee"
    xmlns:xsi="http://www.w3.org/2001/XMLSchema-instance"
    xsi:schemaLocation="http://java.sun.com/xml/ns/javaee
    http://java.sun.com/xml/ns/javaee/web-app_3_0.xsd">
  <display-name></display-name>
  <welcome-file-list>
    <welcome-file>index.jsp</welcome-file>
  </welcome-file-list>
  <!--配置过滤器-->
  <filter>
      <filter-name>FilterTest</filter-name>
      <filter-class>com.yangcq.filter.FilterTest</filter-class>
  </filter>
  <!--映射过滤器-->
  <filter-mapping>
      <filter-name>FilterTest</filter-name>
      <!--"/*"表示拦截所有的请求 -->
      <url-pattern>/*</url-pattern>
  </filter-mapping>
</web-app>
```

**2. Filter 链**

在一个 Web 应用中,可以开发编写多个 Filter,这些 Filter 组合起来称为一个 Filter 链。Web 服务器根据 Filter 在 web. xml 文件中的注册顺序,决定先调用哪个 Filter,当第一个 Filter 的 doFilter 方法被调用时,Web 服务器会创建一个代表 Filter 链的 FilterChain 对象传递给该方法。在 doFilter 方法中,开发人员如果调用了 FilterChain 对象的 doFilter 方法,则 Web 服务器会检查 FilterChain 对象中是否还有 filter:如果有,则调用第 2 个 filter;如果没有,则调用目标资源。

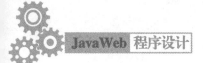

### 8.4.2　Spring 框架下过滤器的配置

如果项目中使用了 Spring 框架,那么很多过滤器都不用自己来写了,Spring 为我们写好了一些常用的过滤器。下面我们就以字符编码的过滤器 CharacterEncodingFilter 为例,来看一下 Spring 框架下如何配置过滤器。

```
<filter>
    <filter-name>encodingFilter</filter-name>
    <filter-class>org.springframework.web.filter.CharacterEncodingFilter
</filter-class>
    <init-param>
        <param-name>encoding</param-name>
        <param-value>UTF-8</param-value>
    </init-param>
    <init-param>
        <param-name>forceEncoding</param-name>
        <param-value>true</param-value>
    </init-param>
</filter>

<filter-mapping>
    <filter-name>encodingFilter</filter-name>
    <url-pattern>/ * </url-pattern>
</filter-mapping>
```

这样几行配置代码,就完成了从全局控制字符编码的功能。接下来,我们看一下 CharacterEncodingFilter 这个过滤器的关键代码,如果我们写过滤器的话,可以此为范例。

```
package org.springframework.web.filter;
import java.io.IOException;
import javax.servlet.FilterChain;
import javax.servlet.ServletException;
import javax.servlet.http.HttpServletRequest;
import javax.servlet.http.HttpServletResponse;
import org.springframework.util.ClassUtils;
public class CharacterEncodingFilter extends OncePerRequestFilter{
    private static final boolean responseSetCharacterEncodingAvailable =
ClassUtils.hasMethod(
                class $ javax $ servlet $ http $ HttpServletResponse,
"setCharacterEncoding", new Class[] | String.class |);
                                    //需要设置的编码方式,为了支持可配置,Spring
                                    把编码方式设置成一个变量

    private String encoding;
```

```
                                              //是否强制使用统一编码,也是为了支持可配置
        private boolean forceEncoding;

                                              //构造器,在这里,Spring 把 forceEncoding 的值默
                                                认设置成 false
        public CharacterEncodingFilter(){
            this.forceEncoding = false;
        }

                                              //encoding/forceEncoding 的 setter 方法
        public void setEncoding(String encoding){
            this.encoding = encoding;
        }
        public void setForceEncoding(boolean forceEncoding){
            this.forceEncoding = forceEncoding;
        }

                                              //Spring 通过 GenericFilterBean 抽象类,对
                                                Filter 接口进行了整合
        protected void doFilterInternal ( HttpServletRequest request,
HttpServletResponse response, FilterChain filterChain)
        throws ServletException, IOException{
        if ((this.encoding ! = null) && (((this.forceEncoding) || (request.
getCharacterEncoding() = = null)))) {
            request.setCharacterEncoding(this.encoding);
            if ((this.forceEncoding) && (responseSetCharacterEncodingAvailable)) {
                response.setCharacterEncoding(this.encoding);
            }
        }
        filterChain.doFilter(request, response);
        }
    }
```

接下来了解 GenericFilterBean 类:

public abstract class GenericFilterBean implements Filter, BeanNameAware, ServletContextAware, InitializingBean, DisposableBean,再看一个项目中使用过的一个过滤器:InvilidCharacterFilter（防止脚本攻击的过滤器）。

```
import java.io.IOException;
import java.util.Enumeration;
import javax.servlet.FilterChain;
import javax.servlet.RequestDispatcher;
import javax.servlet.ServletException;
import javax.servlet.http.HttpServletRequest;
```

```java
import javax.servlet.http.HttpServletResponse;
import org.apache.commons.lang.StringUtils;
import org.springframework.web.filter.CharacterEncodingFilter;
/*
 * InvalidCharacterFilter:过滤 request 请求中的非法字符,防止脚本攻击
 * InvalidCharacterFilter 继承了 Spring 框架的 CharacterEncodingFilter 过滤器,当
然,我们也可以自己实现这样一个过滤器
 */
public class InvalidCharacterFilter extends CharacterEncodingFilter{
                                      //需要过滤的非法字符
    private static String[] invalidCharacter = new String[]{
        "script","select","insert","document","window","function",
        "delete","update","prompt","alert","create","alter",
        "drop","iframe","link","where","replace","function","onabort",
        "onactivate","onafterprint","onafterupdate","onbeforeactivate",
        "onbeforecopy","onbeforecut","onbeforedeactivateonfocus",
        "onkeydown","onkeypress","onkeyup","onload",
        "expression","applet","layer","ilayeditfocus","onbeforepaste",
        "onbeforeprint","onbeforeunload","onbeforeupdate",
        "onblur","onbounce","oncellchange","oncontextmenu",
        "oncontrolselect","oncopy","oncut","ondataavailable",
        "ondatasetchanged","ondatasetcomplete","ondeactivate",
        "ondrag","ondrop","onerror","onfilterchange","onfinish","onhelp",
        "onlayoutcomplete","onlosecapture","onmouse","ote",
        "onpropertychange","onreadystatechange","onreset","onresize",
        "onresizeend","onresizestart","onrow","onscroll",
        "onselect","onstaronsubmit","onunload","IMgsrc","infarction"
    };

    protected void doFilterInternal(HttpServletRequest request,
HttpServletResponse response, FilterChain filterChain)
        throws ServletException, IOException{
        String parameterName = null;
        String parameterValue = null;
                                      //获取请求的参数
        @SuppressWarnings("unchecked")
        Enumeration<String> allParameter = request.getParameterNames();
        while(allParameter.hasMoreElements()){
            parameterName = allParameter.nextElement();
            parameterValue = request.getParameter(parameterName);
            if(null != parameterValue){
```

```
                for(String str:invalidCharacter){
                    if (StringUtils.containsIgnoreCase(parameterValue, str)){
                        request.setAttribute("errorMessage", "非法字符:" + str);
                            RequestDispatcher requestDispatcher = request.
getRequestDispatcher("/error.jsp");
                        requestDispatcher.forward(request, response);
                        return;
                    }
                }
            }
        super.doFilterInternal(request, response, filterChain);
    }
}
```

接下来需要在 web. xml 中进行配置：

```
    <filter>
        <filter-name>InvalidCharacterFilter</filter-name>
        <filter-class>com.yangcq.filter.InvalidCharacterFilter</filter-
class>
    </filter>
    <filter-mapping>
        <filter-name>InvalidCharacterFilter</filter-name>
        <url-pattern>/*</url-pattern>
    </filter-mapping>
```

如果我们不使用 Spring 的 CharacterEncodingFilter 类，可以自己来写。

```
import java.io.IOException;
import java.util.Enumeration;
import javax.servlet.Filter;
import javax.servlet.FilterChain;
import javax.servlet.FilterConfig;
import javax.servlet.RequestDispatcher;
import javax.servlet.ServletException;
import javax.servlet.ServletRequest;
import javax.servlet.ServletResponse;
import org.apache.commons.lang.StringUtils;
/* *
 * SelfDefineInvalidCharacterFilter:过滤 request 请求中的非法字符,防止脚本攻击
 */
public class SelfDefineInvalidCharacterFilter implements Filter{
```

```java
        public void destroy() {

        }


        public void doFilter(ServletRequest request, ServletResponse response,
FilterChain filterChain) throws IOException, ServletException {
            String parameterName = null;
            String parameterValue = null;
                                                        //获取请求的参数
            @SuppressWarnings("unchecked")
            Enumeration<String> allParameter = request.getParameterNames();
            while(allParameter.hasMoreElements()){
                parameterName = allParameter.nextElement();
                parameterValue = request.getParameter(parameterName);
                if(null != parameterValue){
                    for(String str :invalidCharacter){
                        if (StringUtils.containsIgnoreCase(parameterValue, str)){
                            request.setAttribute("errorMessage","非法字符:" + str);
                                RequestDispatcher requestDispatcher = request.
getRequestDispatcher("/error.jsp");
                            requestDispatcher.forward(request, response);
                            return;
                        }
                    }
                }
            }
            filterChain.doFilter(request, response);      //执行目标资源,放行
        }

        public void init(FilterConfig filterConfig) throws ServletException {

        }
                                                        //需要过滤的非法字符
        private static String[] invalidCharacter = new String[]{
            "script","select","insert","document","window","function",
            "delete","update","prompt","alert","create","alter",
            "drop","iframe","link","where","replace","function","onabort",
            "onactivate","onafterprint","onafterupdate","onbeforeactivate",
            "onbeforecopy","onbeforecut","onbeforedeactivateonfocus",
            "onkeydown","onkeypress","onkeyup","onload",
            "expression","applet","layer","ilayeditfocus","onbeforepaste",
```

```
        "onbeforeprint","onbeforeunload","onbeforeupdate",
        "onblur","onbounce","oncellchange","oncontextmenu",
        "oncontrolselect","oncopy","oncut","ondataavailable",
        "ondatasetchanged","ondatasetcomplete","ondeactivate",
        "ondrag","ondrop","onerror","onfilterchange","onfinish","onhelp",
        "onlayoutcomplete","onlosecapture","onmouse","ote",
        "onpropertychange","onreadystatechange","onreset","onresize",
        "onresizeend","onresizestart","onrow","onscroll",
        "onselect","onstaronsubmit","onunload","IMgsrc","infarction"
    };

}
```

接下来需要在 web. xml 中进行配置：

```
<filter>
    <filter-name>SelfDefineInvalidCharacterFilter</filter-name>
     <filter-class>com.yangcq.filter.SelfDefineInvalidCharacterFilter
</filter-class>
</filter>
<filter-mapping>
    <filter-name>SelfDefineInvalidCharacterFilter</filter-name>
    <url-pattern>/*</url-pattern>
</filter-mapping>
```

## 8.5　Servlet 过滤器实例

过滤器必须实现 javax. servlet. Filter 接口,这一接口声明 init、doFilter 和 destroy 三个方法。三个方法的作用如下:

1. init(FilterConfig config)

init 方法在 Filter 生命周期中仅执行一次,这个方法在容器实例化过滤器时被调用,并对过滤器进行初始化。它是在第一次访问时被执行的,Web 容器在调用 init 方法时,会传递一个包含 Filter 的配置和运行环境的 FilterConfig 对象。利用 FilterConfig 对象可以得到 ServletContext 对象,以及在 web. xml 文件中指定的过滤器初始化参数。在这个方法中,可以抛出 ServletException 异常,通知容器该过滤器不能正常工作。通过这个方法可以获取初始化参数。

2. doFilter(ServletRequestrequest,ServletResponseresponse,FilterChainchain)

过滤器的自定义行为主要在这里完成。过滤器执行 doFilter 方法时,会自动获得过滤器链(FilterChain)对象,使用该对象的 doFilter 方法可继续调用下一级过滤器。

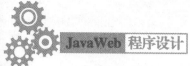

### 3. destroy()

在停止使用过滤器前,由容器调用过滤器的这个方法,完成必要的清除和释放资源的工作。

【例 8-1】设计一个 IP 地址过滤器。只有在指定范围内的 IP 地址才能登录,而不在此范围内的 IP 地址则拒绝登录。可以将起始 IP 地址和终止 IP 地址写在 web.xml 配置文件中,本例中为了方便地将读取到的起止 IP 地址存放到 request 对象中,以便比对过滤结果,将从 web.xml 中读取起止 IP 地址的语句安排在 doFilter 方法中,实际项目一般是在过滤器的 init 方法中读取这些配置信息。当有客户请求资源时,首先获取客户的 IP 地址,并将客户的 IP 地址与读取配置文件的 IP 地址做比较,如果客户 IP 在有效范围内,则允许登录,否则拒绝登录。

程序(jspweb 项目/src/filter/FilterIP.java)的清单:

```
package filter;
import java.io.IOException;
import javax.servlet.Filter;
import javax.servlet.Filterchain;
import javax.servlet.FilterConfig;
import javax.servlet.ServletException;
import javax.servlet.ServletRequest;
import javax.servlet.ServletResponse;
import javax.servlet.http.HttpservletRequest;
import javax.servlet.http.ttpServletResponse;
public class Filter IP implements Filter;
private FilterConfig filterConfig;
private int startIP;              //起始 IP 地址
private int endIP;                //结束 IP 地址
public void destroy(){
public vaid doFilter(ServletRequest argo,ServletResponse arg1,
FilterChain arg2) throws IOException, ServletException()
                         //将 ServletRequest 转换为 HttpServletRequest
HttpServletRequest request =(HttpServletRequest)arg0;
                         //将 ServletResponse 转换为 HttpServletResponse
HttpServletResponse response =(HttpServletResponse)arg1;
                         //从 web.xml 中读取初始化参数 startIP
String strstartIP = filterConfig.getInitParameter("startIP");
                         //从 web.xml 中读取初始化参数 endIP
String strendIP = filterConfig.getInitParameter("endIP");
request.setAttribute("strstartIP",strstartIP);
request.setAttribute("strendIP",strendIP);
                         //将起始 IP 地址中的"."去掉,再转为整型量,如 127.0.0.1
                         变为 127001
```

```
startIP = Integer.parseInt(strstartIP.replace(".",""));
endIp=Integer.parseInt(strendIP.replace(".",""));
String reqIP=request.getRemoteHost();//获取客户端的 IP 地址
request.setAttribute("reqIP", reqIP);
reqIP=reqIP.replace(".","");              // 将 IP 地址中的"."去掉,如 127.0.0.1 变
                                             为 127001
//request.getRequestDispatcher("/ch08/filtIp.jsp").forward(request,
response);
//request.getRequestDispatcher("error.jsp").forward(request,response);int
ip Integer.parseInt(reqIP);
                           //将字符串转为 int 型数据
/如果用户的 IP 不在允许范围内则转发到 error.jsp 页面
if(ip<startIP ‖ ip>endIP){
request.getRequestDispatcher("/ch09/filtIP.jsp").forward(request,response);}
System.out.println("这是对 request 的过滤");
arg2.doFilter(arg0, arg1);            //调用下一个 filter 或调用资源
System.out.println("这是对 response 的过滤");
publicvoid init ( FilterConfig arg0 ) throws ServletException { this.
filterConfig argo;}
```

在 init()中,FilterConfig 对象的 getInitParameter 方法可以一次读取 web.xml 文件中的配置信息,利用 request 对象的 getRemoteHost 方法可以获取客户端的 lP 地址,将客户端的 IP 地址与配置文件中的 IP 地址范围进行比较,就可以实现对登录用户的控制。

程序(jspweb 项目/WebRoot/ch08/filtIp.jsp)的清单:

```
<% @ pagelanguage ="java"import ="java.util,"pageEncoding "utf-8% >
<html> <head>
<title>显示过滤器拦截结果</title>
</head> <body>
对不起,你的 IP 地址是:
<% =request.getAttribute("reqIP")% ><br>不在服务范围内! <hr>
web.xml 设置的合法地址范围是:<br>
xml 设置的 startIP=<% =request.getAttribute("strstartIP")% ><br>
xml 设置的 endIP=<% =request.getAttribute("strendIP") * ><br>
</body> </html>
```

在 web.xml 中要对过滤器进行配置,配置代码如下:

```
<Eilter>
<filter-name>filterIP</filter-name>
<filter-class>filter.FilterIP </filter-class>
<init-param>    <init-param>
<param-name> startIP</param-name>
```

```
<param-value>127.0.0.2 </param-value>
</init-param>
<init-param>
<para-name endIP</param-name>
<param-value 127.0.0.5 </param-value>
</init-param>
</filter>
<filter-mapping>
<filter-name>filterIP</filter-name>
<url-pattern></url-pattern>
</filter-mapping>
```

在上面的配置中，<filter>元素配置了过滤 IP 地址的过滤器，过滤器的名字是 filterIp，实现类的完整类名是 filter. FilterIp，其中的<init-param>子元素定义了两个初始化参数 starpIp 和 endIp，分别表示 IP 的起始地址和终止地址；<filter-mapping>元素定义了 filterIp 过滤器对哪些资源的访问进行过滤，这里设置为/ *，表示对所有资源都要过滤。在"WebRoot\ch09\"文件夹下建立一个 JSP 文件 filtIp. jsp，当访问 Web 服务下的任何一个资源时，这个过滤器都会起作用。

为了调试程序时能够在控制台上显示 Filter. java 中的 System. out. println( )语句的输出内容，必须在 Myeclipse 工具栏上开启 Tomcat，再在 Myeclipse 工具栏上开启内置浏览器，在浏览器地址栏中输入"http://localhost:8080/jspweb/"，出现运行结果。其中，控制台上输出了过滤器过滤作用前后的输出信息。输出信息表明，过滤器可以在请求对象到达资源之前进行过滤处理，也可以对服务器输出的响应对象进行过滤处理。

因为来本机请求的 IP 地址是 127.0.0.1，而 web. xml 配置文件中的可访问起止地址是 127.0.0.2~127.0.0.5，客户的 IP 地址不在允许范围内，因此请求被过滤器拦截，转发到了 filtIp. jsp 页面，不能到达请求资源 index. jsp 页面。

如果将 web. xml 文件中的 startIp 的值改为 127.0.0.0，重启 Tomcat 服务器，访问与上面同样的网址，则可以请求 index. jsp 页面，这是因为请求的 IP 地址在允许范围内。

【例 8-2】设计一个过滤器，用来跟踪一个客户的 Web 请求（页面处理）所用的大致时间。

程序( jspweb 项目/src/filter/TimeTrackFilter. java)的清单：

```
package filter
import javax.servlet. *
import java.util. *;
import java.io. *;
public class TimeTrackFilter implements Filter|
private FilterConfig FilterConfig null;
public void init(FilterConfig filterConfig)
throws ServletException|
```

```
this.filterConfig filterConfig;}
public void destroy(){
this.filterConfig = null;}
public void doFilter (ServletRequestreqquest, ServletResponseresponse, FilterChain
chain
throws IOException, ServletException{
Date startTime, endTime;
double totalTime;
startTime = new Date();
chain.doFilter(request, response);
endPime new Date();
totalTime enclime.getTime()startTime.getTime();
StringWriter sw = new StringWriter();          //创建一个新字符流
PrintWriter writer = new PrintWriter(sw);      //构建 sw 的写入对象 writer
writer.println();
writer.println("---------------");
writer.println("页面处理所用时间:"+totalTime+"毫秒.");
writer.println("=============");
writer.flush();
                                               //在控制台上通过日志 log 输出 sw
filterConfig.getServletContext().log(sw,getBuffer().tostring());}
```

在 web. xml 中要对过滤器进行配置,配置代码如下:

```
<filter>
<filter-name> timefilter</filter-name>
<filter-class>filter.TimeTrackFilter</filter-class>
</filter>
<filter-mapping>
<filter-name timefilter </filter-name>
<url-pattern></url-pattern>
</Eilter-mapping>
```

配置好过滤器后,在浏览器地址栏中输入"http://127.0.0.1:8080/jspweb/index.jsp"。

还可以使用过滤器禁止浏览器缓存当前页面。有三个 HTTP 响应头字段可以用来禁止浏览器缓存当前页面,示例代码如下:

```
response.setDateHeader("Expires",-1);
response.setHeader("Cache-Control", "no-cache");
response.setHeader("Pragma", "no-cache");
```

并不是所有的浏览器都能完全支持上面的三个响应头,因此最好同时使用上面的三个响应头。

## 8.6　JSP 中文乱码问题

由于 Java 语言内部采用 UNICODE 编码,所以在程序运行时,就存在着一个从 UNICODE 编码和对应操作系统及浏览器支持的编码格式转换输入/输出的问题。在这个转换过程中有一系列的步骤,如果其中任何一步出错,则输出就会出现乱码。这就是常见的中文乱码问题。在 Web 开发中遇到的中文编码问题主要有 JSP 页面显示、表单提交和数据库应用等。

### 8.6.1　JSP 页面中文乱码问题

在 JSP 页面中输出中文时会出现乱码,这是由字符编码不正确所导致的。JSP 页面的编码方式有两个地方需要设置:

```
<%@ page language="java"import ="java.util,pageEncoding="utf-8% >
<%@ page contentType=text/html;charset utf-8% >
```

其中,pageEncoding 指的是 JSP 文件本身在本地保存时的编码方式;contentType 的 charset 是指服务器发送网页内容给客户端时所使用的编码。

从第一次访问一个 JSP 页面,到这个页面被发送到客户端,该 JSP 页面要经过三次编码转换:

(1)根据 pageEncoding 的设定字符编码读取 JSP 生成 Servlet(.java),结果生成的 Servlet 的编码是统一的 UTF-8,如果 pageEncoding 设定错了或没有设定,就会出现中文乱码。

(2)由 JAVAC 编译指令将 Java 源码编译为 Java 字节码,不论读取 JSP 设定的是什么编码方案,经过这个阶段的结果全部是按 UTF-8 编码的。JAVAC 用 UTF-8 编码读取 Java 源码,编译成 UTF-8 编码的字节码(即 class),这是 JVM 对常数字串在二进制码(JavaEncoding)内表达的规范。

(3)Tomcat(或其他的 application container)载入和执行字节码,根据 contentType 的 charset 设定的编码方案向客户端浏览器输出结果。

所以最终的解决方法为:在 JSP 页面设置 pageEncoding 或 contentType 的 charset,其中一个为支持中文的编码格式(如 UTF-8、GBK、GB2312)。因为设置一个的话,另一个默认会与它一样。

如果两个都设置,则必须保证两个都支持中文编码(不一定要一样)。

最佳建议设置如下:

```
<%@ page language="java"import ="java.util."pageEncoding =utE-8% >
<%@ page contentType ="text/html;charset -utf-8% >
```

### 8.6.2　表单提交乱码问题

在 JSP 页面中提交表单时(用 POST 方法或 GET 方法),使用 request. getParameter 方法获取表单控件值时出现乱码。出现这种现象的原因是:在 Tomcat 中处理参数时,采用默认的字符集 ISO-8859-1,而这个字符集是不包含中文的,所以会出现乱码。在 Tomcat 中由于对 POST 方法和 GET 方法提交数据的处理方式不同,因此解决中文乱码方法也不相同。

在网上书店的程序设计过程中,对提交数据中文乱码的解决方法是:首先获取字符串的字节码,再转换为相应的字符编码,命令为

```
newString(s.getBytes("ISO-8859-1"),"GBK");     //s 为要转换的字符串变量
```

在程序中只要有提交中文数据的地方都要用这个命令去转换,同样的代码分布在大部分的 JSP 页面和 Servlet 中,这显然不符合面向对象设计的基本思想,如何解决这个问题呢?

对于 GET 方法提交的表单,要在 Tomcat 的 HOME 主目录中的 CONF 目录下的 server. xml 中进行配置。在<TOMCAT_HOME>\conf 目录下的 server. xml 文件中,找到对 8080 端口进行服务的 Connector 组件的设置部分,给这个 Connector 组件添加一个属性 URIEncoding ="GBK"。修改后的 Connector 组件的设置代码如下:

```
<Connector port ="8080" protocol ="HTTP/1.1"
connectionTimeout ="20000"
redirectPort ="8443"
URIEncoding ="GBK"/>
```

这样修改后,重启 Tomcat 服务器就可以正确处理 GET 方法提交的请求数据了。

对 POST 方法提交的表单数据可以通过编写过滤器的方法解决,过滤器在用户提交的数据被处理之前被调用,可以在这里改变请求参数的编码方式。只要在过滤器中设置一个命令:

```
request.setCharacterEncoding("gbk");
```

就可以解决 POST 请求字符串带来的字符乱码问题。字符编码过滤器程序片段:假定过滤器文件名为 filter. SetCharacterEncodingFilter. java。

```
public class SetCharacterEncodingFilter implements Filter{
protected FilterConfig filterConfig;
protected String encodingName;
public void init(FilterConfig filterConfig) throws ServletException{
this.filterConfig = filterConfig;    //读取 web.xml 文件中参数 encoding 的值
encodingName =filterConfig.getInitParameter("encoding");}
public void doFilter(ServletRequestrequest,ServletResponseresponse,FilterChain chain)
throws IOException, ServletException{
request.setCharacterEncoding(encodingName);      //设置请求对象的字符编码
chain.doFilter(request,response);
response.setCharacterEncoding(encodingName);      //设置回应信息的字符编码
public void destroy(){ }
```

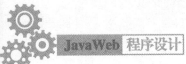 

在 web. xml 文件中添加如下配置信息：

```
<filter>
<filter-name>SetCharacterEncodingFilter</filter-name>
<filter-class>filter.SetCharacterEncodingFilter</filter-class>
<init-param>
<param-name>encoding </param-name>
<param-value>GBK</param-value>
</init param>
</filter>
<filter-mapping>
<filter name> SetCharacterEncodingFilter </filter -name>
<url-pattern></url-pattern>
</filter-mapping>
```

在配置文件中定义了一个 encoding 参数,其值为 GBK,过滤器中就是根据这个参数设置的字符集。这样做的好处是更改字符集时不需要更改源程序,只需修改配置文件即可。在过滤器中添加了这个设置以后,会对所有的请求资源进行字符转换,程序中不再需要将 ISO-8859-1 字符转换为 GBK 了,可以将程序中的所有 newString(s. getBytes("ISO-8859-1") ,"GBK")语句去掉。

# 习　题　八

1. 简述过滤器的设计要点。

2. 简述过滤器的体系结构。

3. 简述过滤器与 Servlet 有何不同?

4. 编写示例程序,添加过滤器,实现在控制台上打印登录用户名和登录的时间。

5. 编写示例程序,添加过滤器,实现登录 IP 地址控制,只允许 IP 地址在 192. 168. 1. 1~192. 168. 1. 10 范围内的用户登录,不在此范围内的用户拒绝其登录。

6. 编写示例程序,添加过滤器,统一处理请求参数的中文字符编码。

# 第9章　Servlet 事件监听

【本章学习目标】

1. 掌握与监听器有关的知识；
2. 掌握会话和请求监听知识。

监听器(Listener)是一个实现特定接口的程序,它基于观察者模式实现,可以在程序运行时对事件进行监控和响应。使用监听器可以使程序更加灵活和可扩展,具有以下几个优点:

(1)分离关注点:将事件处理逻辑和业务逻辑分离,使程序更加模块化和易于维护。

(2)降低耦合性:将事件的产生和处理解耦,使程序更加灵活和可扩展。

(3)提高可重用性:监听器可以重复使用,减少代码冗余。

(4)提高程序的响应速度:当事件发生时,监听器可以立即响应,提高程序响应速度。

(5)提高程序的可靠性:监听器可以对程序中可能发生的异常进行处理,提高程序的健壮性和可靠性。

## 9.1　监听器的作用与分类

在 Servlet 技术中定义了一些事件,可以针对这些事件来编写相关的事件监听器,从而对事件做出相应的处理。例如,要想在 Web 应用程序启动和关闭时执行一些任务(如数据库连接的建立和释放),或者监控 Session 的创建和销毁,就可以通过监听器来实现。

### 9.1.1　Servlet 监听器简介

监听器就是一个 Java 程序,专门用于监听另一个 Java 对象的方法调用或属性改变,当被监听对象发生上述事件后,监听器某个方法将立即被执行。

详细地说,就是监听器用于监听观察某个事件(程序)的发生情况,当被监听的事件真的发生了时,事件发生者(事件源)就会给注册该事件的监听者(监听器)发送消息,告诉监听者某些信息,同时监听者也可以获得一份事件对象,根据这个对象可以获得相关属性和执行相关操作,并做出适当的响应。

监听器可以看成是观察者模式的一种实现。监听器程序中有四种角色:

（1）监听者（监听器）：负责监听发生在事件源上的事件，它能够注册在对应的事件源上，当事件发生后会触发执行对应的处理方法（事件处理器）。

（2）事件源（被监听对象，可以产生某些事件的对象）：提供订阅与取消监听器的方法，并负责维护监听器列表，以及发送对应的事件给对应的监听器。

（3）事件对象：事件源发生某个动作时，比如某个增、删、改、查的动作，该动作将封装为一个事件对象，并且事件源在通知事件监听器时会把这个事件对象传递过去。

（4）事件处理器：可以作为监听器的成员方法，也可以独立出来注册到监听器中，当监听器接收到对应的事件时，将会调用对应的方法或者事件处理器来处理该事件。

### 9.1.2　Servlet 监听器的原理

Servlet 实现了特定接口的类为监听器，用来监听另一个 Java 类的方法调用或者属性改变，当被监听的对象发生方法调用或者属性改变后，监听器的对应方法就会立即执行。

### 9.1.3　Servlet 上下文监听器

Servlet 上下文监听器可以监听 ServletContext 对象的创建、删除以及属性添加、删除和修改操作，该监听器需要用到以下 2 个接口。

1. ServletContextListener 接口

该接口主要实现监听 ServletContext 的创建和删除。ServletContextListener 接口提供了 2 个方法，它们也被称为 Web 应用程序的生命周期方法，下面分别进行介绍。

- contextInitialized(ServletContextEvent event)方法：通知正在监听的对象，应用程序已经被加载及初始化。
- contextDestroyed(ServletContextEvent event)方法：通知正在监听的对象，应用程序已经被销毁，即关闭。

2. ServletAttributeListener 接口

该接口主要实现监听 ServletContext 属性的增加、删除和修改。ServletAttributeListener 接口提供了以下 3 个方法。

- attributeAdded(ServletContextAttributeEvent event)方法：当有对象加入 application 作用域时，通知正在监听的对象。
- attributeReplaced(ServletContextAttributeEvent event)方法：当在 application 作用域内有对象取代另一个对象时，通知正在监听的对象。
- attributeRemoved(ServletContextAttributeEvent event)方法：当有对象从 application 作用域内移除时，通知正在监听的对象。

示例代码(MyServletContextListener. java)如下：

```
/* *
 * MyServletContextListener 类实现了 ServletContextListener 接口
 *
因此可以对 ServletContext 对象的创建和销毁这两个操作进行监听
```

```
*/
public class MyServletContextListener implements ServletContextListener {
@Override
public void context Initialized (ServletContextEvent sce)
ServletContextListener.super.contextInitialized(sce);
System.out.println("==========ServletContext 对象创建");
@Override
public void contextDestroyed (ServletContextEvent sce){
ServletContextListener.super.contextDestroyed(sce);
System.out.println("==========ServletContext 对象销毁");}
```

web. xml 中的注册监听器代码如下：

```
<listener>
<listener-class>com.vincent.servlet.MyServletContextListener</listener-
class</listener>
```

# 9.2　会话和请求监听

## 9.2.1　HTTP 会话监听

HTTP 会话监听（HttpSession）信息有 4 个接口。

1. HttpSessionListener 接口

HttpSessionListener 接口实现监听 HTTP 会话的创建和销毁。HttpSessionListener 接口提供了以下 2 个方法。

● sessionCreated（HttpSessionEvent event）方法：通知正在监听的对象，会话已经被加载及初始化。

● sessionDestroyed（HttpSessionEvent event）方法：通知正在监听的对象，会话已经被销毁［HttpSessionEvent 类的主要方法是 getSession（），可以使用该方法回传一个会话对象］。

2. HttpSessionActivationListener 接口

HttpSessionActivationListener 接口实现监听 HTTP 会话的 active 和 passivate。HttpSessionActivationListener 接口提供了以下 3 个方法。

● attributeAdded（HttpSessionBindingEvent event）方法：当有对象加入 Session 的作用域时，通知正在监听的对象。

● attributeReplaced（HttpSessionBindingEvent event）方法：当在 Session 的作用域内有对象取代另一个对象时，通知正在监听的对象。

● attributeRemoved（HttpSessionBindingEvent event）方法：当有对象从 Session 的作用域内移除时，通知正在监听的对象［HttpSessionBindingEvent 类主要有 3 个方法：getName（）、getSession（）和 getValues（）］。

3. HttpBindingListener 接口

HttpBindingListener 接口实现监听 HTTP 会话中对象的绑定信息。它是唯一不需要在 web. xml 中设定监听器的。HttpBindingListener 接口提供以下 2 个方法。

● valueBound(HttpSessionBindingEvent event)方法:当有对象加入 Session 的作用域内时会被自动调用。

● valueUnBound(HttpSessionBindingEvent event)方法:当有对象从 Session 的作用域内移除时会被自动调用。

4. HttpSessionAttributeListener 接口

HttpSessionAttributeListener 接口实现监听 HTTP 会话中属性的设置请求。HttpSessionAttributeListener 接口提供以下 2 个方法。

● sessionDidActivate(HttpSessionEvent event)方法:通知正在监听的对象,它的会话已经变为有效状态。

● sessionWillPassivate(HttpSessionEvent event)方法:通知正在监听的对象,它的会话已经变为无效状态。

## 9.2.2　Servlet 请求监听

服务端能够在监听程序中获取客户端的请求,然后对请求进行统一处理。要实现客户端的请求和请求参数设置的监听,需要实现 2 个接口。

1. ServletRequestListener 接口

ServletRequestListener 接口提供了以下 2 个方法。

● requestInitalized(ServletRequestEvent event)方法:通知正在监听的对象,ServletRequest 已经被加载及初始化。

● requestDestroyed(ServletRequestEvent event)方法:通知正在监听的对象,ServletRequest 已经被销毁,即关闭。

2. ServletRequestAttributeListener 接口

ServletRequestAttribute 接口提供了以下 3 个方法。

● attributeAdded(ServletRequestAttributeEvent event)方法:当有对象加入 request 的作用域时,通知正在监听的对象。

● attributeReplaced(ServletRequestAttributeEvent event)方法:当在 request 的作用域内有对象取代另一个对象时,通知正在监听的对象。

● attributeRemoved(ServletRequestAttributeEvent event)方法:当有对象从 request 的作用域内移除时,通知正在监听的对象。

## 9.2.3　AsyncListener 异步监听

AsyncListener 接口负责管理异步事件,AsyncListener 接口提供了以下 4 个方法。

● onStartAsync(AsyncEvent event)方法:当异步线程开始时,通知正在监听的对象。

● onError(AsyncEvent event)方法:当异步线程出错时,通知正在监听的对象。

● onTimeout(AsyncEvent event)方法:当异步线程执行超时时,通知正在监听的对象。

• onComplete(AsyncEvent event)方法：当异步线程执行完毕时，通知正在监听的对象。

### 9.2.4　应用 Servlet 监听器统计在线人数

监听器的作用是监听 Web 容器的有效事件，它由 Servlet 容器管理，利用 Listener 接口监听某个执行程序，并根据该程序的需求做出适当的响应。下面介绍一个应用 Servlet 监听器实现统计在线人数的实例。

当一个用户登录后，会显示欢迎信息，同时显示当前在线人数和用户名单。当用户退出登录或会话（Session）过期时，从在线用户名单中删除该用户，同时将在线人数减 1。

使用 HttpSessionListener 和 HttpSessionAttributeListener 实现如下监听代码（LoginOnlineListener. java）：

```
public class LoginOnlineListener implements HttpSessionListener,
HttpSessionAttributeListener{
@Override
public void attributeAdded(HttpSessionBindingEvent event){
ServletContext cx = event.getSession().getServletContext();        //根据
session 对象获取当前容器的 ServletContext 对象
List<String> userlist = (List<String>)cx.getAttribute("userlist");
if(userlist == null){
userlist = new ArrayList<>();
String username = (String) event.getSession().getAttribute("username");
                                                      //向已登录集合中添加当前账号
userlist.add(username);
System.out.println("用户:"+username+"成功加入在线用户列表");
for (int i = 0; i < userlist.size();i++){
System.out.println(userlist.get(i));}
cx.setAttribute("userlist",userlist);
System.out.println("当前登录的人数为:"+userlist.size());}
@Override
public void sessionDestroyed(HttpSessionEvent se){
HttpSession session = se.getSession();
ServletContext application = session.getServletContext();
List<String> userlist =(List<String>)
application.getAttribute("userlist");            //取得登录的用户名
String username = (String) session.getAttribute("username");
if (!"".equals(username) && username ! = null && userlist ! = null &&
userlist.size()>0){                              //从在线列表中删除用户名
userlist.remove(username);
System.out.println(username+"已经退出!");
System.out.println("当前在线人数为"+userlist.size());}else{
System.out.println("会话已经销毁!");}
```

Web. xml 配置如下:

```
<listener>
<listener-class>com.vincent.servlet.LoginOnlineListener</listener-class>
</listener>
```

登录页面代码(listener_online. jsp)如下:

```
<head>
<title>在线人数统计</title>
<script style="language:javascript">
function checkEmpty(form){
for (i = 0; i < form.length; i++) {
if (form.elements[i].value =="") {
alert("表单信息不能为空");
return false;}}
</script></head><body>
<form name="form" method="post" action="login" onSubmit="return
checkEmpty(form)">
username:<input type="text" name="username"><br>
password:<input type="password" name="password"><br>
<input type="submit" name="Submit" value="登录"></form></body>
```

登录处理(ListenerLoginServlet. java)如下:

```
eWebServlet("/login")
public class ListenerLoginServlet extends HttpServlet {
@Override
protected void doGet(HttpServletRequest req, HttpServletResponse resp)
throws ServletException, IOException {
String username = req.getParameter("username");
String pwd= req.getParameter("password");
System.out.println(username+":"+ pwd);
PrintWriter writer = resp.getWriter();
String logined =(String) req.getSession().getAttribute("username");
if ("".equals(username) ||username == null) {
System.out.println("非法操作,您没有输入用户名");
resp.sendRedirect("listener_online.jsp");}else{
if (!"".equals(logined) && logined != null) {
System.out.println("您已经登录,重复登录无效,请先退出当前账号重新登录!");
writer.write("<h3>您好,您已经登录了账户:"+logined + "</h3>"
+"如要登录其他账号,请先退出当前账号重新登录!");} else{
req.getSession().setAttribute("username", username);
writer.write("<h3>"+ username + ":欢迎您的到来</h3>");}
//从上下文中获取已经登录账号的集合
```

```
List<String> onLineUserList =(List<String>)
req.get ServletContext().getAttribute("onLineUserList");
if (onLineUserList ! = null){                              //向页面输出结果
writer.write(
"<h3>当前在线人数为:"+onLineUserList.size()+"</h3>" +
"<table border = \"1 \" width = \"50% \">");
for (int i = 0; i < onLineUserList.size(); i++){
writer.write("<tr>\r \n"+"<td align = \"center \">"+
onLineUserList.get(i)+"</td>\r \n"+"</tr>");}}
writer.write("</table><br/>"+"退出登录");}}
@Override
protected void doPost(HttpServletRequest req, HttpServletResponse resp)
throws ServletException, IOException {
doGet(req, resp);}
```

退出处理(ListenerLogoutServlet. java)如下:

```
@ WebServlet("/logout")
public class ListenerLogoutServlet extends HttpServlet {
@Override
protected void doGet(HttpServletRequest req, HttpServletResponse resp)
throws ServletException, IOException {
req.getSession().invalidate();
resp.sendRedirect("listener_online.jsp");}
@Override
protected void doPost(HttpServletRequest req, HttpServletResponse resp)
throws ServletException, IOException {
doGet(req, resp);}
```

程序执行结果如图 9-1 所示。

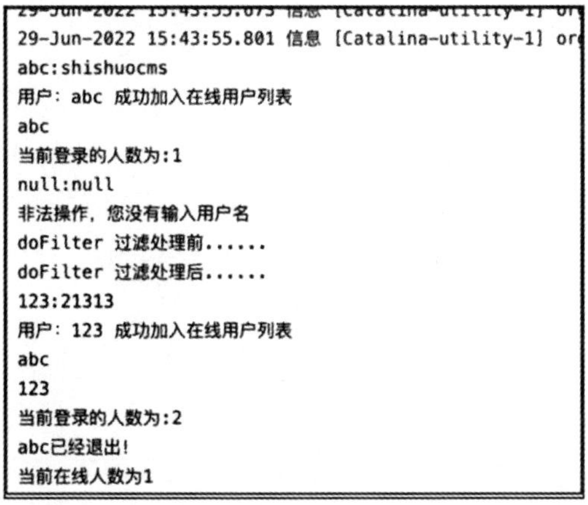

图 9-1　应用 Servlet 监听器统计在线人数结果图

提示：如果在本机测试，则需要用不同浏览器测试才能看到结果。

# 习 题 九

1.使用过滤器实现敏感词过滤，可以自定义敏感词，比如傻瓜、笨蛋、二货等不文明词语。

2.在前面的练习中我们学会了登录，尝试为登录页面加上自动登录功能，使用过滤器实现自动登录。

3.结合之前的用户登录代码，登录后利用 Servlet 上传文件功能，把文件上传到服务器的登录用户名目录下。

# 第 10 章  JSP 与 Servlet 综合案例

## 【本章学习目标】

1. 对之前的知识点进行巩固；
2. 掌握 Servlet 和 JSP 的使用。

## 10.1  编 程 思 想

本章是对之前章节所学内容的整合，将采用 Servlet+JSP+JDBC+JavaBean（MVC）开发模式。因为 MVC 模式程序各个模块之间层次清晰，故 Web 开发推荐采用此种模式。这里以一个最常用的用户登录注册程序来讲解 Servlet+JSP+JDBC 用户登录注册程序综合案例，把之前学过的 Servlet、JSP、JavaBean 知识点都串联起来。

### 10.1.1  系统分析

要实现一个基于 Servlet+JSP+JavaBean+JDBC 的注册登录系统，在这个程序中需要实现以下几点：

（1）用户若已有注册账号，可以直接通过登录页面输入账号、密码进行后台验证登录；若没有账号，则跳转到注册页面进行注册后再进行登录操作。

（2）用户在 JSP 页面输入的登录或注册信息会提交给 Servlet，然后 Servlet 对接收到的数据调用 DAO 层操作数据库进行登录或注册对应的操作，再跳转到对应的页面。

（3）对 JSP 页面用户输入做合法性校验，即非空、长度是否合适以及输入密码与确认密码是否相同等。

程序原理如图 10-1 所示。用户在 JSP 页面提交请求，JSP 将请求转发给 Servlet，然后调用 DAO 层进行数据操作，并返回对应的信息给 Servlet，接着由 Servlet 跳转到应该显示的 JSP 页面，用户就完成了这一请求。

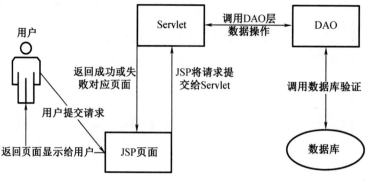

图 10-1　程序原理图

### 10.1.2　数据库分析和设计

完成本程序需要一个用户表 user,包含 id、name、password、email、phone 5 个属性,建表脚本如下:

```
/* 使用 smile 数据库 */USE smile ;
/* 删除 user 数据表 */
DROP TABLE IF EXISTS 'user';/* 创建 user 数据表 */
CREATE TABLE'user'(
'id' int(11) NOT NULL AUTO INCREMENT,
'name' varchar(20) COLLATE utf8 bin DEFAULT NULL,
'password' varchar(20) COLLATE utf8 _bin DEFAULT NULL,'email' varchar(20)
COLLATE utf8 bin DEFAULT NULL,'phone' varchar(20) COLLATE utf8 bin DEFAULT NULL,
PRIMARY KEY('id')
) ENGINE=InnODB AUTO INCREMENT=17DEFAULT CHARSET=utf8 COLLATE=utf8 bin;
---

-- Records of user
----------
INSERT INTO 'user' VALUES ('1','张三','123456','zhangsan@ 163.com','12345678910');
INSERT INTO 'user' VALUES ('5','别宏利','123456','1748741328@ qq.com','15236083001');
INSERT INTO 'user'VALUES ('6','admin','aaa','1748741328@ qq.com','15236083001');
INSERT INTO 'user'VALUES ('7','admin','aaa','1748741328@ qq.com','15236083001');
INSERT INTO 'user' VALUES ('8','admin','aaa','1748741328@ qq.com','15236083001');
```

执行上述建表脚本命令,生成如图 10-2 所示数据库表。

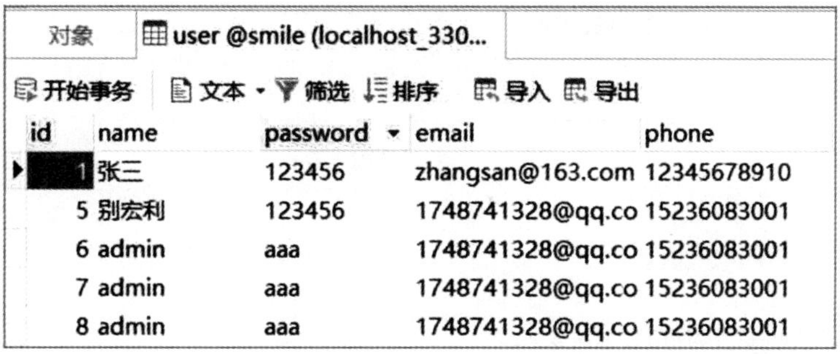

图 10-2　数据库表

本程序采用 MVC 模式进行开发,因此按照之前章节 MVC 案例的开发步骤一步一步实现即可。

# 10.2　设　计　模　式

系统设计部分包括项目开发环境、项目开发前需要准备的工具和 jar 包,以及注册登录系统的系统设计。在这里采用 MVC 模式进行开发,这样有利于我们开发的时候思路清晰,具体如下:

模型层:用于存储数据,将数据库的表映射到类(即 JavaBean);除此之外,模型层还需要操作数据中的映射。从这里可以看出,模型层用于和数据库打交道,还将表与类相关联。

控制层:控制用户的操作,连接模型层和视图层。

视图层:用于直观地显示界面给用户,将用户输入的操作传递给控制层,详细设计如下。

## 10.2.1　项目开发环境

操作系统:Windows 10。

开发工具:Eclipse Oxygen. 3a Release(4.7.3a)。

技术语言:Java SE 1.8。

服务器:Tomcat 9.0。

数据库:MySQL 5.7。

## 10.2.2　项目所需 jar 包

本项目只需要一个 jar 包,用于连接数据库,只需要把这个包复制到 WEN-INF → lib 目录下即可,如图 10-3 所示。

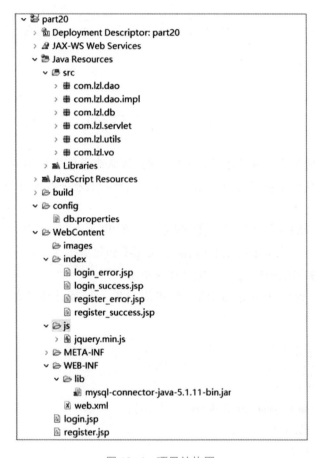

图 10-3　项目所需 jar 包

## 10.2.3　项目结构图

本程序完整项目结构如图 10-4 所示。

图 10-4　项目结构图

# 习　题　十

1. 使用 JSP 及 JDBC 技术完成对用户登录功能的完善,登录成功后可以使用 Session 进行用户的登录验证,在用户登录时记住密码,这样下次登录时就可以不用再输入密码而直接进行登录,用户根据需要也可以直接进行系统的退出操作。

提示:可以使用 Cookie 完成信息的保存。可以让用户选择密码的保存时间,如保存一天、一月、一年或者选择不保存等。

2. 完成用户登录到服务器上后打开所有的产品列表,然后选择将产品添加到购物车中,所有要购买的商品都可以在用户的购物车中列出。

提示:每个用户都有自己的 Session,所以所谓的购物车就是将数据暂时保存在 Session 属性范围内,而且要购买的产品有多个,所以必须在 Session 中保存一个集合对象。

3. 编写过滤器,实现编码过滤。

提示:使用 Servlet 过滤器。

4. 使用监听器实现显示在线人员列表。

提示:使用 Servlet 监听器。

5. 完成购物车中商品数量的更新功能。

提示:参照购物车中商品的添加,对数据库进行更新。

# 第 11 章　EL 表达式语言

## 【本章学习目标】

1. 掌握与低版本的环境兼容——禁用 EL 知识；
2. 掌握标识符和保留的关键字；
3. 掌握 EL 的运算符及优先级知识；
4. 掌握 EL 的隐含对象知识；
5. 掌握定义和使用 EL 函数知识。

EL(Expression Language)即表达式语言，通常称为 EL 表达式。通过 EL 表达式可以简化在 JSP 开发中对对象的引用，从而规范页面代码，增加程序的可读性及可维护性。本章主要详细介绍 EL 的语法、运算符及隐含对象。

## 11.1　EL　概　述

EL 表达式主要是代替 JSP 页面中的表达式脚本，在 JSP 页面中输出数据。EL 表达式在输出数据的时候，要比 JSP 的表达式脚本简洁很多。

### 11.1.1　EL 的基本语法

在 JSP 页面的任何静态部分均可通过 ${expression} 来获取指定表达式的值。

expression 用于指定要输出的内容，可以是字符串，也可以是由 EL 运算符组成的表达式。

EL 表达式的取值是从左到右进行的，计算结果的类型为 String，并且连接在一起。例如，${1+2}${2+3} 的结果是 35。

EL 表达式可以返回任意类型的值。如果 EL 表达式的结果是一个带有属性的对象，则可以利用 "[]" 或者 "." 运算符来访问该属性。这两个运算符类似，"[]" 比较规范，而 "." 比较快捷。可以使用以下任意一种形式：${object["propertyName"]} 或者 ${object.propertyName}，但如果 propertyName 不是有效的 Java 变量名，则只能用 [] 运算符，否则会导致异常。

### 11.1.2　EL 的特点

EL 表达式语法简单,其语法有以下几个要点:

- EL 可以与 JSTL 结合使用,也可以与 JavaScript 语句结合使用。
- EL 可以自动转换类型。如果想通过 EL 输入两个字符串型数值的和,则可以直接通过"+"进行连接,如\${num1+num2}。
- EL 既可以访问一般的变量,也可以访问 JavaBean 中的属性和嵌套属性、集合对象。
- EL 中可以执行算术运算、逻辑运算、关系运算和条件运算等。
- EL 中可以获得命名空间(PageContext 对象是页面中所有其他内置对象中作用域最大的集成对象,通过它可以访问其他内置对象)。
- EL 中在进行除法运算时,如果除数是 0,则返回无穷大(Infinity),而不返回错误。
- EL 中可以访问 JSP 的作用域(request、session、application 及 page)。
- 扩展函数可以映射到 Java 类的静态方法。

# 11.2　与低版本的环境兼容——禁用 EL

目前只要安装的 Web 服务器能够支持 Servlet 2.4/JSP 2.0,就可以在 JSP 页面中直接使用 EL。由于在 JSP 2.0 以前的版本中没有 EL,因此 JSP 为了和以前的规范兼容,还提供了禁用 EL 的方法,接下来详细介绍。

### 11.2.1　禁用 EL 的方法

1. 使用反斜杠"\"符号

只需要在 EL 的起始标记"\$"前加上"\"即可。

2. 使用 page 指令

使用 JSP 的 page 指令也可以禁用 EL 表达式,语法格式如下:

```
<%@ page isELIgnored="true"%>    <!--true 为禁用 EL -->
```

3. 在 web.xml 文件中配置<el-ignored>元素

web.xml 禁用 EL 表达式的语法格式如下:

```
<jsp-config>
<jsp-property-group>
<url-pattern>*.jsp</url-pattern>
<el-ignored>true</el-ignored>
</jsp-property-group>
</jsp-config>
```

### 11.2.2  禁用 EL 总结

基于当前服务端部署的情况,99%的环境都支持 EL 表达式,所以极少遇到要兼容低版本的情况。但是,在调试程序的时候,如果遇到了 EL 表达式无效,应该考虑到可能是版本兼容的问题,这样或许能快速解决问题。

# 11.3  标识符和保留的关键字

### 11.3.1  EL 标识符

在 EL 表达式中,经常需要使用一些符号来标记一些名称,如变量名、自定义函数名等,这些符号被称为标识符。EL 表达式中的标识符可以由任意顺序的大小写字母、数字和下划线组成,为了避免出现非法的标识符,在定义标识符时还需要遵循以下规范:

- 不能以数字开头。
- 不能是 EL 中的保留字,如 and、or、gt。
- 不能是 EL 隐式对象,如 pageContext。
- 不能包含单引号"'"、双引号"""、减号"-"和正斜线"/"等特殊字符。

### 11.3.2  EL 保留字

保留字就是编程语言中事先定义并赋予特殊含义的单词,与其他编程语言一样,EL 表达式中也定义了许多保留字,如 false、not 等,接下来就列举 EL 中所有的保留字,具体如表11-1 所示。

表 11-1  EL 保留字

| 运算符 | 说明 | 运算符 | 说明 |
| --- | --- | --- | --- |
| and | 与 | ge | 大于或等于 |
| or | 或 | true | True |
| not | 非 | false | False |
| eq | 等于 | null | Null |
| ne | 不等于 | empty | 清空 |
| le | 小于或等于 | div | 相除 |
| gt | 大于 | mod | 取模 |

需要注意的是,EL 表达式中的这些保留字不能作为标识符,以免在程序编译时发生错误。

## 11.4　EL 的运算符及优先级

### 11.4.1　通过 EL 访问数据

EL 获取数据的语法:${标识符},用于获取作用域中的数据,包括简单数据和 JavaBean 对象数据。

1. 获取简单数据

简单数据指非对象类型的数据,如 String、Integer 等。

获取简单数据的语法:${key}。key 就是保存数据的关键字或属性名,数据通常要保存在作用域对象中,EL 在获取数据时,会依次从 page、request、session、application 作用域对象中查找,找到了就返回数据,找不到就返回空字符串。

2. 获取 JavaBean 对象数据

EL 获取 JavaBean 对象数据的本质是调用 JavaBean 对象属性 xxx 对应的 getXxx() 方法,例如执行${u.name},就是在调用对象的 getName() 方法。

常见错误:如果在编写 JavaBean 类时没有提供某个属性 xxx 对应的 getXxx() 方法,那么在页面上用 EL 来获取 xxx 属性值就会报错:属性 xxx 无法读取,缺少 getXxx() 方法。

List 访问与 Java 语法的 List 类似,接下来以实际案例说明 EL 表达式如何访问 List 集合的数据。

示例代码如下:

```
<%
//将数据存到 page 作用域对象中
pageContext.setAttribute("name","语言表达式");
request.setAttribute("age", 12);
%>
<h3>EL 获取简单数据</h3>
姓名:${name}<br>
年龄:${age}<br>
<%
Student stu = new Student("清华", 19, new Course(1,"大数据"));
List<String> list = new ArrayList<>();
list.add("北京");
list.add("上海");
list.add("浙江");
stu.setAddr(list);
request.setAttribute("stu", stu);
request.setAttribute("addr", list);
```

```
% >
<h3>EL 获取 JavaBean 对象</h3>
姓名:${stu.name}<br>
年龄:${stu.age}<br>课程名称:${stu.course.name}<br>
<h3>EL 访问 List 集合指定位置的数据</h3>
JavaBean 获取 List:${stu.addr[0]}<br>
直接访问 List:${addr[1]}<br>
```

### 11.4.2　在 EL 中进行算术运算

EL 算术运算与 Java 基本一样,示例如表 11-2 所示。

表 11-2　EL 算数运算

| 功能 | 示例 | 结果 |
| --- | --- | --- |
| 加 | ${19+22} | 41 |
| 减 | ${59-21} | 38 |
| 乘 | ${33.33 * 11} | 366.63 |
| 除 | ${10 /3} | 3.3333333333333335 |
| | ${9 div 0} | ininity |
| 模 | ${10 % 3} | 1 |
| | ${9 mod 0} | 页面报错 |

EL 算术运算示例代码如下:

```
<h3>EL 算术运算</h3>
<table>
<tr>
<td>功能</td>
<td>示例</td>
<td>结果</td>
</tr>
<tr>
<td>加</td>
<td>\${19 + 22}</td>
<td> ${19+ 22}</td>
</tr>
<tr>
<td>减</td>
<td>\${59- 21}</td>
<td> ${59- 21}</td>
</tr>
```

```
<tr>
<td>乘</td>
<td>\${33.33 * 11}</td>
<td> ${33.33 * 11}</td>
</tr>
<tr>
<td rowspan="2">除</td>
<td>\${10 /3}</td>
<td> ${10 /3}</td>
</tr>
<tr>
<td>\${9 div 0}</td>
<td> ${9 div 0}</td>
</tr>
<tr>
<td rowspan="2">模</td>
<td>\${103}</td>
<td> ${10 3}</td>
</tr>
<tr>
<td>\${9 mod 0}</td>
<td>页面报错</td>
</tr>
</table>
```

EL 的"+"运算符与 Java 的"+"运算符不同,它不能实现两个字符串之间的串接。如果使用该运算符串接两个不可以转换为数值类型的字符串,将抛出异常;如果使用该运算符串接两个可以转换为数值类型的字符串,EL 会自动将这两个字符串转换为数值类型,再进行加法运算。

### 11.4.3　在 EL 中判断对象是否为空

在 EL 表达式中判断对象是否为空可以通过 empty 运算符实现,该运算符是一个前缀(Prefix)运算符,即 empty 运算符位于操作数前方(即操作数左侧),用来确定一个对象或变量是否为 null 或空。

empty 运算符的格式如下:

```
${empty expression}
```

示例代码如下:

```
<% request.setAttribute("name1",""); %>
<% request.setAttribute("name2",null); %>
<h3>EL 判断对象是否为空</h3>
```

对象 name1 =""是否为空:${empty name1}<br>

对象 name2 null 是否为空:${empty name2}<br>

**注意**:一个变量或对象为 null 或空代表的意义是不同的。null 表示这个变量没有指明任何对象,而空表示这个变量所属的对象的内容为空,例如空字符串、空的数组或者空的 List 容器。empty 运算符也可以与 not 运算符结合使用,用于判断一个对象或变量是否为非空。

### 11.4.4 在 EL 中进行逻辑关系运算

逻辑关系运算比较简单,示例如表 11-3 所示。

表 11-3 EL 逻辑关系运算

| 功能 | 示例 | 结果 |
|---|---|---|
| 小于 | ${19< 22} 或${19 lt 22} | true |
| 大于 | ${1>(22 /2)} 或${1 gt(22/2)} | false |
| 小于或等于 | ${4 <= 3} 或${4 le 3} | false |
| 大于或等于 | ${4 <= 3} 或${4 le 3} | true |
| 等于 | ${1 == 1.0} 或${1 eq 1.0} | true |
| 不等于 | ${1 ! = 1.0} 或${1 ne 1.0} | false |
| 自动转换 | ${'4'> 3} | true |

EL 逻辑运算示例代码如下:

```
<h3>EL 逻辑关系运算</h3>
<table>
<tr>
<td>功能</td>
<td>示例</td>
<td>结果</td>
</tr>
<tr>
<td>小于</td>
<td>\${19 < 22} 或\${19 lt 22}</td>
<td>${19<22}</td>
</tr>
<tr>
<td>大于</td>
<td>\${1 >(22 /2)} 或\${1 gt (22 /2)}</td>
<td>${1 >(22 /2)}</td>
</tr>
```

```
<tr>
<td>小于或等于</td>
<td>\${4 <= 3}或\${4 le 3}</td>
<td>${4 <= 3}</td>
</tr>
<tr>
<td>大于或等于</td>
<td>\${4 >= 3.0}或\${4 ge 3.0}</td>
<td>${4>=3.0}</td>
</tr>
<tr>
<td>等于</td>
<td>\${1 == 1.0}或\${1 eq 1.0}</td>
<td>${1==1.0}</td>
</tr>
<tr>
<td>不等于</td>
<td>\${1 ! = 1.0}或\${1 ne 1.0}</td>
<td>${1! =1.0}</td>
</tr>
<tr>
<td>自动转换</td>
<td>\${'4'> 3}</td>
<td>${'4'>3}</td>
</tr>  </table>
```

## 11.4.5　在 EL 中进行条件运算

EL 表达式的条件运算使用简单、方便,与 Java 语言中的用法完全一致,也称三目运算,其语法格式如下:

${条件表达式? 表达式 1 :表达式 2}

示例代码如下:

```
<tr>
<td>条件运算</td>
<td>\${name3 == 'andy'? 'Yes' : 'No'}</td>
<td>${name3 == 'andy'? 'Yes' :'No'}</td>
</tr>
```

## 11.5　EL 的隐含对象

EL 表达式中定义了 11 个隐含对象,与 JSP 内置对象类似,在 EL 表达式中可以直接使用。接下来对几个重要的对象进行详细讲解。

### 11.5.1　页面上下文对象

页面上下文对象为 pageContext,用于访问 JSP 内置对象中的 request、response、out、session、exception、page 及 servletContext,获取这些内置对象后就可以获取相关属性值。

示例代码如下:

```
<h4>页面上下文对象</h4>
```

访问 request 对象(serverName):${pageContext.request.serverName}<br>

访问 response 对象(contentType):${pageContext.response.contentType}<br>

访问 out 对象(bufferSize):${pageContext.out.bufferSize}<br>

访问 session 对象(maxInactiveInterval):${pageContext.session.maxInactiveInterval}<br>

访问 exception 对象(message):${pageContext.exception.message}<br>

访问 servletContext 对象 ( contextPath ): ${ pageContext. servletContext. contextPath}<br>

### 11.5.2　访问作用域范围的隐含对象

EL 表达式提供了 4 个用于访问作用域内的隐含对象,即 pageScope、requestScope、sessionScope 和 applicationScope。指定要查找的标识符的作用域后,系统将不再按照默认的顺序(page、request、session 及 application)来查找相应的标识符,这 4 个隐含对象只能用来取得指定作用域内的属性值,而不能取得其他相关信息。

```
<%
pageContext.setAttribute("name","pageContext name");
request.setAttribute("name","request name");
session.setAttribute("name","session name");
application.setAttribute("name","application name");
%>
<h4>访问作用域内的隐含对象</h4>
```

pageContext 作用域:${applicationScope. name}<br>

request 作用域:${pageScope. name}<br>

session 作用域:${sessionScope. name}<br>

application 作用域:${requestScope. name}<br>

### 11.5.3　访问环境信息的隐含对象

EL 表达式剩余的 6 个隐含对象是用来访问环境信息的,分别是 param、paramValues、header、headerValues、cookie 和 initParam,下面用一个简单示例来演示:

```
<%
Cookie cookie = new Cookie("user","管理员");
response.addCookie(cookie);
%>
<h4>访问环境信息的隐含对象</h4>
```

获取 initParam 对象:${initParam.contextConfigLocation}<br>
获取 cookie 对象:${cookie.user.value}<br>
获取 header 对象:${header.connection}<br>
获取 headerValues 对象:${header["user-agent"]}<br>

```
<form action="el_object_result.jsp" method="post">
<input type="text" name="name"/><br>
<input name="ball" type="checkbox" value="篮球">篮球<br>
<input name="ball" type="checkbox" value="足球">足球<br>
<input name="ball" type="checkbox" value="乒乓球">乒乓球<br>
<input name="ball" type="checkbox" value="网球">网球<br>
<input type="submit" value="提交">
</form>
```

表单提交之后,通过 el_object_result.jsp 来展示信息,示例如下:

```
获取 param 对象:${param.name}<br>
获取 paramValues 对象:<br>
<li>${paramValues.ball[0]}<br></li>
<li>${paramValues.ball[1]}<br></li>
<li>${paramValues.ball[2]}<br></li>
<li>${paramValues.ball[3]}<br></li>
```

## 11.6　定义和使用 EL 函数

EL 原本是 JSTL 1.0 中的技术,但是从 JSP 2.0 开始,EL 就分离出来纳入 JSP 的标准了,不过 EL 函数还是与 JSTL 技术绑定在一起。下面将介绍如何自定义 EL 函数。

自定义和使用 EL 函数分为以下步骤:

步骤 1:编写 Java 类,并提供公有静态方法,用于实现 EL 函数的具体功能。

自定义编写的 Java 类必须是 public 类中的 public static 函数,每一个静态函数都可以成为一个 EL 函数。

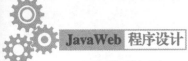

示例代码如下：

```
public class ELCustom {
public static String reverse(String str) {
if (null == str ||"".equals(str)) {
return "";
}
return new StringBuffer(str).reverse().toString();
}
public static string toupperCase(String str)
if (null == str ||"".equals(str)) {
return "";
}
return str.toUpperCase();
}
```

步骤2：编写标签库描述文件，对函数进行声明。

编写 TLD(Tag Library Descriptor，标签库描述符)文件，注册 EL 函数，使之可以在 JSP 中被识别。文件扩展名为.tld，可以放在 Web-INF 目录下，或者是 Web-INF 目录下的子目录中。

示例代码(str.tld)如下：

```
<? xml version ="1.0" encoding ="UTF-8"? >
<taglibxmlns ="http://java.sun.com/xml/ns/javaee"
xmlns:xsi ="http://www.w3.org/2001/XMLSchema-instance"
xsi:schemaLocation ="http://java.sun.com/xml/ns/javaee
http://java.sun.com/xml/ns/javaee/web-jsptaglibrary_2_1.xsd"
version="2.I>
<tlib-version>1.0</tlib-version>
<!--
```

定义函数库推荐的(首选的)名称空间前缀，即在 JSP 页面通过 taglib 指令导入标签库时，指定 prefix 的值，例如 JSTL 核心库的前缀一般是 c。

```
<%@ tagliburi ="http://java.sun.com/jsp/jstl/core"prefix ="c">
-->
<short-name>str</short-name>
<!--标识这个在互联网上的唯一地址，一般是作者的网站，这个网址可以是虚设的，但一定要是唯一的。这里的值将用作 taglib 指令中 uri 的值-->
<uri>http://vincent.com/el/custom</uri>
<!--Invoke 'Generate' action to add tags or functions -->
<function>
<description>字符串反转</description>
<name>reverse</name>
```

```
<function-class>com.vincent.javaweb.ELCustom</function-class>
<function-signature>java.lang.String
reverse(java.lang.String)</function-signature>
</function>
<function>
<description>字符转大写</description>
<name>toUpperCase</name>
<function-class>com.vincent.javaweb.ELCustom</function-class>
<function-signature>java.lang.String
toUppercase(java.lang.String)</function-signature>
</function>
</taglib>
```

步骤 3:在 JSP 页面中添加 taglib 指令,导入自定义标签库。

用 taglib 指令导入自定义的 EL 函数库。注意,taglib 的 uri 填写的是步骤 2 中 tld 定义的 uri,prefix 是 tld 定义中 function 的 shortname。

示例代码如下:

```
<%@ page contentType="text/html;charset=UTF-8" language="java"%>
<%@ taglib uri="http://vincent.com/el/custom" prefix="str"%>
<html> <head>
<title>Title</title>
</head> <body>
<h4>使用自定义 EL 函数</h4>
字符大写:${str:toUpperCase(param.name)}<br>
字符反转:${str:reverse(param.name)}<br>
</body>
</html>
```

# 习 题 十 一

1. 简述 EL 表达式的基本用法。

2. 简述 EL 表达式标识符的规范。

3. 练习 EL 表达式的运算。

4. 使用 JavaBean 和 EL 表达式技术改造用户登录,并在用户未退出系统的情况下,在每个页面都能获取用户信息。

5. 自定义 EL 函数,实现对字符串的加密显示(加密规则为:对字符串正中间且长度为字符串长度一半的字符串加密,如将"我很喜欢学编程"加密为"我很＊＊＊编程")。

# 第 12 章　JSTL 标签

【本章学习目标】

1. 掌握 JSTL 标签库知识；

2. 掌握 JSTL 的配置知识；

3. 掌握表达式标签知识；

4. 掌握 URL 相关标签知识；

5. 掌握流程控制标签知识；

6. 掌握循环标签知识。

在 JSP 诞生之初,JSP 提供了在 HTML 代码中嵌入 Java 代码的特性,使得开发者可以利用 Java 语言的优势来完成许多复杂的业务逻辑。但是随着在 HTML 代码中嵌入过多的 Java 代码,程序员发现其对动辄上千行的 JSP 代码基本丧失了维护能力,非常不利于 JSP 的维护和扩展。基于上述情况,开发者尝试使用一种新的技术来解决上述问题。从 JSP 1.1 规范后,JSP 增加了 JSTL 标签库的支持,提供了 Java 脚本的复用性,提高了开发者的开发效率。

## 12.1　JSTL 标签库简介

JSTL( Java Server Pages Standarded Tag Library, JSP 标准标签库)是由 JCP ( Java Community Process)制定的标准规范,它主要为 JavaWeb 开发人员提供标准通用的标签库,开发人员可以利用这些标签取代 JSP 页面上的 Java 代码,从而提高程序的可读性,降低程序的维护难度。

JSTL 标签是基于 JSP 页面的,这些标签可以插入 JSP 代码中,本质上 JSTL 也是提前定义好的一组标签,这些标签封装了不同的功能。JSTL 的目标是简化 JSP 页面的设计。对于页面设计人员来说,使用脚本语言操作动态数据是比较困难的,而采用标签和表达式语言则相对容易,JSTL 的使用为页面设计人员和程序开发人员的分工协作提供了便利。

JSTL 标签库极大地减少了 JSP 页面嵌入的 Java 代码,使得 Java 核心业务代码与页面展示 JSP 代码分离,这比较符合 MVC(Model、View、Controller)的设计理念。

## 12.2　JSTL 的配置

从 Tomcat 10 开始，JSTL 配置包发生了变化，其 JAR 包在/glassfish6/glassfish/modules 目录下。

进入目录找到 jakarta. servlet. jsp. jstl-api. jar 和 jakarta. servlet. jsp. jstl. jar 包，将其重新命名为 jakarta. servlet. jsp. jstl-api-2. 0. 0. jar 和 jakarta. servlet. jsp. jstl-2. 0. 0. jar，并将这两个 JAR 包复制到/Web-INF/lib/下。

引入 lib 文件编译之后，就可以直接在页面中使用 JSTL 标签了。

核心标签是常用的 JSTL 标签。引用核心标签库的语法如下：

```
<% @taglib prefix="c" uri="http://java.sun.com/jsp/jstl/core" % >
```

在 JSP 页面引入核心标签，页面编译不出错即表示 JSTL 配置成功。

## 12.3　表达式标签

### 12.3.1　<c:out>输出标签

<c:out>标签用来显示数据对象（字符串、表达式）的内容或结果。该标签类似于 JSP 的表达式<% =表达式%>或者 EL 表达式$\{expression\}$。

其语法格式如下。

语法一：

```
<c:out value="expression" [escapeXml="true|false"] [default="defaultValue"] />
```

语法二：

```
<c:out value="expression" [escapeXml="true|false"]>defalultValue</c:out>
```

参数说明如下。

● value：用于指定将要输出的变量和表达式。该属性的值类似于 Object，可以使用 EL。

● escapeXml：可选属性，用于指定是否转换特殊字符，属性值可以为 true 或 false，默认值为 true，表示进行转换。例如，将<转换为&lt;等都是对 HTML 等文本中特殊字符进行转义的常见形式，避免其被浏览器等当作标签或特殊语法元素错误解析。

● default：可选属性，用于指定 value 属性值为 null 时将要显示的默认值。如果没有指定该属性，并且 value 属性的值为 null，该标签将输出空的字符串。

示例代码如下：

```
<h4>&ltc:out&gt 变量输出标签</h4>
<li><c:out value="out 输出示例"></c:out></li>
<li><c:out value="&lt 未进行字符转义 &gt"/></li>
```

```
<li><c:out value="&lt 进行字符转义 &gt" escapeXml="false"/></li>
<li><c:out value="${null}">使用了默认值</c:out></li>
<li><c:out value="${null}"></c:out></li>
```

### 12.3.2  <c:set>变量设置标签

<c:set>用于在指定作用域内定义保存某个值的变量,或为指定的对象设置属性值。其语法格式如下。

语法一:

```
<c:set var="name" value="value" [scope="page |request |session |application"]/>
```

语法二:

```
<c:set var="name" [scope="page |request |session |application"]>value</c:set>
```

语法三:

```
<c:set target="obj" property="name" value="value"/>
```

语法四:

```
<c:set target="obj" property="name">value</c:set>
```

参数说明如下:

● var:用于指定变量名。通过该标签定义的变量名,可以通过 EL 表达式为<c:out>的 value 属性赋值。

● value:用于指定变量值,可以使用 EL 表达式。

● scope:用于指定变量的作用域,默认值为 page,可选值包括 page、request、session 或 application。

● target:用于指定存储变量值或者标签体的目标对象,可以是 JavaBean 或 Map 对象。

示例代码如下:

```
<h4>&ltc:set&gt 变量设置标签</h4>
<li>把一个值放入 session 中:<c:set value="apple" var="name1"
scope="session"></c:set></li>
<li>从 session 中获得值:${sessionScope.name1}</li>
<li>把另一个值放入 application 中。<c:set var="name2"
scope="application">watch</c:set></li>
<li>使用 out 标签和 EL 表达式嵌套获得值:<c:out value="${applicationScope.name2}"
> 未获得 name 的值</c:out></li>
<li>未指定作用域,则会从不一样的作用域内查找获得相应的值:${name1}、${name2}</li>
<c:set target="${person}" property="name">vincent</c:set>
<c:set target="${person}" property="age">25</c:set>
<c:set target="${person}" property="sex">男</c:set>
<li>使用的目标对象为:${person}
```

```
<li>从 Bean 中得到的 name 值为:<c:out value="${person.name}"></c:out>
<li>从 Bean 中得到的 age 值为:<c:out value="${person.age}"></c:out>
<li>从 Bean 中得到的 sex 值为:<c:out value="${person.sex}"></c:out>
```

### 12.3.3　<c:remove>变量移除标签

<c:remove>标签主要用来从指定的 JSP 作用域内移除指定的变量。

其语法格式如下:

```
<c:remove var="name" [scope="page|request|session|application"]/>
```

参数说明如下:

● var:用于指定要移除的变量名。

● scope:用于指定变量的作用域,默认值为 page,可选值包括 page、request、session 和 application。

示例代码如下:

```
<h4>&ltc:remove&gt 变量移除标签</h4>
<li>remove 之前 name1 的值:<c:out value="apple" default="空"/></li>
<c:remove var="name1"/>
<li>remove 之后 name1 的值:<c:out value="${name1}" default="空"/></li>
```

### 12.3.4　<c:catch>捕获异常标签

<c:catch>标签用来处理 JSP 页面中产生的异常,并将异常信息存储起来。

其语法格式如下:

```
<c:catch var="name1">容易产生异常的代码</c:catch>
```

参数说明如下:

● var:用户定义存取异常信息的变量的名称。省略后也能够实现异常的捕获,但是不能显式地输出异常信息。

示例代码如下:

```
<h4>&ltc:catch&gt 捕获异常标签</h4>
<c:catch var="error">
<c:set target="NotExists" property="hao">1</c:set>
</c:catch>
<li>异常信息:<c:out value="${error}"/></li>
```

程序执行结果如图 12-1 所示。

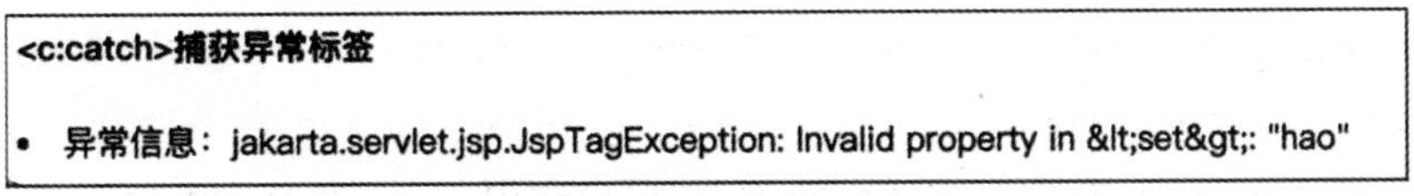

```
<c:catch>捕获异常标签

● 异常信息: jakarta.servlet.jsp.JspTagException: Invalid property in &lt;set&gt;: "hao"
```

图 12-1　JSTL 异常标签

# 12.4 URL 相关标签

JSTL 中提供了 4 类与 URL 相关的标签,分别是<c:import>、<c:url>、<c:redirect>和 <c:param>。<c:param>标签通常与其他标签配合使用。

## 12.4.1 <c:import>导入标签

<c:import>标签的功能是在一个 JSP 页面导入另一个资源,资源可以是静态文本,也可以是动态页面,还可以导入其他网站的资源。

其语法格式如下:

```
<c:import url="" [var="name"] [scope="page |request |session |application"]/>
```

参数说明如下:

- url:待导入资源的 URL,可以是相对路径或绝对路径,并且可以导入其他主机资源。
- var:用来保存外部资源的变量。
- scope:用于指定变量的作用域,默认值为 page,可选值包括 page、request、session 或 application。

示例代码如下:

```
<h3>&ltc:import&gt 导入标签</h3>
<c:catch var="error1">
<!--读者可以试试去掉 charEncoding="UTF-8"属性,查看显示效果 -->
<li>外部 URL 示例:<c:import url="http://w.baidu.com" charEncoding-"utf-8"
/></li>
<li>相对路径示例:<c:importurl="image/test.txt"charEncoding="utf-8"/></li>
<c:import var="myurl" url="image/test.txt" scope="session"
charEncoding="utf-8"/>
</c:catch>
<li><c:out value="${error1}"/></li>
```

## 12.4.2 <c:url>动态生成 URL 标签

<c:url>标签用于生成一个 URL 路径的字符串,可以赋予 HTML 的<a>标记实现 URL 的链接,或者用它实现网页转发与重定向等。

其语法格式如下。

语法一:指定一个 URL 不做修改,可以选择把该 URL 存储在 JSP 不同的作用域内。

```
<c:url value="value" [var="name"][scope="page |request |session |application"]
[context="context"]/>
```

语法二:给 URL 加上指定参数及参数值,可以选择以 name 存储该 URL。

```
<c:url value="value"[var="name"][scope="page|request|session|application"]
[context="context"]>
<c:param name="参数名" value="值">
</c:url>
```

参数说明如下：

● value：指定要构造的 URL。

● context：当要使用相对路径导入同一个服务器下的其他 Web 应用程序中的 URL 地址时，context 属性用于指定其他 Web 应用程序的名称。

● var：指定属性名，将构造出的 URL 结果保存到 Web 域内的属性中。

● scope：指定 URL 的作用域，默认值为 page，可选值包括 page、request、session 和 application。

示例代码如下：

```
<h3>&ltc:url&gt 动态生成 URL 标签</h3>
```

使用相对路径构造 URL(c:param 传参)：

```
<c:url value="jstl_tag_url_register.jsp" var="myurl1" scope="session" >
<c:param name="name" value="张三李四"/>
<c:param name="country" value="China"/>
</c:url>
Register1<hr/>
```

使用相对路径构造 URL：

```
<c:url value="jstl_tag_url_register.jsp? name=wangwu&country=France"
var="myurl2"/>
Register2<hr/>
```

### 12.4.3　<c:redirect>重定向标签

<c:redirect>标签用来实现请求的重定向，同时可以在 URL 中加入指定的参数。例如，对用户输入的用户名和密码进行验证，如果验证不成功，则重定向到登录页面；或者实现 Web 应用不同模块之间的衔接。

其语法格式如下。

语法一：

```
<c:redirect url="url"[context="context"]>
```

语法二：

```
<c:redirect url="url"[context="context"]>
<c:param name="name1" value="value1">
</c:redirect>
```

参数说明如下：

● url：指定重定向页面的地址，可以是一个 String 类型的绝对地址或相对地址。

- context：当要使用相对路径重定向到同一个服务器下的其他 Web 应用程序中的资源时，context 属性指定其他 Web 应用程序的名称。

示例代码如下：

```
<h3>&ltc:redirect&gt 重定向标签</h3>
<c:redirect url="jstl_tag_url_register.jsp" >
<c:param name="name" value="redirect"/>
<c:param name="country" value="China"/>
</c:redirect>
```

## 12.5　流程控制标签

流程控制标签主要用于对页面简单的业务逻辑进行控制。JSTL 中提供了 4 个流程控制标签：<c:if>标签、<c:choose>标签、<c:when>标签和<c:otherwise>标签。接下来分别介绍这些标签的功能和使用方式。

### 12.5.1　<c:if>条件判断标签

在程序开发中，经常要用到 if 语句进行条件判断，同样，JSP 页面提供<c:if>标签用于条件判断。

其语法格式如下。

语法一：

```
<c:if test="cond" var="name" [scope="page |request |session |application"]/>
```

语法二：

```
<c:if test="cond" var="name" [scope="page |request |session |application"]>
Content</c:if>
```

参数说明如下：

- test：用于存放判断的条件，一般使用 EL 表达式来编写。
- var：指定变量名称，用来存放判断的结果为 true 或 false。
- scope：指定变量的作用域，默认值为 page，可选值包括 page、request、session 或 application。

示例代码如下：

```
<h3>&ltc:if&gt 条件判断标签</h3>
<c:if var="key" test="${empty param.username}">
<form name="form" method="post" action="">
<label for="username">姓名:</label><input type="text" name="username"
id="username"><br>
<input type="submit" name="Submit" value="确认">
```

```
    </form>
    </c:if>
    <c:if test="${! key}">
    <b>${param.username}</b>,欢迎您!
    </c:if>
```

程序执行结果如图 12-2 所示。

图 12-2　JSTL 条件判断标签

### 12.5.2　<c:choose>条件选择

标签<c:choose>、<c:when>和<c:otherwise>通常是一起使用的,<c:choose>标签作为<c:when>和<c:otherwise>标签的父标签来使用,其语法格式如下:

```
<c:choose>
<c:when test="条件 1">业务逻辑 1</c:when>
<c:when test="条件 2">业务逻辑 2</c:when>
<c:when test="条件 n">业务逻辑 n</c:when>
<c:otherwise>业务逻辑</c:otherwise>
</c:choose>
```

### 12.5.3　<c:when>条件测试标签

<c:when>标签是包含在<c:choose>标签中的子标签,它根据不同的条件执行相应的业务逻辑,可以存在多个<c:when>标签来处理不同条件的业务逻辑。

<c:when>的 test 属性是条件表达式,如果满足条件,即进入相应的业务逻辑处理模块。<c:when>标签必须出现在<c:otherwise>标签之前。

其语法格式参考<c:choose>标签。

### 12.5.4　<c:otherwise>其他条件标签

<c:otherwise>标签也是一个包含在<c:choose>标签中的子标签,用于定义<c:choose>标签中的默认条件处理逻辑,如果没有任何一个结果满足<c:when>标签指定的条件,则会执行这个标签主体中定义的逻辑代码。在<c:choose>标签范围内只能存在该标签的一个定义。

其语法格式参考<c:choose>标签。

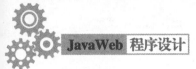

### 12.5.5 流程控制小结

通常情况下,流程控制都是一起使用的。下面通过页面输入成绩来展示流程控制的使用。示例代码如下:

```
<h3>&ltc:choose&gt 条件选择标签</h3>
<c:if test ="${empty param.score }"var="result">
<form action="" name="forml" method="post">
成绩:<input name="score" type="text" id="score"><br/>
<input type="submit" value="查询">
</form>
</c:if>
<c:if test="${! result}">
<c:choose>
<c:whentest="${param.score>=90&&param.score<=100}">优秀! </c:when>
<c:whentest="${param.score>=70&&param.score<=90}">良好! </c:when>
<c:whentest="${param.score>=60&&param.score<=70}">及格! </c:when>
<c:whentest="${param.score>=0&&param.score<=60}">不及格! </c:when>
<c:otherwise>成绩无效! </c:otherwise>
</c:choose>
</c:if>
```

读者可以自行执行这段程序,然后在页面上输入分数,会显示相应的结果。

## 12.6 循 环 标 签

循环标签是程序算法中的重要环节,有很多常用的算法都是在循环中完成的,如递归算法、查询算法和排序算法等。同时,循环标签也是十分常用的标签,获取的数据集在 JSP 页面展示几乎都是通过循环标签来实现的。JSTL 标签库中包含<c:forEach>和<c:forTokens>两个循环标签。

### 12.6.1 <c:forEach>循环标签

<c:forEach>循环标签可以根据循环条件对一个 Collection 集合中的一系列对象进行迭代输出,并且可以指定迭代次数,从中取出目标数据。如果在 JSP 页面中使用 Java 代码来遍历数据,则会使页面非常混乱,不利于维护和分析。使用<c:forEach>循环标签可以使页面更加直观、简洁。

其语法格式如下:

```
<c:forEach items="collection" var="varName"
[varStatus="varStatusName"][begin="begin"][end="end"] [step="step"]>
```

```
content
</c:forEach>
```

参数说明如下：

● var：保存在 Collection 集合类中的对象名称。

● items：将要迭代的集合类名。

● varStatus：存储迭代的状态信息，可以访问迭代自身的信息。

● begin：如果指定了 begin 值，就表示从 items[begin]开始迭代；如果没有指定 begin 值，则表示从集合的第一个值开始迭代。

● end：表示迭代到集合的 end 位时结束；如果没有指定 end 值，则表示一直迭代到集合的最后一位。

● step：指定迭代的步长。

示例代码如下：

```
<%
List<String> position = new ArrayList<String>();
position.add("大数据开发工程师");
position.add("大数据平台架构师");
position.add("数据仓库工程师");
position.add("ETL 工程师");
position.add("软件架构师");
request.setAttribute("positions",position);
%>
<b><c:outvalue="全部查询"></c:out></b><br>
<c:forEach items="${positions}" var="pos">
<c:out value="${pos}"></c:out><br>
</c:forEach>
<br>
<b><c:out value="部分查询(begin 和 end 的使用)"></c:out></b><br>
<c:forEach items="$(positions}" var="pos" begin="1" end="3" step="2">
<c:out value="${pos}"></c:out><br>
</c:forEach>
<br>
<b><c:out value="varStatus 属性的使用"></c:out></b><br>
<c:forEach items="${positions}" var="item" begin="3" end="4" step="1"
varStatus="s">
<li>
<c:out value="${item}"/>的 4 种属性:<br>
所在位置(索引):<c:out value="${s.index}"/><br>
总共已迭代的次数:<c:outvalue="${s.count}"/><br>
是否为第一个位置:<c:outvalue="${s.first}"/><br>
```

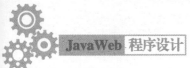

```
是否为最后一个位置:<c:out value="${s.last}"/><br>
</li>
</c:forEach>
```

### 12.6.2 <c:forTokens>迭代标签

<c:forTokens>标签与 Java 中的 StringTokenizer 类的作用非常相似,它通过 items 属性来指定一个特定的字符串,然后通过 delims 属性指定一种分隔符(可以同时指定多个分隔符)。通过指定的分隔符把 items 属性指定的字符串进行分组。与 forEach 标签一样,forTokens 标签也可以指定 begin、end 及 step 属性值。

其语法格式如下:

```
<c:forTokens items="stringOfTokens" delims="delimiters" var="varName"
[varStatus="varStatusName"][begin="begin"] [end="end"][step="step"]>
content
</c:forTokens>
```

参数说明如下:
- var:进行迭代的参数名称。
- items:指定进行标签化的字符串。
- varStatus:每次迭代的状态信息。
- delims:使用这个属性指定的分隔符来分隔 items 指定的字符串。
- begin:开始迭代的位置。
- end:迭代结束的位置。
- step:迭代的步长。

示例代码如下:

```
<h4>使用" "作为分隔符</h4>
<c:forTokens var="token" items="望庐山瀑布 李白日照香炉生紫烟,遥看瀑布挂前川。飞流
直下三千尺,疑是银河落九天。" delims=" ">
  <c:out value="${token}"/><br>
</c:forTokens>
<h4>使用'、',','。'一起作分隔符</h4>
<c:forTokens var="token" items="望庐山瀑布 李白日照香炉生紫烟,遥看瀑布挂前川。飞流
直下三千尺,疑是银河落九天。" delims=",。">
  <c:out value="${token}"/><br>
</c:forTokens>
<h4>begin 和 end 范围设置</h4>
<c:forTokens var="token" items="望庐山瀑布 李白日照香炉生紫烟,遥看瀑布挂前川。飞流
直下三千尺,疑是银河落九天。" delims=",。" varStatus="s" begin="2" end="5">
  <c:out value="${token}"/><br> </c:forTokens>
```

## 习 题 十 二

1. 掌握 JSTL 的配置,自行在本地进行环境配置并运行 JSTL 标签。

2. 学会使用流程控制标签,并使用流程控制标签实现猜字谜游戏:随机生成一个数据,然后在页面上输入猜的数字,最后提示是否猜中。感兴趣的读者可以加上猜测次数,如果超过设定的次数,则显示游戏结束并提示"很遗憾您没有猜出该数字"。

3. 在数据库中创建用户表(t_sys_user),表结构包含编号(id)、用户名(username)、密码(password)、性别(sex)、手机号(mobile)、邮箱(email)等信息,并尝试用 JDBC 读取用户信息列表。

4. 基于题 3,读取数据库的数据集合,使用循环标签在 JSP 页面展示用户数据。

# 参 考 文 献

[1]  程细柱,戴经国.JavaWeb 程序设计基础:微课视频版[M].北京:清华大学出版社,2024.

[2]  郭克华.JavaWeb 程序设计:Eclipse 版[M].4 版.北京:清华大学出版社,2024.

[3]  黑色程序员.JavaWeb 程序设计任务教程[M].2 版.北京:人民邮电出版社,2021.

[4]  郭煦.JavaWeb 程序设计与项目案例:微课视频版[M].北京:清华大学出版社,2023.

[5]  张永宾,辛宇,王攀.JavaWeb 程序设计教程[M].北京:清华大学出版社,2017.